U0830593

秦皇岛近海水母暴发规律及防控措施

刘志亮 陈　晓 薛力园 著

燕山大学出版社
·秦皇岛·

图书在版编目（CIP）数据

秦皇岛近海水母暴发规律及防控措施 / 刘志亮，陈晓，薛力园著. -- 秦皇岛 ：燕山大学出版社，2025. 9.
ISBN 978-7-5761-0839-2

Ⅰ. X55

中国国家版本馆 CIP 数据核字第 2025Z8493B 号

秦皇岛近海水母暴发规律及防控措施

QINHUANGDAO JINHAI SHUIMU BAOFA GUILÜ JI FANGKONG CUOSHI

刘志亮 陈 晓 薛力园 著

出 版 人：	陈 玉		
责任编辑：	朱红波	**策划编辑：**	刘韦希
责任印制：	吴 波	**封面设计：**	刘韦希
出版发行：	燕山大学出版社	**电　　话：**	0335-8387555
地　　址：	河北省秦皇岛市河北大街西段 438 号	**邮政编码：**	066004
印　　刷：	涿州市般润文化传播有限公司	**经　　销：**	全国新华书店

开　　本：	787 mm×1092 mm 1/16	**印　　张：**	12.5
版　　次：	2025 年 9 月第 1 版	**印　　次：**	2025 年 9 月第 1 次印刷
书　　号：	ISBN 978-7-5761-0839-2	**字　　数：**	223 千字
定　　价：	60.00 元		

版权所有 侵权必究

如发生印刷、装订质量问题，读者可与出版社联系调换

联系电话：0335-8387718

前　言

水母是胶质浮游动物的一个重要类群，通常包括刺细胞动物门（如钵水母、水螅水母、立方水母和管水母）、栉水母门的浮游类型和浮游被囊动物。水母体内的主要成分是水，碳含量小于 3%，伞径大小在几微米到几米之间，生命周期较短，通常为 6～9 个月，其生活史大多可分为浮游（水母体）和底栖（螅状体）两个阶段，在近岸浅海至深海大洋均有分布。

水母是海洋生态系统的重要组成部分，它通过捕食浮游植物、浮游动物、鱼卵、仔稚鱼以及其他水母等提升其营养级，成为中间甚至顶级捕食者。近年来，由于全球气候变暖和人类活动（如近岸海域富营养化、过度捕捞、生物入侵和海岸工程建筑等）的影响，水母在世界不同海区大量繁殖乃至灾害性暴发的报道不断增加，受到了世界各国人们的普遍关注。

水母暴发对海洋生态系统和人类社会经济发展有着严重的负面影响，例如，水母暴发会大量消耗浮游动物、摄食鱼卵和仔稚鱼、改变食物网结构，间接诱发赤潮、绿潮等生态灾害；水母暴发还会影响捕捞业、养殖业、旅游业等海洋产业的发展和滨海电站等滨海工业基础设施的安全运转。因此，研究水母生长变化的特征和影响因素具有重要的生态和社会经济意义。

秦皇岛地处河北省东北部，南临渤海，是我国著名的海滨旅游城市，也是重要的渔业产品产出城市。自 2008 年开始，河北省沿岸海域水母数量逐年上升，秦皇岛海域水母暴发品种主要是沙海蜇（Nemopilema nomurai）和海月水母（Aurelia aurita），暴发时间通常在 6—9 月。尤其是在 2013 年，秦皇岛海域沙海蜇出现暴发性增长，游客在海滨浴场被蜇伤的事件频频发生，引起了公众和政府的强烈关注。然而，截至目前，对秦皇岛近海水母暴发的规律和发生机理仍缺乏深入了解，这严重阻碍了相关部门对水母暴发体现的海洋生态环境问题的认识，从而无法科学有效地制定水母防控策略。

在科技部国家重点研发计划海洋环境安全保障专项课题“秦皇岛海域水母灾害的发生规律及其监测预警技术”的资助下，河北科技师范学院海洋科学研究中心的水母研究课题组，对秦皇岛近海近年来水母暴发现状进行了总结分析，并在2020年至2022年期间组织了针对秦皇岛近海水母暴发情况的专项观测，获取了宝贵的现场观测数据，发现了一些该海域水母暴发的新特征和新现象。本书围绕秦皇岛近海水母暴发规律和主控因子等问题，对这些研究成果进行了系统整理，将有助于感兴趣的读者了解该海域水母暴发的时空分布规律、生长繁殖发育过程、迁移扩散及聚集模式、种群演变等内容，也对相关部门有针对性地制定水母灾害快速预警及防控策略有很大的帮助。

本书共分为6章，第1章为概述，指出了秦皇岛近海水母生态灾害的研究意义、研究现状及研究目标等；第2章为秦皇岛近海环境及现场调查情况；第3章为秦皇岛近海大型水母分布特征；第4章为秦皇岛近海大型水母的暴发规律及关键调控因子；第5章为秦皇岛近海水母预警模型；第6章为秦皇岛近海水母灾害监测技术及防控措施。

本书由河北科技师范学院海洋科学研究中心全体成员共同完成，是集体劳动的结晶。刘志亮主要负责整体构思和统稿，陈晓主要负责资料汇总与内容编制，薛力园、袁晓博和马悦等主要负责原始数据的收集（自2020年4月至2021年9月，通过现场调查共采集气象数据632组、水文数据634组、水母浮游生物网取样260瓶）和数据质量控制，其他同志主要负责校正和修订等工作。

本书在撰写过程中得到了很多专家的指点，在此感谢专家们提出的宝贵意见和建议。特别感谢袁晓博、齐衍萍等为本书相关章节成稿提供了大量的素材。

本书的出版得到了科技部国家重点研发计划海洋环境安全保障专项课题“秦皇岛海域水母灾害的发生规律及其监测预警技术”（课题编号：2019YFC1407903）的资助，也得到了河北省海洋动力过程与资源环境重点实验室的大力支持，在此一并表示感谢。

由于作者水平有限，书中难免有疏漏之处，敬请读者批评指正。若有问题探讨，可发邮件至rcms@hevttc.edu.cn，非常感谢！

河北科技师范学院　刘志亮

2024年4月

目　录

第1章 概　　述

1.1 研究背景及意义

水母（Gelatinous Zooplankton）是海洋胶质浮游动物的一个重要生物类群，在海洋生态系统中占有重要的地位（West 等，2009；Condon 等，2011）。近年来，在气候变化和人类活动（如沿岸海水富营养化、过度捕捞、生物入侵和海岸工程建筑等）的双重影响下，世界不同海区的近海水母数量不断增多，对人类社会发展和海洋生态系统的健康造成了极大威胁，已经成为全球性的海洋生态灾害。然而，截至目前，科学界对近海水母暴发规律、发生机理、监控手段的研究仍不成熟。这种现状严重地阻碍了人们对水母暴发体现的深层次环境问题的认识和理解，从而无法科学有效地制定针对水母灾害的防控策略。

河北省沿岸海域，特别是秦皇岛近海，近年来水母灾害频繁发生，是水母暴发的重灾区之一。水母暴发不仅会直接影响渔业捕捞（如堵塞渔网、损坏渔具、倾覆船只等）、滨海养殖业（如污染网箱和围栏）、旅游业（如蜇伤游客）的发展，还会给滨海电厂安全运转带来重大安全隐患（如堵塞电厂冷却水入口），同时会大量摄食鱼卵和仔稚鱼，改变食物网结构。此外，水母暴发会间接诱发赤潮、绿潮等生态灾害，对沿海经济带发展和海洋生态环境产生严重的负面影响（Purcell 等，2007；Condon 等，2011；Javidpour 等，2016）。因此，针对河北省沿海致灾水母暴发现状，选取典型海域开展海上现场调查与观测，甄选影响水母生长繁殖、漂移扩散、种群更替的关键环境因子，系统研究其对水母生活史各阶段的影响规律，探索适用于河北滨海功能区（如电厂、浴场、养殖场）的水母灾害防控方法，对河北省沿岸区域的经济社会发展具有重要的科学意义和社会价值。

1.2 国内外研究现状与发展动态

1.2.1 水母生活史

水母又被称为“海洋精灵”，是海洋生态系统的重要组成部分，通常包括刺细胞动物门（如钵水母、水螅水母、立方水母和管水母）、栉水母门的浮游类型和浮游被囊动物。水母由内外两胚层及最厚的中胶层组成，不仅具有透明性而且具有漂浮效果。水母身体内部的主要成分是水，碳含量小于 3%；外观呈伞状或铃形，伞下有胃囊，伞的边缘有许多触手；伞径的大小在几微米到几米之间，成熟大型水母体的伞径可达 2 m 左右，触手长 20～30 m。水母在近岸浅海至深海大洋均有分布，通过捕食浮游植物、浮游动物、鱼卵、仔稚鱼以及其他水母等改变或提升其营养级，成为中间甚至顶级捕食者。

水母的生命周期较短，通常为 6～9 个月。水母生活史复杂，具有世代交替的繁殖特性，主要包含无性繁殖世代（螅状体）和有性繁殖世代（水母体）两个阶段，如图 1-1 所示。其中，无性繁殖世代是由生活于海底（底栖）的水母螅状体通过出芽生殖或足囊生殖等多种无性繁殖方式产生新的水螅体；或者由碟状幼体直接横向分裂得到新的碟状幼体，再进行发育。而有性繁殖世代是由成熟的水母体（漂浮）通过体内或体外受精的方式产生受精卵，受精卵发育成浮浪幼虫，经过短暂的浮游期后沉入海底，改变形态为水螅体并附着在海底的建筑物或礁石上生活，从而完成其生命循环。当海洋环境适宜时，水螅体慢慢发育为成熟的水母体，再进行下一代繁殖；然而，当海域环境较差、不适合水母生长时，水螅体可以进行休眠，甚至可在海底存活十几年之久。影响水螅体成长为水母体的环境因素较为复杂，不确定性因素较多，所以对于水母暴发的预测尚有困难（郑向荣等，2014；郭晓瑞，2017）。

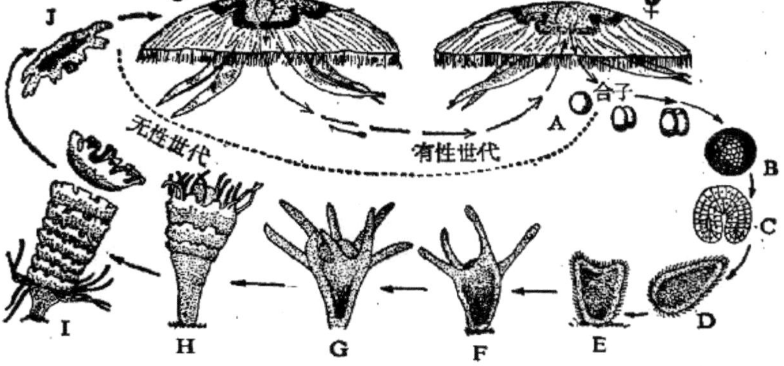

A—合子/受精卵；B—囊胚；C—原肠胚；D—浮浪幼虫；E—附着浮浪幼虫；

F—早期螅状体；G—螅状体；H—钵口幼体；I—横裂体；J—碟状幼体

图 1-1　水母完整的生活史（Storer 和 Usinger，1957）

1.2.2 水母暴发致灾机理和关键环境因子

现有研究表明，海洋富营养化（Riisgard 等，2012）、过度捕捞（Pauly 等，2002；Tilves 等，2018）、人工构造物增加（Makabe 等，2014）、气候变化（Attrill 等，2007）、水产养殖活动（Dong 等，2010；Bosch-Belmar 等，2020）、生物入侵（Haslob 等，2007）等因素都可能造成水母暴发，所以区域性水母暴发可能是局地生境特征、环境变化和人类活动等共同作用的结果。

目前，由于现场观测数据获取困难，人类活动对水母暴发产生的影响难以进行量化研究；然而，环境因子对水母生活的影响则可以通过室内受控实验开展研究。基于室内受控实验的数据，目前科学界对环境因子影响水母生长繁殖的一般性规律已有较为深入的了解。例如，主要的海洋环境因子（如海温、盐度、pH、光照、饵料、附着基等）是如何影响水母体的生长与繁殖、浮浪幼虫的产出及附着、螅状体的无性繁殖方式及碟状幼体的释放数量等，都有相关的研究及报道（Prieto 等，2010；Lucas 等，2012；Dong 等，2015；Treible 和 Condon，2019）。这些研究结果表明，水母在生活史的不同阶段受影响的关键环境因子不同，受影响程度也不尽相同。

本节主要针对水母生活史的三个主要阶段（水母成体、浮浪幼虫和螅状体阶段），简要总结目前了解到的典型环境因子对水母生长繁殖影响的一般性规律，具体如下。

1. 水母成体（有性繁殖）阶段

海水温度会显著影响水母有性繁殖阶段的生长速度及种群数量，已有数据表明全球气温变化导致的升温会使水母种群数量增加（Purcell，2012）。在一定条件下，海水温度越高，水母体的生长速度越快（付志璐等，2011；Ziegler 和 Gibbons，2018）。海水温度升高可缩短水母体性成熟的时间，而在海水温度不适的胁迫条件下，水母体可以更改其繁殖策略，产生较大的、储存较多能量的浮浪幼虫，直接发育成碟状幼体（Frolova 和 Miglietta，2020）。水母体在水中的分布会受到海水盐度的影响，不同水母体对海水盐度的耐受能力不同，因此不同盐度分布的海水中水母体的分布也不相同（Heim-Ballew 和 Olsen，2019）。

饵料是支撑水母成体快速增长形成灾害的重要基础，实验室实验数据和海上现场观测数据均表明，水母成体数量与饵料丰度（小型浮游动物量）变化一致，但存在一定的滞后关系（Lucas 等，2012）。根据对海月水母成体生活史的研究发现，光强会对水母体的迁移聚集及产卵具有一定影响（Hamner 等，1994）。在强光照、食物匮乏等环境条件下，水母体的性腺会加快发育，进行有性生殖（Han 等，2012；Seymour 和 O'Hara，2020）。

通过分析大西洋北海 1946 年至 2003 年期间的调查数据，Richardson 和 Gibbons（2008）发现海洋中的水母成体丰度与海洋酸化不存在相关性，但实验室研究却发现海水 pH 降低会抑制水母体的生长和运动能力，导致死亡率上升（Tills 等，2016；Chuard 等，2019）。然而，水母体的胶体部位可以作为氧气的储存室，具有很强的耐低氧能力，所以在富营养化的海水中更容易生存（Ishii 等，2008；Algueró-Muniz 等，2016）。

2. 浮浪幼虫阶段

大多数浮浪幼虫会在其浮游阶段死亡，但由于缺乏关于自然海域中浮浪幼虫密度的数据，无法估算浮浪幼虫在海水中的存活率（Ishii 和 Ogawa，2005）。浮浪幼虫通常会在一周的时间内附着在合适的基质上，在此期间环境因素变化会影响水母浮浪幼虫的运动、附着及变态（Lucas 等，2012；Conley 和 Uye，2015）。

海水温度升高会使浮浪幼虫的存活率下降（Dong 和 Sun，2018），这可能是由于高温破坏了浮浪幼虫体内的功能酶和蛋白（Negri 等，2007）。还有研究发现，海水温度升高会降低浮浪幼虫的附着变态率（Webster 和 Lucas，2012）；但也有研究认为，一定范围的海温变化不会对浮浪幼虫的附着变态产生影响（Dong 和 Sun，2018）。

室内受控实验数据表明，盐度会显著影响浮浪幼虫的运动方向、附着时间和附着率。海水盐度升高，会增加浮浪幼虫的运动倾向和速度；较低盐度条件下，浮浪幼虫附着时间较晚，畸形较多；较高盐度条件下，附着的浮浪幼虫发育偏迟缓（Vermeij 等，2006；孙婷婷等，2018）。

浮浪幼虫对 pH 胁迫也比较敏感，它们会缩短浮游时间，加速附着变态（Conley 和 Uye，2015）。浮浪幼虫的呼吸耗氧量高于水母成体，所以附着时间也会随着水中溶解氧含量的降低而缩短，附着率增加（Ishii 等，2008）。

浮浪幼虫具有负向光性，喜欢附着在光照较弱的地方以避免太阳辐射（Svane 和 Dolmer，1995）。然而，对 Malo maxima 浮浪幼虫的研究发现其没有作为光感受器的眼点，在水中的运动和附着不受光的影响，可能由其他的感觉结构来决定浮浪幼虫的运动方向和底物选择（Sinigaglia 等，2015）。

3. 螅状体（无性繁殖）阶段

虽然水母螅状体阶段对海洋生态环境的影响较小，但其存续时间较长，生长繁殖状态对下一代水母体的种群发育具有至关重要的作用（Prieto 等，2010）。螅状体无性繁殖方式多样，包括出芽、匍匐茎、足囊、纵裂、横裂、内繁殖体、外繁殖体等（Arai，2009；Helm，2018）。

海水温度对螅状体的无性繁殖速度和死亡率均有显著影响。现有研究表明，通常繁殖率会随温度的升高而加快，但也有一些例外情况（Lucas 等，2012），这可能与水母螅状体无性生殖策略的多样性有关。还有研究发现，螅状体能够耐受低温，降温可以有效地诱导水母螅状体进行横裂生殖，而升温则会诱导其出芽生殖率升高（Schiariti 等，2014）。

盐度也是水母螅状体在海洋中分布的重要影响因素。当海水盐度不适宜螅状体生存时，它们会降低生长和生殖速率。通常高盐度会降低出芽生殖率，而低盐度则会阻碍水母螅状体的横裂生殖（Dong 等，2018）。

饵料数量对水母螅状体数量的增加至关重要。现有研究表明，在适宜螅状体生长的环境下，螅状体的数量和投饵频次成正相关（Tsikhon 等，1996）。还有研究表明，饵料对螅状体横裂影响显著，饵料不足能够加快诱导螅状体横裂释放碟状体过程，但不利于螅状体种群的增长（王彦涛等，2012）。

螅状体具有较低的耗氧率和窒息点。在低氧的环境下仍可以长期存活，进行无性生殖维持或扩大螅状体种群（Ishii 和 Katsukoshi，2010）。目前有证据表明，pH 降低对螅状体生长和无性繁殖影响较小（Winans 和 Purcell，2010；Hall-Spencer 和 Allen，2015）。

实验数据表明，光强对螅状体的生长繁殖影响显著，强光和长时间光照下螅状体的死亡率会大幅增加，自然环境中多数的螅状体也喜好栖息在光线较暗的区域（Dong 等，2015）。

综上所述，虽然科学界对实验室内典型环境因子影响水母生长的一般性规律有了基础认识，但也存在一些分歧和不足。如在海温变化对浮浪幼虫变态率和附着率的影响方面存在不同认识，对自然环境中浮浪幼虫和螅状体生活习性、环境变化（特别是海流、风速、光强、饵料等）是如何影响水母运动状态的均不清楚，无法在生态动力学模型中对这些过程进行量化研究。

在我国，随着水母灾害日趋严重，水母暴发问题逐渐得到重视和关注。近年来，“中国近海水母暴发的关键过程、机理及生态环境效应”（973项目，中国科学院海洋研究所承担）、“我国近海水母灾害的形成机理、监测预测及评估防治技术”（国家重点研发计划项目，中国科学院海洋研究所承担）、“典型海域水母灾害监测预警技术业务化应用与示范研究”（国家海洋局公益性项目，国家海洋局北海环境监测中心承担）和“秦皇岛海域水母灾害多发原因及监测预警技术研究”（国家重点研发计划课题，河北科技师范学院承担）等重大科研项目先后启动。

在这些项目的支持下，科学家对我国近海主要致灾水母的暴发规律有了一些初步认识，李建生等（2014）发现沙海蜇在东、黄海呈现出3～5年大量暴发一次的现象，Sun等（2015）的研究结果显示南黄海的沙海蜇在2007年至2013年期间约每两年暴发一次。但截至目前，我国近海水母暴发机理和关键驱动因子尚不明确。Xu等（2013）通过分析东、黄海沙海蜇暴发的年际变化规律认为环境变化和人为因素是水母灾害发生的主要原因；天津大学魏皓，天津科技大学赵亮、王玉衡在国家重点基础研究发展计划“中国近海水母暴发的关键过程、机理及生态环境效应”项目支持下，通过对长江口、苏北浅滩和韩国群山外海的沙海蜇无性繁殖过程的模拟，分析了不同阶段水温对水母种群的影响，发现入冬时间提前可能是沙海蜇暴发的关键因子（Wei等，2015；赵亮等，2016；王玉衡等，2017）。

河北科技师范学院海洋科学研究中心的水母研究团队在国家重点研发计划课题“秦皇岛海域水母灾害多发原因及监测预警技术研究”支持下，对河北省秦皇岛近海的大型致灾水母暴发的时空分布规律进行了统计分析，发现河北省海域海月水母每4～5年暴发一次，沙海蜇每隔2～5年暴发一次，且致灾水母种群存在年际更替现象，近年来白色霞水母（Cyanea nozakii）已代替沙海蜇成为河北省沿海有毒水母主要种群（刘志亮等，2020）。

但是，由于目前针对水母生长过程的监测手段不足，水母在生活史不同阶段的运动状态和生活习性尚存在诸多不清之处，致使河北省近海水母暴发的关键环境因子和控制机理目前尚不清楚。

1.2.3 水母迁移扩散规律与模型

1. 水母迁移扩散规律

水母的运动方式包括被动运动和主动运动（Mchenry 和 Jed，2003）。其中，被动运动主要受海洋的潮汐、潮流等因素影响。由于水母的主动运动较弱，游泳能力与对抗海水流动力量悬殊，所以运动方向与潮流方向基本一致。另外，水母主动运动是自身收缩外壳挤压内腔，压缩内腔体积，喷出腔内原有的水，通过喷水推动身体前进的方式进行位置转移。

水母的自主运动能力较弱，以沙海蜇和海月水母为例，根据伞径大小的不同，沙海蜇的自身运动能力在 5～15 cm/s；与沙海蜇相比，海月水母的体型相对较小，运动速度会更加缓慢，通常为 1～3 cm/s。另外，虽然水母自身游泳能力弱，但也有逆潮流游动的情况发生，最终其运动方向和距离基本符合潮流运动规律；同时，自然光照、海水的密度和跃层等均可能对水母的垂向迁移产生影响（Moriarty 等，2012）。Angel 等（1982）觉察到在 1000 m 以下深海的水母不进行昼夜交替的迁移，或许是由于水深没有光照所导致。Graham 等指出，广泛存在昼夜垂向迁移运动的水母种类为水螅水母纲、钵水母纲和管水母亚纲的水母，水母在白天会下沉到海底，夜间上浮到海表；而栉水母纲的水母几乎不进行垂向运动（Moon，2009）。有关水母自身的行为运动，Matthew J. McHenry 等曾设计过两种计算模型模拟了有用的流体动力学，模型将水母行为具化为桨和喷射机制产生的推力；研究结果表明推力主要是通过喷射产生的，而划桨产生的推力可以忽略不计；还有文献使用喷射模型研究了流体力如何随体重成比例变化（卢振彬，2003）。

2. 水母迁移扩散模型

大型水母（如海月水母、沙海蜇和白色霞水母等）作为主要致灾水母，也是世界各地近岸海域的主要研究对象，通过对前人相关研究成果的梳理发现，早期研究认为季节变化造成海水的垂直水文结构改变，是导致日本海南部的水母冬天聚集深度较深，而秋天尚浅的原因（Arai，1992）。针对日本海域内的沙海蜇，Moon 等（2009）利用 ROMS 模型和粒子追踪法来追踪该海域沙海蜇的来源，在剔除潮汐运动的基础上，发现长江口漂移可能是该海域水母暴发的来源之一，并发现水母主要受海域内风应力和沿岸流影响。而罗晓丹等（2012）考虑了潮汐运动和垂直过程并进行模拟，获得了与 Moon 等完全相反的结论，认为进入日本海的水母是来自济州岛沿岸的水母，大部分水母穿过对马海峡到达致灾海域，而模拟长江口水母没有进入日本海。Berline 等（2013）选取拉格朗日粒子追踪模型模拟了法国利古里亚海中水母的运动，提出影响水母向近岸漂移的重要原因是该海域的北向流和海面风场。Andre 等也使用粒子跟踪模型模拟了浮游生物的运动，粒子模型对浮游生物的个体运动和种群分布均有一定程度的模拟准确性，从微观和宏观角度对浮游生物的运动进行了解，模型的核心是对浮游生物的行为特征进行物理描述。

同时，早期研究发现锋面结构的多样性影响大型水母的空间格局分布（Brodeur 等，1997），局部区域季节性上升流的变化与水母的丰度分布密切相关（Robison 等，1998），跃层的不连续性是致使不同类别水母空间分布异常的原因（Doyle 等，2007）。结合水母种类和沉淀物的分布特征，张海彦等（2012）采用拉格朗日粒子方法反向追踪手段，通过模拟夏季青岛外海的水母迁移路径实现了对其可能源地的追溯。吴玲娟等（2016）通过分析青岛近海水母分布情况，采用集合预报的思想并考虑多种因素设计预报方案，对该海域的水母运动进行模拟，较为准确地判断了沙海蜇在该海域的漂移速度和影响范围。

刘汉霖（2018）基于 FVCOM 海洋模型模拟了红沿河核电站附近海域的水动力场，对周边海域的水母进行追踪模拟，分析不同海区自然因素，如季风、潮汐等对水母迁移的影响，并为红沿河核电站建立水母入侵预警系统。段亚飞等（2020）认为未来应重点关注水母近岸聚集的动力环境，揭示流动环境中水母被动输移的力学机制，明晰水母游泳行为与动力机制的关系，建立耦合动力输移和生态行为的水母运移精细化模型，为水母聚集致灾相关研究提供理论依据。通过对水母漂移扩散过程进行研究，有助于甄别水母漂移聚集的关键动力因子，进而可对该海域水母灾害预警提出建设性意见和防御措施。

1.2.4 水母监测与灾害预警防控技术

1. 水母监测技术

由于水母具有含水量大、体形复杂、能垂直移动、群体分布不规则等特点，使得对水母数量、种类、生活习性和运动状态等的准确监测一直是水母研究的难点。近年来，随着水母灾害对滨海产业和工业设施等的危害增加，科学实用的水母监测手段和快速有效的应急处置技术急需获得突破。

目前，水母监测常用手段主要包括目测、拖网、声呐、光学和航空遥感等，这些监测方法及其优缺点如表 1-1 所示。其中，利用船舶走航对水母进行目测和拖网监测仍然是最有效的手段，日本、韩国主要采取这两种方式对水母开展各类监测，早期开展的水母观测和研究也主要是基于目测和拖网测量（Sparks 等，2001；Doyle 等，2007）。

但是，传统的网具调查和人为目测较为费时费力，且时空分辨率较低。因此，近年来，声、光、遥感等新技术手段在水母监测中的应用越来越广泛和成熟。其中，基于声学和光学原理的水母监测技术被认为最具有应用前景。

用于水母探查和监测的声学方法目前主要有三种：（1）基于水母回声强度的鱼探仪技术；（2）类似医用 B 超的成像声呐探测技术；（3）基于声学镜头成像原理的声学摄像技术。这三类声学探测技术各有优缺点，其中科学鱼探仪研究历史最早，应用最多，但探测精度不够理想（Kang 等，2014；Yoon 等，2019）。成像声呐技术的成像能力和探测距离较好，且能够根据成像的移动生物回波速度和大小进行水母种类识别，但是不适用于长时走航观测。声学摄像机的目标识别能力最强，浑浊条件下能够对 20 m 距离内的水母种类进行精确识别，但使用成本非常高。在实际应用方面，日本广岛大学 Han 等（2009）和 Makabe 等（2012）采用双频成像声呐实现了对伞径大于 4 cm 水母的定量监测，Lee 等（2010）报道了使用声呐技术成功测量出黄海沙海蜇的运动速度和方向。

表 1-1　水母灾害监测方法及其特点

手段	优点	缺点
拖网监测	● 适合大面积暴发的水母监测 ● 采样灵活	● 采样效率低、时空性差 ● 夜间采样受限 ● 近岸的结果受潮位变化影响较大
目测法监测	● 海面观测低密度计数效率高 ● 调查船只条件要求较低	● 海面以下、天气、夜间等条件受限 ● 高密度集群时结果误差较大 ● 近岸区域受潮位影响较大
鱼探仪监测	● 声学回波采样效率高，时空性好 ● 探测距离较远，适合大面监测 ● 仪器设备可以连续监测工作，寿命长，维护周期长，适合定点监测 ● 探查和监测资源模型算法成熟	● 水母声学目标识别能力较低 ● 需要进行拖网采样配合 ● 水母和其他生物混栖时需要使用频差技术处理 ● 数据处理需要专业软件和人员

（续表）

手段	优点	缺点
成像声呐	● 成像可视，目标识别效果好 ● 监测距离较光学、声学摄像机远 ● 可以根据水母的漂浮特征进行生物间识别	● 不能长时间工作，维护周期长 ● 不适合水面船载测量 ● 适合 ROV 等短时、短距离搭载监测 ● 图像数据处理复杂
声学摄像机	● 成像清晰，可以识别水母种类 ● 进行水母个体规格测定 ● 适合定点短时间目标识别监测	● 使用维护成本高 ● 平台搭载走航测定信噪比差 ● 不适合资源量评估
航空监测	● 能够覆盖大面积海域 ● 即时快速获得数据	● 相对昂贵 ● 只能识别大型钵水母 ● 只限平静海况时监测 ● 只能监测表层水母 ● 受天气制约
水下摄像	● 可拖航或固定水下监测 ● 能够进行表-底监测 ● 可能能够远程联网监测	● 视场十分有限 ● 自动分析技术不成熟，需耗费大量时间进行视频分析 ● 多点/大面监测需多个装置/多次拖航 ● 设备昂贵

随着水下光学技术的进步，近年来针对水母监测的光学手段也有了一定进步。例如，Madin 等（1996）和 Ashjian 等（2001）在美国和加拿大分别进行了水母的光学观测实验，Brodeur（2002）、Wiebe 和 Benfield 等（2003）使用水下视频记录系统 VPR（Video Plankton Recorder）实现对尺寸在 0.2～20 mm 大小的水母监测，Graham 等（2003）使用水下摄像系统对 1 m（长）×1 m（宽）×2 m（高）海水内的水母进行观测实验，Bi 等（2013）在美切萨皮克湾采用一种暗场成像技术实现了浑浊海水中水母的清晰成像。然而，针对水母的光学监测方法仍存在水下视野范围不足（可见光在浑浊海水中衰减太快）和聚焦困难（受到海水运动和低照度等因素的影响）等问题，在近海浑浊海水中实际应用存在较大局限。

另外，通过航空影像手段，也可在海水表层或近表层，对大型水母（直径>1 m）进行短时观测（Houghton 等，2006）。但是，航空遥感方法由于花费高，且只能观测表层的大型水母，在实际应用中受限明显。

总之，截至目前，近海水母的监测技术仍然以传统的网具调查和人为目测为主，基于声学和光学新技术的观测手段虽然有了长足进展，但仍然不能满足对自然环境下水母生活习性和运动状态的研究需求，严重阻碍了对水母生活史及迁移、扩散、聚集等运动过程的认识和理解，这是当前水母灾害暴发机制难以获得突破性进展的主要瓶颈之一。

2. 水母灾害的预警防控技术

由于水母生活史的复杂性和当前监测手段、研究手段的不足，近海水母灾害发生的时空分布规律、控制机理及其对海洋生态平衡影响等基础问题尚存在诸多不清之处。因此，在当前情况下，想要科学合理地制定水母防控策略是十分困难的。但随着水母灾害对滨海产业和工业设施等的危害增加，迫切需要针对滨海浴场、电厂、养殖场等重要功能性海域制定快速有效的水母防控措施和策略。

目前，我国围绕沿海核电厂取水区水母灾害的防控已经开展了卓有成效的研究和示范（如科技部 2017 年启动的“海洋环境安全保障”重点专项“我国近海水母灾害的形成机理、监测预测及评估防治技术”），但对于沿岸浴场、养殖场等功能性海域，尚未开展系统性的水母灾害防控技术研究。

滨海核电厂冷源取水口附近的水母防控措施，主要以设置多道拦截网屏障为主。拦截网的形式主要分为平面网和张网（网兜）两种。张网水母拦截效率较高，但过量后收集较为困难，现在正在尝试采用吸泵方式进行收集和现场处理（游奎等，2013）。根据近年来红沿河核电厂取水口的水母防控经验，外海的水母多锚张网在通常情况下能够较好地缓解水母冲击取水口的压力。

当水母数量过于巨大时，传统的网具物理隔离已无法满足滨海电场的防灾减灾需求，需要提前预警以争取处置时间。大连海洋大学汤勇教授团队根据红沿河核电厂的取水口安全防控需求，已经开发了基于科学鱼探仪系统的定点监测声学浮标，通过测量流经断面的水母通量数据，实现了核电厂冷源口海域入侵水母的自动监测和预警（Wang 等，2020）。出现警情后，除了预先设置的拦截网措施，仍会雇用渔船进行传统的打捞收集，以控制水母数量。另外，根据国内外相关研究报道，部分电厂也试图开发气泡幕、水流诱导等水母控制方法（张芳等，2017），但均未达到实际应用水平。

水母暴发对滨海养殖场的正常渔业生产也有严重的负面影响，主要表现在两方面，一是养殖网箱或养殖池内水母本身消耗养殖海水的溶解氧，二是水母消亡时细菌大量滋生造成海水酸化，导致养殖生物发生疾病和死亡。目前，针对养殖场内的水母暴发现象还没有相对完善的监控方法，常用的处理措施是对养殖网箱进行定期清理、使用茶皂素等生物活性药物对水母的螅状幼体和碟状幼体进行灭杀（王雷等，2019）。

综上可见，目前我国针对滨海电厂取水口附近的水母暴发问题已经有了一定的处理经验，但监控和处置方法还十分传统。然而，滨海浴场和养殖场等近岸海域尚未针对性地建立水母灾害监测预警和防控体系，亟须在维持海洋生态系统健康的大前提下，对致灾水母生长、聚集、扩散的影响因素和控制方法进行深入了解，形成科学合理的防控策略，研发快速有效的水母诱集、驱离新技术，构建滨海功能区水母监测预警和防控体系。

1.3 秦皇岛近海的致灾水母种类与历史发生规律

河北省所辖海域面积约 7000 km^2，海岸线总长 487.3 km，包含沧州海域黄骅港、唐山海域曹妃甸港和秦皇岛海域秦皇岛港等，是京津冀经济圈的重要组成部分，也是我国北方重要的出海口，战略地位非常重要。其中，秦皇岛市北戴河区作为我国的滨海旅游胜地，具有较高的知名度和影响力。

近年来，秦皇岛近海的港口码头、滨海养殖场、发电场和人工岛礁等海岸工程的实施，为底栖生活的水母螅状体提供了大量的固着空间，大大增加了螅状体种群的密度，为水母暴发提供了一定条件。特别是 2008 年以来，水母数量逐年增加，已对人类生命安全、地区经济发展和海洋生态系统健康造成了极大危害，如图 1-2 所示。因此，针对河北省沿海主要致灾水母类型，特别是秦皇岛近海开展水母研究，甄选影响水母生长繁殖、漂移扩散、种群更替的关键环境因子，系统研究其对水母各生活史阶段的影响规律具有重要意义。

目前，秦皇岛近海共发现 30 余种水母。其中，刺胞动物门 2 纲 5 目 17 科，栉水母门 1 纲 1 目 1 科，多数出现在夏季。秦皇岛近海关于水母的研究工作开始于 20 世纪 50 年代（和振武，1985），早期的主要研究内容是对水母类型的厘定。自 20 世纪 80 年代开始，水母伤人致死事件时有发生（张明良等，1993），给沿岸人们的生产作业和生命安全带来了较大影响，于是水母作为致灾生物开始被人们认识和研究。因此，本节主要通过搜集整理秦皇岛近海水母灾害的发生案例和文献记载，对秦皇岛近海水母灾害的发生现状、季节和年际变化规律、多发区域和可能致灾原因进行分析总结。

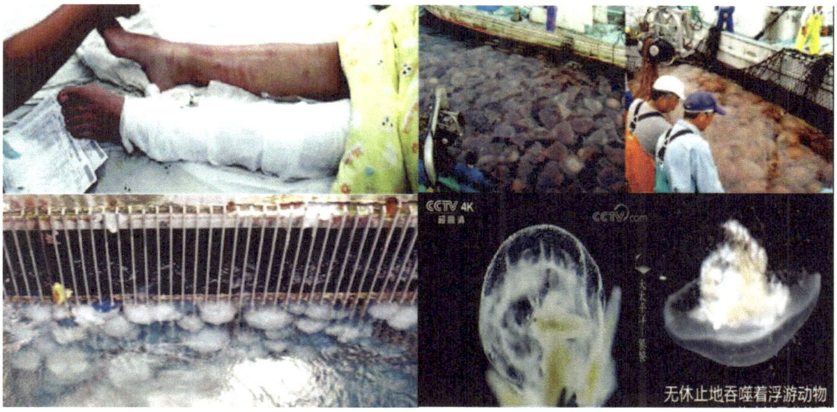

图 1-2　水母暴发的危害

1.3.1 秦皇岛近海致灾水母类型及表现形式

1. 主要致灾水母类型

造成秦皇岛近海水母灾害的主要是大型水母，秦皇岛近海的大型水母主要包括海蜇、沙海蜇、海月水母和白色霞水母，如图 1-3 所示。其中，海蜇在 20 世纪 50 年代已经出现在秦皇岛近海（和振武，1985），由于其具有食用和医疗等价值，部分个体甚至在尚未达到成熟繁殖阶段便已被捕捞，目前尚无致灾记录（张海松，2015；郑向荣等，2014 b）。

图 1-3　秦皇岛近海的大型水母（刘西汉等，2019；刘志亮等，2020）

根据历史资料显示，秦皇岛近海内的致灾水母主要是沙海蜇和海月水母（张万磊等，2015；刘婧美等，2016），致灾年份如图 1-4 所示。其中，最早发生水母灾害的时间是 1987 年，主要水母类型是沙海蜇（李宗质，1988；张明良等，1993）；海月水母首次致灾的时间是 2008 年，最早出现在秦皇岛近海的时间应是在 21 世纪初（刘旋和李德刚，2008）。白色霞水母在秦皇岛近海首次被发现的时间是 20 世纪 50 年代（和振武，1985），目前尚未有白色霞水母造成灾害的记录；然而，根据文献发现近年来白色霞水母数量逐渐增多，可能成为致灾水母（刘西汉等，2019；刘志亮等，2020）。

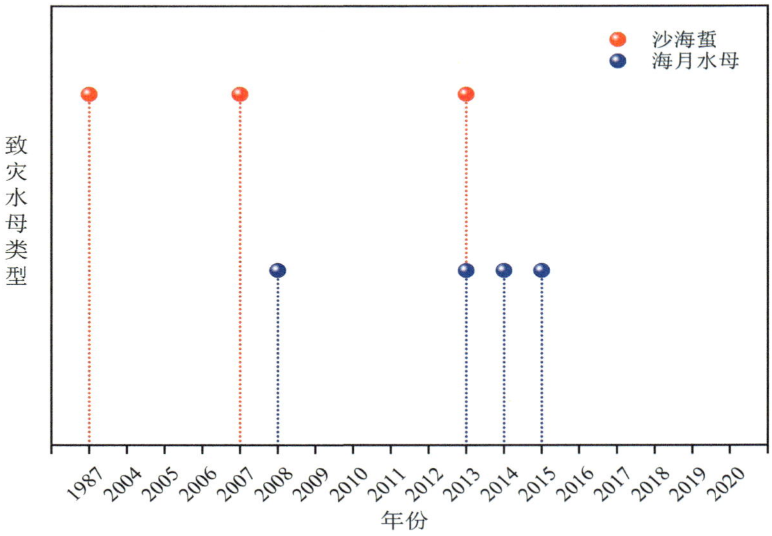

图 1-4　秦皇岛近海水母灾害发生的主要年份

综上，秦皇岛近海的致灾水母主要是沙海蜇、海月水母、白色霞水母三种。其中，沙海蜇和白色霞水母毒性较强，会对海滨浴场内的游客安全造成重大威胁；而海月水母的大量暴发则可能堵塞滨海发电厂冷水口，引发重大安全事故。

2. 灾害的表现形式

（1）威胁生命安全。由历史文献资料可见，每年夏季秦皇岛近海滨海浴场都有被水母蜇伤的报道，该海域被蜇伤的人数如表 1-2 所示。其中，1987 年夏季的秦皇岛近海浴场暴发大规模水母蜇伤事件，造成 3000 多人受伤（其中北戴河浴场 2997 人、东山浴场 48 人）和 5 人死亡（张明良等，1993）；浴场的游客、水产养殖工以及潜水员是最易被水母蜇伤的人群，被蜇伤人员多指认是被沙海蜇蜇伤。2010 年至 2020 年期间，秦皇岛近海因水母蜇伤而就医的人数累计近 9000 人（数据来源于秦皇岛市人民医院急诊科）（Wu 等，2017）；特别是 2013 年夏季水母蜇伤就诊人数近 2000 人，并有 1 名儿童被蜇伤致死。由此可见，秦皇岛近海的水母暴发对人类生命安全的威胁是灾害最主要的表现形式之一。

表 1-2 秦皇岛近海各年的水母蜇伤人数

<table>
<tr><th>年份</th><th>受伤人数</th><th>死亡人数</th><th>年龄</th><th>性别</th></tr>
<tr><td>1987</td><td>3045</td><td>5</td><td>中年居多</td><td>男性居多</td></tr>
<tr><td>1995—2000</td><td>52</td><td>0</td><td>5～62 岁</td><td>男性：15，女性：34</td></tr>
<tr><td>2012—2013</td><td>1946</td><td>1</td><td>儿童：630，成人：1136</td><td>男性：793，女性：973</td></tr>
<tr><td>2014</td><td>1686</td><td rowspan="3">0</td><td rowspan="3">儿童：1313，成人：1264</td><td rowspan="3">男性：1508，女性：1069</td></tr>
<tr><td>2015</td><td>761</td></tr>
<tr><td>2016</td><td>277</td></tr>
<tr><td>2017</td><td>1890</td><td>0</td><td>儿童：775，成人：115</td><td>男性：1096，女性：794</td></tr>
<tr><td>2018</td><td>492</td><td>0</td><td>儿童：218，成人：274</td><td>男性：311，女性：181</td></tr>
<tr><td>2019</td><td>1492</td><td>0</td><td>—</td><td>—</td></tr>
<tr><td>2020</td><td>380</td><td>0</td><td>—</td><td>—</td></tr>
</table>

（2）影响渔业生产。随着滨海围塘养殖业的发展，网架、人工渔礁等水产养殖设施已成为水母浮浪幼虫附着和螅状幼体生长发育的良好场所，从而导致水母暴发。对滨海养殖业发展而言，一方面沙海蜇和海月水母成体的大量出现经常造成崩网现象，影响渔民捕捞作业，给渔民的经济收入造成影响（刘婧美和饶庆贺，2016）；另外，水母会捕食经济型鱼虾类的卵或幼体，与其他经济鱼虾类竞争饵料来源，并会通过刺细胞系统杀死它们所碰触到的小型生物，导致鱼虾类减产，因而水母暴发给海洋养殖和渔业捕捞带来较大的经济压力。

（3）影响经济发展。秦皇岛是一座旅游城市，其旅游经济在总经济收入中占比较大。每年夏天都有大批游客到来，游客被蜇伤的事情每年都有发生，严重时危及生命。夏季是秦皇岛旅游的旺季，也是大型水母暴发的主要季节，成群的水母导致游客不能下海，影响当地旅游经济的长期发展。同时，水母的大量出现也会给沿岸工业生产带来影响。例如，2008 年秦皇岛市协办北京奥运会期间，电力公司遭受了水母的“袭击”，大量的水母涌向海边泵房，致使旋转滤网堵塞无法运转，并将旋转滤网减速机拉至倾倒，循环水泵被迫停运，对当时奥运比赛场馆的电力供应造成严重威胁（刘旋和李德刚，2008）。

1.3.2 秦皇岛近海的水母暴发规律与分布特征

1. 水母灾害暴发的季节变化特征

海月水母在秦皇岛近海通常是 5 月底或 6 月初开始出现，伞径约为 5 cm；至 7 月中下旬生长发育为成熟的水母体，伞径为 20～30 cm；9 月初前后，海月水母种群逐渐衰退（郑向荣等，2014）。由此可见，海月水母一般出现在夏季，水母体寿命约为 4 个月，如图 1-5（a）所示。

沙海蜇在秦皇岛近海通常是 7 月开始出现，随后迅速生长为成熟的水母个体；至 8 月底前后，伞径达到 60～100 cm；进入 9 月，沙海蜇种群开始衰退（郑向荣等，2014）。2013 年，该海域沙海蜇大规模暴发，自 7 月中下旬开始出现，生长迅速，密度也急剧增加（局部达到 3×10^4 ind./ km^2），最大伞径达 100 cm。秦皇岛各海滨浴场一般自 7 月中旬开始有沙海蜇蜇伤记录，8 月上旬达到高峰，9 月下旬消失。据此认为，沙海蜇在秦皇岛近海主要在夏季出现，秋季逐渐消失，如图 1-5（b）所示。

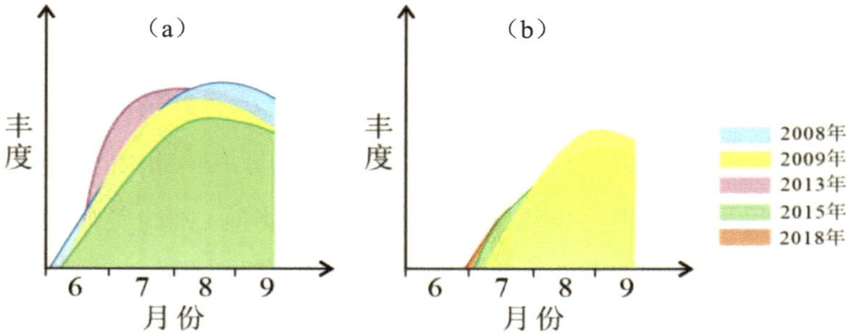

注：（a）为海月水母，（b）为沙海蜇；图中曲线代表水母丰度随月份的变化趋势，各年份最大丰度之间不作对比

图 1-5 秦皇岛近海水母灾害暴发的季节变化规律（袁晓博等，2021）

2. 水母灾害暴发年际变化特征

海月水母在 2008 年至 2015 年期间现场调查数量的年际变化，如图 1-6 所

示。通过资料分析和图 1-6 可知，在 2008 年至 2011 年期间水母数量逐年降低，其中 2011 年的现场调查中未见海月水母；在 2011 至 2013 年间，水母数量逐年升高，其中 2013 年的水母数量显著高于往年，其最大密度相较于往年明显偏大（1500×10^4 ind./km^2）；在 2013 至 2015 年间，水母数量逐年降低。由此可见，海月水母的致灾程度具有明显的年际变化，2011 年最弱，2008 和 2013 年最强，变化周期约 5 年。

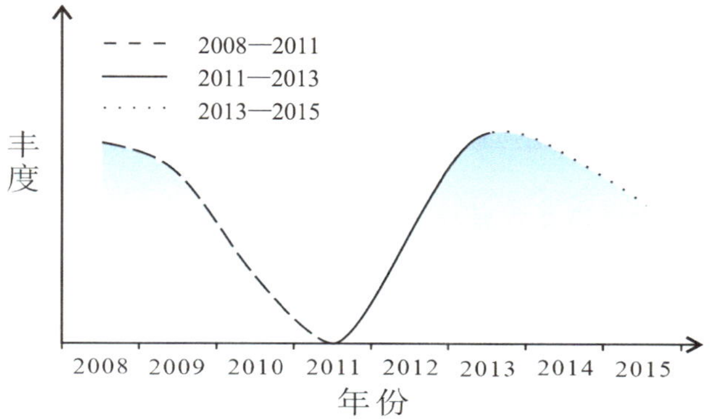

注：除 2011、2013 年外，图中处在不同变化趋势的年份之间其水母数量不作对比

图 1-6　秦皇岛近海海月水母致灾程度的年际变化（袁晓博等，2021）

沙海蜇在 2008 年至 2020 年期间的渔获量和蜇伤人数的年际变化，如图 1-7 所示。由图 1-7 可见，2011 年渔获量最少，2013 年渔获量最大；2012 年沙海蜇渔获量与蜇伤人数均相较于历史平均值偏低；2013 年蜇伤人数最多，但未有蜇伤致死事件发生。

同时，由图 1-7 可知，渔获量和蜇伤人数能够用来表征沙海蜇的致灾程度。以 2011 年和 2013 年为例进行说明，在 2011 年的调查中发现沙海蜇偶尔可见，同年渔获量是 2008 年至 2013 年中的最低值，未见人员蜇伤事件的报道；在 2013 年的调查中发现大量沙海蜇（密度可达 3×10^4 ind./km^2），仅 8 月的应急捕捞量就超过 13.6 万 kg，蜇伤人数是 2008 年至 2020 年中的峰值，出现致人死亡事件。此外，Purcell 等（2007）也认为关于水母灾害问题的报道是表征水母暴发程度的最优指标，因而上述论据表明渔获量或蜇伤人数能够反映沙海蜇致灾程度的年际变化特征。综上可见，沙海蜇的致灾程度具有显著年际变化特征，在 2011 年致灾程度最弱，在 2013 年致灾程度最强，致灾程度的变化周期是 2～5 年。

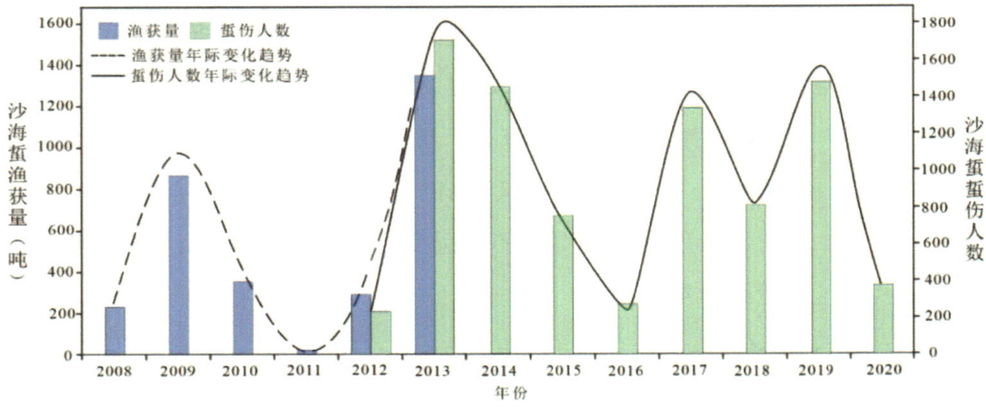

图 1-7　秦皇岛近海沙海蜇致灾程度的年际变化（袁晓博等，2021）

3. 水母灾害暴发空间分布特征

秦皇岛近海水母暴发的多发区域主要分布在洋河以北、新开河以南的近岸海域，如图 1-8 所示。其中，南戴河近岸海域、金山嘴东南海域、西浴场和东山浴场既是沙海蜇的暴发区域也是海月水母的暴发区域；北戴河近岸海域、东山浴场外侧海域和浅水湾浴场主要是沙海蜇；东港海事处近岸海域主要是海月水母。

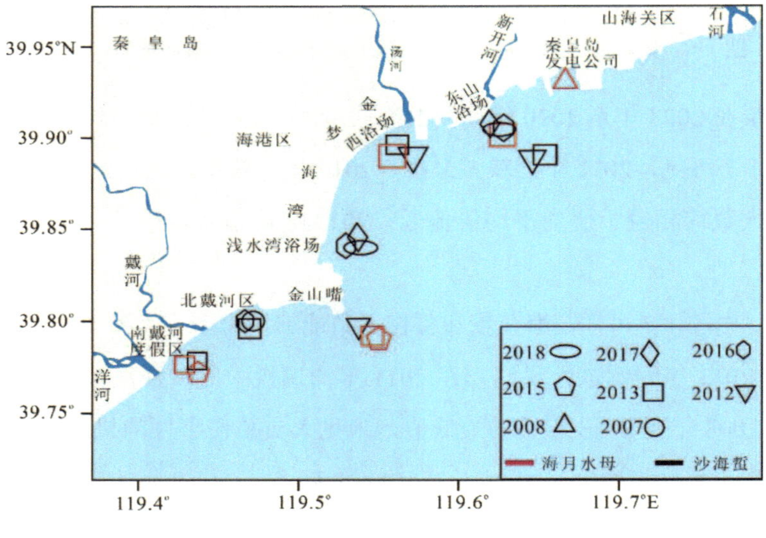

图 1-8　秦皇岛近海水母灾害暴发的多发区域（袁晓博等，2021）

1.3.3 秦皇岛近海水母灾害暴发的可能原因

水母复杂的生活史决定了其暴发原因与多种因素有关（孙松，2012）。研究认为，影响水母暴发的主要因素有全球气候变化、海洋生态环境的改变和海洋动力环境等（Robinson 和 Graham，2013；Xu 等，2013；Sun 等，2015b；Wu 等，2017）。此外，海洋工程设施作为影响因素之一近年来也备受关注。

对于秦皇岛近海大型水母暴发原因的相关研究起步较晚。目前，研究者们认为水动力环境和近海生态环境的改变是秦皇岛近海水母灾害发生的主要原因（郑向荣等，2014；张海松，2015；刘婧美和饶庆贺，2016；Wu 等，2017）。Wu 等（2016）通过数值模拟分析认为 2013 年夏季渤海表层余流将其他海域的沙海蜇携带至秦皇岛近海并造成沙海蜇暴发。郑向荣等（2014）和张海松（2015）认为，除水动力环境外，海水富营养化和环境污染也是造成秦皇岛近海大型水母暴发的重要原因。刘婧美和饶庆贺（2016）指出，秦皇岛近岸海岸密集的海洋工程增加了近海的岩礁面积，给水母水螅体提供了更大的繁殖空间。另外，由于沙海蜇的经济价值较低，人为捕捞量较少也是导致水母灾害发生的可能原因之一。

通过分析数据还发现，我国海洋灾害直接经济损失与秦皇岛近海水母致灾程度在近十年来具有相似的年际变化趋势，如图 1-9 所示。

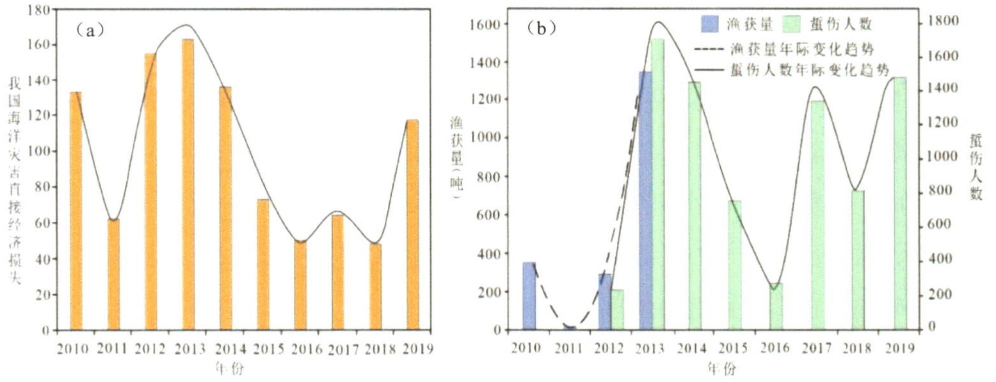

注：（a）为我国海洋灾害经济损失年际变化趋势图，（b）为秦皇岛近海沙海蜇暴发程度年际变化趋势图

图 1-9　我国海洋灾害直接经济损失与秦皇岛近岸海洋水母暴发程度的年际变化特征（袁晓博等，2021）

我国海洋灾害经济损失与秦皇岛近海水母致灾程度在 2010 年至 2011 年期间呈下降趋势，2011 年至 2013 年期间呈上升趋势，2013 年至 2016 年期间呈下降趋势，2016 年至 2017 年期间呈上升趋势，2017 年至 2018 年期间呈下降趋势，2018 年至 2019 年期间呈上升趋势。其中，2013 年秦皇岛近海水母暴发程度和我国海洋灾害

损失都达到近十年来的最高值；同年，我国发生了 11 次风暴潮灾害（3 次红色预警），渤海地区海平面升高 100 mm。2011 年秦皇岛近海水母致灾程度和我国海洋灾害损失都接近近十年来的最低值；同年，我国发生了 5 次风暴潮灾害（数据来源于国家海洋局 2011 年和 2013 年《中国海洋灾害公报》）。通常来说，气候变化是造成海洋灾害的主要原因（齐庆华等，2019），因此推测气候变化也可能是秦皇岛近海水母暴发的影响因素之一。

1.4 主要关注的问题和研究内容

根据 Ivanova-Kazas（1995）的观点，生活史是“物种一系列连续发育的典型阶段”。这些阶段之间的转变通常会随着环境条件的变化而发生，包括季节性变化。钵水母的生活史大多可以分为两个阶段：有性生殖的水母体阶段和无性生殖的水螅体阶段（Lucas 等，2012）。水母由底栖阶段向浮游阶段的转变发生在横裂生殖过程，水螅体通过此过程产生自由游动的碟状幼体，并最终发育为成熟的水母体。因此，水螅体的分布范围、数量变动、生殖方式等与环境因子之间的关系，对于研究水母种群的来源、暴发机理和暴发的原因等问题尤为重要（孙松等，2012）。

秦皇岛近海水母暴发现象最早可以追溯到 20 世纪 80 年代沙海蜇的大规模暴发。但截至目前，针对秦皇岛近海大型水母暴发问题，学者们主要聚焦于大型水母种类组成、暴发可能原因和防治对策等方面。然而，对于秦皇岛近海大型水母暴发的原因、规律及其诱导的关键环境因子仍未取得清晰的认识。因此，本书将基于笔者所在研究组在秦皇岛近海的现场观测结果，针对以下科学问题开展系统论述。

（1）秦皇岛近海致灾水母的种群来源

由于水母生活史复杂，从碟状体的出现到水母成体消亡的过程将历时近 6 个月的时间。随着时间的不断推移，本地种和非本地种水母的生长状态才会呈现出一定的差异。因此，判断水母种群来源是研究水母暴发问题的一个难点。开展长期连续的现场观测，是进行水母种群来源问题研究的前提和基础。目前，对于秦皇岛近海水母观测多集中在每年的 6 月至 8 月，且观测频率较低。由于缺乏长时间连续的现场观测数据，使得秦皇岛近海大型水母来源尚不清晰。

为了阐明秦皇岛近海主要致灾水母的种群来源，需进行如下研究工作。首先，通过公开发表的论文、书籍、研究报告和往年监测数据，整理和分析 2008 年至 2019 年秦皇岛近海水母致灾情况的历史资料；其次，明确秦皇岛近海水母暴发的时空分布规律、演替历史，掌握该海域水母暴发的基本特征和规律；在此基础上，确定观测区域及重点检查区域、设计观测断面，通过开展现场调查与观测航次，对海洋环境因子、大型水母的季节和空间分布特征进行系统分析，从而明晰秦皇岛近海大型致灾水母的种群来源。

（2）秦皇岛近海水母灾害的关键影响因子

秦皇岛近海作为我国水母暴发的重灾区之一，已对当地工业、渔业和旅游业的发展造成了严重影响。然而，水母灾害暴发的诱因众多，不仅与局部海域的海洋环境、沿岸的工程建筑有关，还可能与全球更大尺度气候变化的宏观过程有关。因此，甄别影响水母灾害的关键影响因子是研究水母暴发的另一个难点。目前，关于水母与环境因子之间关系的研究大多集中在室内受控实验，且主要依靠工作经验、现有理论和以往的地形、水文资料进行推测；缺乏环境要素的实测数据（如海温、盐度、溶解氧含量、海流和人工建筑等），也未对水母灾害与各环境要素之间的相关性进行量化分析与研究，使得尚未明确影响水母灾害暴发的关键因子。

为了明确秦皇岛近海内影响致灾水母生长繁殖、漂移扩散、种群更替的关键环境因子，需进行如下研究工作。首先，基于 2020 年至 2021 年的现场调查数据，厘清秦皇岛近海主要致灾水母的时空分布特征与规律；其次，阐明秦皇岛近海海月水母、白色霞水母和沙海蜇的暴发规律及关键调控环境因子；最后，对于早期发育过程中的水母，不仅特别关注了与建筑物之间的关系，还采用相关性分析与机器学习方法量化分析了与海月水母碟状幼体密切相关的环境因子，为该海域水母灾害的防控提供了数据支撑和理论依据。

（3）秦皇岛近海的水母聚集区域和主要迁移方向

水母的时空分布特征和关键影响因子是厘清秦皇岛近海水母聚集区域和主要迁移方向的基础。然而，以往调查多以拖网的形式为主，缺少系统的观测体系，不能准确、详细地描述水母的时空分布特征；同时，虽然有学者认为海流是影响水母聚集与迁移的主要因素之一，但近岸海域的水动力过程较弱，对秦皇岛近海系统的物理海洋机制尚不清晰。因此，秦皇岛近海的水母聚集区域和主要迁移方向成为水母灾害防御的难点。

为了掌握水母的主要聚集区域和主要迁移方向，有针对性地制定秦皇岛近海水母灾害快速预警及防控策略，需进行如下研究工作。首先，基于秦皇岛近海海月水母、白色霞水母和沙海蜇的实测数据和同步海洋环境因子数据，结合室内实验研究结果，筛选出海温、饵料、附着基、碟状体数量等关键预警指标；其次，加强该海域动力学的分析，基于 ROMS 模型建立水母灾害的预警模型，通过模拟水母的粒子运动过程，掌握水母的聚集区域与主要运动方向，进一步明确水母灾害的原因和规律等；在此基础上，确定各关键指标的预警范围，构建完成秦皇岛近海水母灾害的预警指标体系和监测预警方案。

1.5 组织结构安排

除第 1 章概述外，其余各章结构如下：

第 2 章，秦皇岛近海环境及现场调查情况。该部分首先概述了渤海、秦皇岛近海及调查区域的自然地理等基本情况；其次，介绍了现场调查过程中使用的调查船和仪器设备；最后，阐述了海洋环境因子和水母数据的实际采集方法与工作。

第 3 章，秦皇岛近海大型水母分布特征。该部分基于 2020 年至 2021 年秦皇岛近海的现场和走航观测数据，首先分析了海温、盐度和溶解氧含量等海洋环境因子的时空分布特征；其次，分析了海月水母、白色霞水母和沙海蜇的季节变化特征；最后，总结分析了这三类大型水母的时空分布特征。

第 4 章，秦皇岛近海大型水母的暴发规律及关键调控因子。该部分首先详细分析了海月水母、白色霞水母和沙海蜇与海洋环境因子的关系、暴发规律和种群来源；其次，明确了影响秦皇岛近海大型水母暴发的关键因子；最后，采用相关性和决策树方法，特别阐述了 2020 年春季海月水母碟状幼体的分布特征及其关键影响因子。

第 5 章，秦皇岛近海水母预警模型。该部分首先介绍了建立水母预警的相关模型和方法；其次，介绍了模型的配置与验证过程；最后，以白色霞水母为例，通过水母漂移扩散的数值模拟对 2020 年白色霞水母的聚集区域与迁移方法进行了深入分析与研究。

第 6 章，秦皇岛近海水母灾害监测技术及防控措施。该部分基于 2020 年至 2021

年期间秦皇岛近海大型水母时空分布特征和水母暴发规律，根据常用的水母灾害观测方法建立了适合秦皇岛近海水母灾害的监测方案和处置方法；并在此基础上，提出了秦皇岛近海大型水母灾害的防控策略。

第 2 章　秦皇岛近海环境及现场调查情况

2.1 引言

由于人类活动导致的海洋污染、过度捕捞和全球气候变暖等问题，致使海洋生态系统受损、海洋生态灾害频发（Zhang 等，2017；唐学玺等，2019；李永祺等，2020）。秦皇岛近海具有海流平缓、风浪较小、海温和盐度适中、河流入海口多且营养盐丰富以及海岸工程密集等适合水母繁殖和生存的特征。同时，秦皇岛地处河北省东北部，南临渤海，是我国著名的海滨旅游城市，每年夏季都存在游泳者被蜇伤事件的相关报道（张明良等，1993；郑向荣等，2014；霍书花等，2017）；尤其是在 2013 年，该海域沙海蜇出现暴发式增长，游客在海滨浴场被蜇伤的事件频频发生，引起了公众和政府的强烈关注。秦皇岛近海已经成为水母暴发的重灾区之一。

由 2008 年至 2019 年的历史文献资料可知，自 2008 年起秦皇岛近海水母数量逐年上升，水母生态灾害频发，致灾水母种类主要是沙海蜇和海月水母，其致灾程度呈现显著年际变化。其中，沙海蜇致灾程度的变化周期为 2～5 年；海月水母致灾程度的变化周期约为 5 年。秦皇岛近海的水母致灾时间通常发生在每年的 6 月至 9 月期间，水母灾害多发区域主要分布在洋河以北、新开河以南的近海。其中北戴河、东山浴场外侧和浅水湾浴场主要暴发沙海蜇灾害，东港海事处近海主要暴发海月水母灾害，南戴河海域、金山嘴东南海域和东山浴场既有沙海蜇灾害也有海月水母灾害。然而，由于缺乏有效观测手段获取现场观测数据，致使水母暴发的时空分布规律和致灾机理目前都不清楚，无法科学构建针对滨海电厂、浴场、养殖场等功能海区的水母防控策略和应急处置措施。因此，有必要进一步对秦皇岛近海水母暴发情况进行调查与研究。

本章首先概述了研究海域与调查区域的基本情况，其次介绍了走航观测使用的调查仪器与方法，最后详细介绍了研究海域海洋环境与水母数据的实际采集方法与工作。通过调查获取了秦皇岛近海最新的调查数据，基本掌握了该海域水文环境和水母暴发的情况，为秦皇岛近海水母暴发研究提供了数据支撑，为分析该海域水母暴发原因、机制和制定水母灾害预警指标体系打下了基础，为当地海洋环境安全保障和生态修复提供了科学依据。

2.2 研究与调查区域

2.2.1 渤海概况

渤海位于中国大陆东部北端，地处北纬 37°07′～40°56′和东经 117°33′～122°08′之间；其海岸线全长约 3800 km，东西宽约 346 km，南北长约 550 km，占地面积大概 8 万 km^2，平均水深 18 m。渤海是一个近封闭的内海，东面以辽东半岛的老铁山岬至山东半岛北端蓬莱岬的联线与黄海分界；其他三面环陆，分别与辽宁省、河北省、天津市和山东省毗邻。渤海周围有三个主要海湾：北面的辽东湾，西面的渤海湾，南面的莱州湾，如图 2-1 所示。由于渤海三面环陆，其水文结构等多方面受到陆地影响。

图 2-1　渤海位置及周边区域分布

渤海周边河流多，由于黄河、辽河、滦河、海河等河流量较大，随水流带来的河套泥沙在海底不断沉积，沉积物以淤泥和粉沙淤泥为主，使海底和海岸的地貌有所转变，渤海整体深度变浅，特别是在近岸海岸带变浅表现明显。渤海平均水深18 m，最深处在辽东半岛南端的一块凹地区域，水深可达 70 m。但是由于泥沙不断沉积，使得海底平坦，饵料丰富，海洋环境适合鱼、虾、蟹类生活，渤海的中部海域深水区不仅是渤海经济鱼、虾、蟹类往返迁移聚集地，也是渤海鱼、虾、蟹类躲避严冬的地方。渤海是大型海洋水产养殖基地，沿岸淤泥滩积水能力强，有利于产盐，盐田较多，其中包括我国最大的海盐场——长芦盐场。因此，渤海拥有河口三角洲湿地生态系统、河口生态系统和渤海中部深水区生态系统，与沿岸城市群的生态系统联系紧密，共同组成渤海地区的复合生态系统（陈聚法等，2020）。

另一方面，渤海位于中纬度季风区，属于温带季风性气候，气候有明显的“大陆性”特征（张江泉，2013）。主要表现为：一是受季风环流支配，是东南季风盛行的地区；二是冬寒夏热，夏季海水温度可达 24～25 ℃，冬季海水温度在 0 ℃左右浮动，春秋干旱多风，四季分明，气温年际变化较大，因陆地对海水的动力动态影响较大，表层海水温度随季节更替明显，在冬季除秦皇岛和葫芦岛一带近岸海域外，普遍存在结薄层冰现象；三是雨季很短，降水较为集中，夏季 7 月和 8 月降水量约占全年降水量的 70%，春秋少雨，降水量的年际变化大。天津新港和秦皇岛港地处渤海沿岸，这些港口船只需通过渤海海峡即可进入黄海境内，渤海海峡是华北地区、东北地区各省海路要道。

2.2.2 秦皇岛海域概况

秦皇岛是一座滨海旅游城市，滨海沿岸链上有多处旅游景观，如孟姜女庙、秦皇求仙入海处、南戴河国际娱乐中心、鸽子窝公园、渔岛、乐岛海洋公园、金山嘴、老虎石、仙螺岛娱乐中心、碧螺塔、滑沙场、昌黎黄金海岸等，是著名的旅游度假胜地。因此，秦皇岛海域的海洋环境质量、安全系数和生态环境状况对于滨海旅游业具有重要影响。

秦皇岛属暖温带半湿润季风气候。冬季受西伯利亚大陆气团控制，天气寒冷干燥，降雪稀少。春季很短，受冷空气影响，天气多变，大风多，降水仍然稀少，蒸发量大，常有春旱发生。夏季受副热带高压影响，高温多雨，但因受海洋调节，无酷热期；受地形影响，山地迎风坡多形成暴雨中心。秋季极地大陆气团逐渐加强，天气晴朗，气温迅速下降。

秦皇岛近海水系发达，沿岸河流众多，如石河、新开河、汤河、戴河、洋河等河流，自成水系，等距分布，由北及南，平行入海。因此，该海域内营养物质丰富，能为多种海洋生物提供生存空间和适宜的生活环境，适合渔牧业发展，有利于本地及周边城市的经济发展。然而，秦皇岛近海面临水母的威胁，水母的暴发会造成海域生态失衡，威胁旅游者人身安全，导致渔业资源减产，从而限制秦皇岛及周边地区的经济发展。

秦皇岛海域是连接渤海的主要海湾——辽东湾与渤海湾的关键海域，是辽东湾与渤海中部及渤海湾进行物质和能量交换的重要通道。受西风带和副热带高压的影响，秦皇岛海域夏季盛行偏南风，冬季盛行偏北风，秋季偏北风逐渐增多增强。秦皇岛海域的水动力环境是季风、潮汐、渤海中部流系、径流、地形、河流汇入等多种因子相互平衡的最终结果；其中，季风是影响秦皇岛海域余流分布乃至辽东湾环流形态的主要驱动力，潮汐是秦皇岛海域水位的主要影响因素，海流受潮汐影响较大。秦皇岛近岸北侧海域潮汐为正规全日潮，潮差较小，地处 M2 分潮无潮点附近（罗招莲，2021）。潮流属于正规半日潮流，呈 NE—SW 向往复流动，大致与岸线平行（刘恒魁，1994；张彦龙，1997）。张彦龙（1997）认为秦皇岛北侧海域的余流由于受风、辽东湾环流、潮余流等的影响，因而在春季表现为东北向的流动趋势。秦皇岛近海的潮汐潮流、沿岸支流等都将影响该海域内水母的漂移扩散方向及空间分布。

2.2.3 调查区域及站位概况

调查区域主要位于秦皇岛近海，如图 2-2 所示，东起山海关石河口，西至北戴河新区人造河口（经度：119°20′E～119°55′E，纬度：39°35′N～40°00′N）。共设计观测断面 8 条，每条断面 5 个站位，总计 40 个站位。此外，为了进一步查明秦皇岛近海水母暴发的空间分布特征，还在特定月份对秦皇岛近海进行了大范围观测（经度：119°15′E～120°00′E，纬度：39°20′N～40°00′N），并在局部海域增设加密站位，如在金梦海湾内莲花岛（人工岛）增设 5 个加密站位。

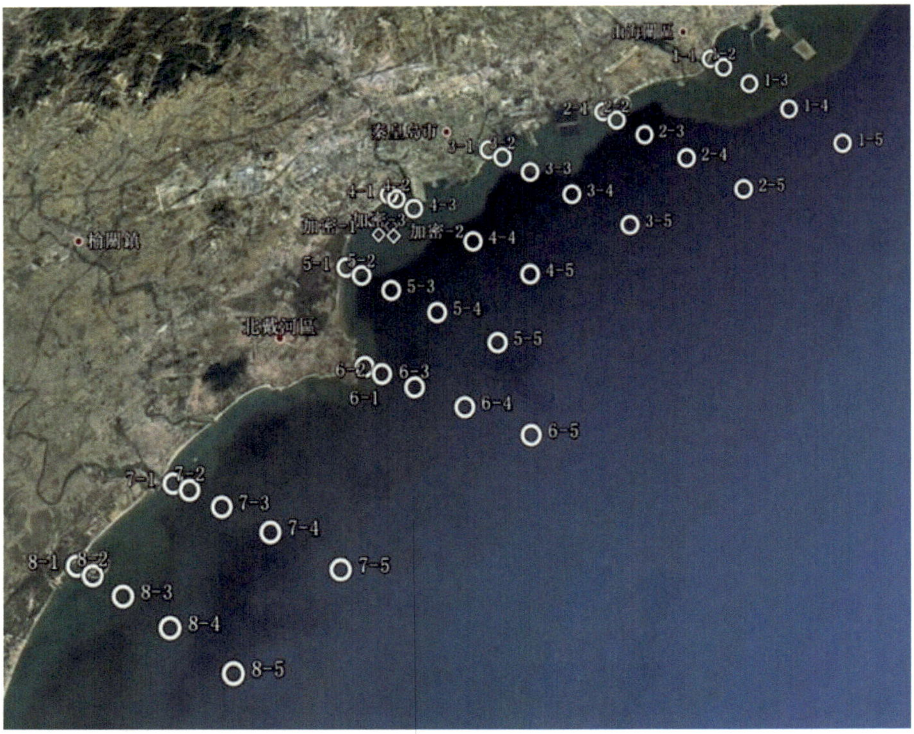

图 2-2 秦皇岛近海观测断面和站位设置

2.3 调查船与仪器设备

2.3.1 调查船

秦皇岛近海现场调查任务主要使用“冀秦渔运 66666”，如图 2-3 所示。调查船长 20 m，280 马力，自重 51 t；调查船上配备 SG-180 GPS 导航仪和 LOWRANCE HDS-7 声呐探测仪等基础设备。

2.3.2 现场气象观测

气象观测采用南京圣荣仪器厂生产的 WS-30 手持气象站（又称手持气象仪），是一款携带方便、操作简单、集多项气象要素于一体的可移动式气象观测仪器，如图 2-4 所示。手持气象系统采用精密传感器及智能芯片，能同时对风向、风速、气压、气温、湿度 5 项气象要素进行准确测量。

图 2-3　“冀秦渔运 66666”调查船

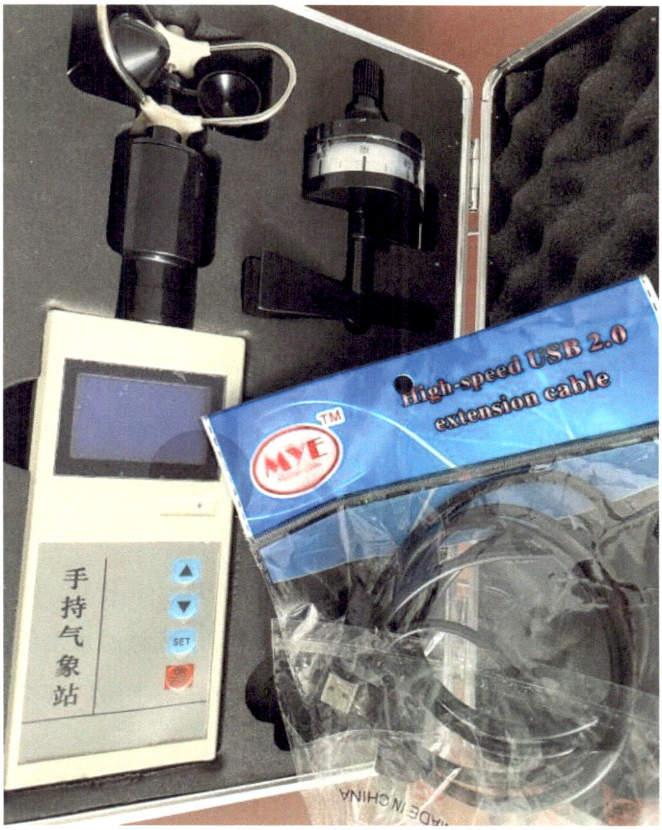

图 2-4　WS-30 手持气象站

该仪器可广泛应用于气象、环保、机场、农林、水文、军事、仓储、科学研究等领域。其关键参数如表 2-1 所示。

手持气象仪的具体操作流程为：（1）装入电池，连接风向标；（2）待船停稳后站在船头无遮挡处，打开仪器，设定参数；（3）待仪器稳定运行 1 min 后，读取显示数值并记录；（4）关闭仪器，置于阴凉处。

表 2-1　WS-30 手持气象站主要技术参数

测量参量	测量要素	测量范围	精度	分辨率	单位
气象参数	风速	0～30	±（0.3±0.03）	0.1	m/s
	风向	16 方位	±1 方位	1 方位	方位
	大气温度	−40～80	±0.3	0.1	℃
	相对湿度	0～100	±3	0.1	%RH
	大气压力	10～1100	±0.3	0.1	hPa
电源	3 节 5 号 1.5 V 干电池				
通信	USB				
存储	4 万条数据				
重量	约 0.5 kg（带铝合金箱约为 1.8 kg）				
整机尺寸	410 mm×70 mm×70 mm				
工作环境	大气温度−20～80 ℃；湿度≤100%RH 无凝露				

2.3.3 海洋水文水质观测

水文观测采用舟山海慧海洋科技有限公司生产的多参数水质仪 Oceanthink/OCT-multipara-07、美国 YSI 多参数水质分析仪（Professional Plus）和美国 YSI 556MPS 多参数水质测量仪。

（1）多参数水质仪 Oceanthink/OCT-multipara-07，如图 2-5 所示，主要包括甲板单元、GPS 模块、连接线缆、水下单元。主要用于测量海水剖面的深度、压力、水温、电导率、浊度、叶绿素浓度、溶解氧含量、pH 等参数。其关键参数如表 2-2 所示。

多参数水质仪的具体操作流程如下：①安装连接仪器并固定好；②电脑开机，打开甲板单元，连接网络；③将水下单元从迎风舷一侧放入水中，感温 2 min；④打开操作软件，输入布放站位和水深信息，点击开始采样；⑤将水下单元匀速缓慢下放，尽可能接近海底；⑥回收仪器，清洗传感器探头。

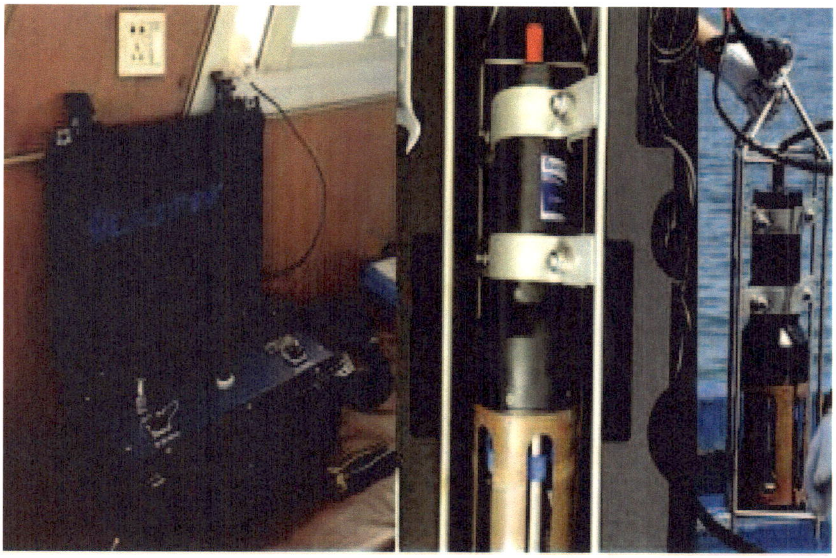

图 2-5　多参数水质仪（Oceanthink/OCT-multipara-07）

表 2-2　多参数水质仪（Oceanthink/OCT-multipara-07）主要技术参数

测量参量	量程	精度	分辨率
海温	−2～32 °C	±0.005 °C	0.001 ℃
电导率	0～70 mS/cm	±0.01 mS/cm	0.001 mS/cm
压力	0～6000 m	0.05% FS	0.02% FS
pH	0～13	±0.01	
溶解氧含量	0～1000 μmol/L	8 μmol/L	0.1 μmol/L
浊度	0～3000 NTU	±2% FS	0.01 NTU
叶绿素浓度	0～500 μg/L	1% FS	

（2）美国 YSI 多参数水质分析仪（Professional Plus），如图 2-6 所示，主要用于测量海水温度、盐度、溶解氧含量和 pH 等。

该仪器广泛应用于地表水、地下饮用水测量，农业水质参数测量，内陆和沿海非点源性污染，污水处理厂的溢流，湿地监测，地表水工程，高校调研项目，以及食品和饮料工业等领域。其关键参数如表 2-3 所示。

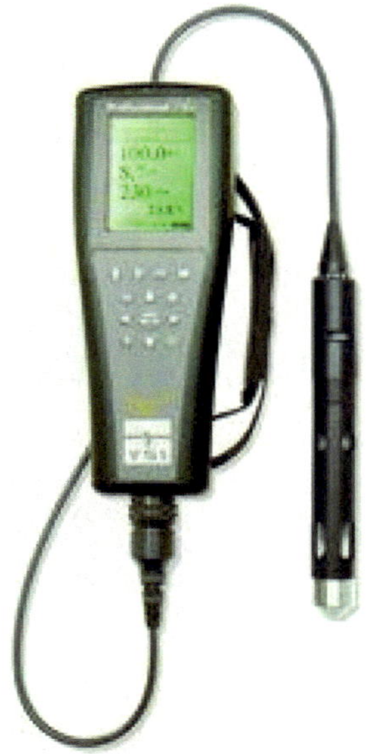

图 2-6　美国 YSI 多参数水质分析仪（Professional Plus）

表 2-3　美国 YSI 多参数水质分析仪（Professional Plus）主要技术参数

参数	测量范围	分辨率	准确度
溶解氧含量	0～50 mg/L	0.1 或 0.01 mg/L	±2%或±0.2 mg/L
海温	−5～70 ℃	0.1 ℃	±0.2 ℃
电导率	0～200 mS/cm	0.001～0.1 mS/cm	±0.5%或 0.001 mS/cm
pH	0～14	0.01	±0.2
氧化还原电位	−1999～1999 mV	0.1 mV	±20 mV
重量	475 g（含电池）		
电缆	1 m、4 m、10 m、20 m、30 m、100 m 可选		

美国 YSI 多参数水质分析仪的具体操作流程如下：①连接仪器，设定相应参数并保存；②将探头端从迎风舷一侧放入水中 1 m，感温 2 min；③打开仪器，待读数稳定后，读取数值并记录；④继续下放至 5 m 水深，待读数稳定后，读取数值并记录；⑤继续下放至距水底 2 m 左右，待读数稳定后读取记录底层水文参数；⑥回收仪器，清洗传感器探头。

（3）美国 YSI 556MPS 多参数水质测量仪，如图 2-7 所示，主要用于测量海水温度、盐度、溶解氧含量和 pH 等。

图 2-7　美国 YSI 556MPS 多参数水质测量仪

该仪器广泛应用于地表水、地下饮用水测量，农业水质参数测量，内陆和沿海非点源性污染，污水处理厂的溢流，湿地监测，地表水工程，高校调研项目，以及食品和饮料工业等领域。其关键参数如表 2-4 所示。

表 2-4　美国 YSI 556MPS 多参数水质测量仪主要技术参数

参数	测量范围	分辨率	准确度
溶解氧含量	0～50 mg/L	0.01 mg/L	±2%或±0.2 mg/L
海水温度	－5～45 ℃	0.1 ℃	±0.15 ℃
盐度	0～70 ppt	0.01 ppt	±1.0%或 0.1 ppt
电导率	0～200 mS/cm	0.001～0.1 mS/cm	±0.5%或 0.001 mS/cm
pH	0～14	0.01	±0.2
氧化还原电位	－999～999 mV	0.1 mV	±20 mV
重量	920 g（含电池）		
电缆	4 m、10 m、20 m 可选		

美国 YSI 556MPS 多参数水质测量仪的具体操作流程如下：①连接仪器，设定相应参数并保存；②将探头端从迎风舷一侧放入水中 1 m，感温 2 min；③打开仪器，待读数稳定后，读取数值并记录；④继续下放至 5 m 水深，待读数稳定后，读取数值并记录；⑤继续下放至距水底 2 m 左右，待读数稳定后读取记录底层水文参数；⑥回收仪器，清洗传感器探头。

2.3.4 水母观测

1. 垂直拖网法

水母生物取样采用浅水 I 型或II型浮游生物网，如图 2-8 所示，适用于水深 30 m 以内，垂直采集大中型（I 型）或中小型（II型）浮游动物和鱼卵、仔稚鱼等，可配备沉锤和钢丝吊绳使用。其关键参数如表 2-5 和表 2-6 所示。

水母垂直拖网法生物取样的具体操作流程如下：①检查生物网状态，安装铅锤；②将生物网从迎风舷一侧放入水底后快速回收；③将网口底部浓缩管中样品转移至已编号的塑料瓶中，加入甲醛固定剂后拧紧瓶盖；④将样品保存在阴凉通风处；⑤冲洗生物网，备用。

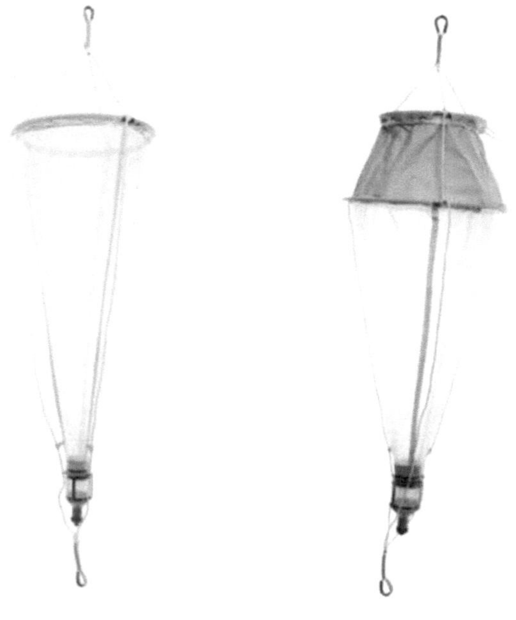

图 2-8　浅水 I 型（左）、II 型（右）浮游生物网

表 2-5　浅水 I 型浮游生物网主要技术参数

参数	值
网长	145 cm
网口内径	50 cm
网衣孔径	0.505 mm
网圈	不锈钢制
网底管	不锈钢制，铜制底阀

表 2-6　浅水 II 型浮游生物网主要技术参数

参数	值
网长	140 cm
网口内径	31.6 cm
头锥部	帆布制，高度 30 cm。上圈内径 31.6 cm，下圈内径 50 cm
网圈	不锈钢制
网衣	孔径 0.16 mm
网底管	不锈钢制，铜制底阀

2. 目测法

在调查船行驶于相邻两个站位的过程中，目测并记录水母种类、数量并估算伞径大小，用以描述大型水母的空间分布特征。

具体方法参考 Sparks 等（2001）和 Doyle 等（2007），将观测人员分为两组，立于调查船的船首两侧（该船保持 6 节航速行进），采用目测法分类统计视野内所见全部水母种类、数量并估计其伞径大小，待到达取样站位后使用捞网随机捕捉靠近船只的水母个体，并现场测量水母的伞径。

2.3.5 数据质量控制

调查严格依据《海洋调查规范》（GB12763.1～7—1991）、《海洋监测规范》（GB17378.1～7—1992）进行，数据获取、样品采集及储存等关键过程质量检查严格，获取数据真实、可靠。

2.4 数据的实际采集方法

将秦皇岛近海分为4个重点海区实施，分别为山海关近岸海域、海港区近岸海域、北戴河近岸海域及南戴河近岸海域；执行期间根据实际情况进一步选取调查区域和设计观测断面，并对每个站位进行现场气象、水文常规观测和水母样品采集（浅I或浅II浮游生物网和目测法）。

2.4.1 海洋环境数据的采集方法

在调查过程中，现场采用3种多参数水质测量仪获取各站位海洋水文环境数据，包括表、底层海水温度，盐度，溶解氧含量和pH等环境参数。

其中，4月采用美国YSI多参数水质分析仪（型号YSI Professional Plus），5月、7月、8月采用多参数水质分析仪（Oceanthink/OCT-multipara-07），6月采用美国YSI 556MPS多参数水质测量仪。

2.4.2 水母数据的采集方法

由于水母具有昼夜垂直迁移的特性，因此采用全水柱拖网（即在各采样站位由海底至海表垂直拖网）来评估其种群数量。所有样品保存在5%甲醛海水溶液中，待采样结束后返回实验室内进行镜检分析。在通风橱内将上述样品分多次转移至培养皿中，在体视镜（型号JSZ6S）下进行鉴定统计，获得水母形态、数量、伞径大小（mm）等数据。为鉴别不同生长阶段内海月水母的数量组成，参考Mutlu（2001）的研究结果，将海月水母划分为碟状幼体（<10 mm）和水母体（>10 mm）两个阶段。

（1）水母幼体数据：春季，秦皇岛近海水母幼体的伞径较小，因此利用标准的浅水浮游生物网对水母幼体进行采集。其中，4月使用浅水II型浮游生物网（网口内径31.6 cm，网衣孔径160 μm）采集水母幼体；5月使用浅水I型浮游生物网（网口内径50 cm，网衣孔径505 μm）采集水母幼体。

水母幼体丰度计算方法，如式（2-1）所示：

$$\rho_i = N_i / V \qquad (2\text{-}1)$$

式中：

ρ——水母幼体丰度（ind./m^3）；

i——属种；

N——统计个体数（ind.）；

V——拖网水柱体积（m^3）。

（2）水母体数据：夏季（6 月至 8 月），秦皇岛近海大型水母伞径较大且空间分布差异明显，利用调查船在相邻两个站位行进过程中所记录到的水母种类和个数来描述大型水母的空间分布特征。采用目测法分类统计视野内所见全部水母种类和数量，待到达取样站位后使用捞网随机捕捉靠近船只的水母个体放入装满海水的容器内，并现场测量其伞径。

2.5 数据的采集工作量

根据温带海洋的特点，季节一般按照如下来划分：春季为 3 月至 5 月，夏季为 6 月至 8 月，秋季为 9 月至 11 月，冬季为 12 月至次年 2 月（侍茂崇和李培良，2018）。在秦皇岛近海共开展了 17 个航次的现场观测调查工作，实际调查中不同季节不同航次的调查站位略有不同，详细的现场调查时间与站位数如表 2-7 所示。

表 2-7　秦皇岛近海现场观测调查工作量完成情况

序号	采样时间	调查项目	设计站位数	实际采集站位数
1	2020 年 4 月	气象参数，水文环境参数，（表、底）水母种类、数量	35	34
2	2020 年 5 月		48	48
3	2020 年 6 月		40	32
4	2020 年 7 月		40	23
5	2020 年 8 月		40	40
6	2020 年 10 月		40	40
7	2020 年 11 月		30	30
8	2020 年 12 月		30	30
9	2021 年 1 月		30	30
10	2021 年 3 月		40	40
11	2021 年 4 月		40	43

（续表）

序号	采样时间	调查项目	设计站位数	实际采集站位数
12	2021 年 5 月	气象参数，水文环境参数，（表、底）水母种类、数量	40	40
13	2021 年 6 月		40	40
14	2021 年 7 月上旬		44	39
15	2021 年 7 月下旬		44	39
16	2021 年 8 月		44	39
17	2021 年 9 月		45	45

2020 年 4 月至 2021 年 9 月期间，通过现场调查共采集气象数据 632 组，水文数据 634 组、水母浮游生物网取样 260 瓶，具体环境因子与指标如下。

（1）现场气象观测：气温、气压、风速、风向和湿度；

（2）水文常规观测：海温、盐度、叶绿素浓度、溶解氧含量和 pH；

（3）水母浮游生物网取样：浅I和浅II浮游生物网；

（4）水母现场观测（目测法）：种类、伞径和数量。

2.5.1 2020 年现场观测调查工作

2020 年调查期间，受天气、海况等因素的影响，对离岸较远的个别站位未进行现场取样调查；如 2020 年 4 月由于站位 1-1 水深过浅，调查船难以到达预定位置，故该站位未进行现场采样；在 a-5 站位未进行现场水文环境测量。2020 年现场调查时间与采集水母的相关信息，如表 2-8 所示。

表 2-8　2020 年秦皇岛近海的大型水母个数

调查时间日期	海月水母个数	白色霞水母个数	沙海蜇个数
4 月 19 日至 23 日	183	0	0
5 月 25 日至 26 日	21	0	0
6 月 19 日至 25 日	113	0	0
7 月 20 日至 23 日	7	29	0
8 月 30 日至 9 月 2 日	4	70	1
10 月至 12 月	0	0	0

（1）2020 年春季期间，对秦皇岛近海（119°30′E～119°55′E，39°46′N～40°00′N）水母幼体和海洋水文环境进行了大面观测，共设计 6 条断面，每条断面 5 个站位，

总计 30 个站位。此外，为调查秦皇岛近海大型水母幼体的空间分布状况，在金梦海湾内莲花岛（人工岛）内增设多个加密站位。其中，4 月增加 5 个加密站位（如 a-1、a-2、…、a-5），如图 2-9 所示；5 月增加 8 个加密站位（如 a-1、a-2、…、a-8），如图 2-10 所示；实际站位位置如图中黑色圆点所示，各站位坐标的经纬度如表 2-9 所示。

2020 年 4 月下旬（19 日至 23 日），调查站位如图 2-9 所示，图中黑色曲线上数字为水深，单位为米，水深数据来源于船载 LOWRANCE HDS-7 声呐探测仪；其中，站位 5-1 最浅，为 2.20 m，站位 1-5 最深，为 15.90 m，各站位平均水深约为 8.70 m。调查中使用标准的浅水Ⅱ型浮游生物网（网口内径 31.6 cm，网衣孔径 160 μm）对水母幼体进行采集，共取得样品 34 瓶。在调查区域的 11 个站位共发现 183 个海月水母碟状幼体，伞径大小为 1～10 mm；海月水母碟状体最高丰度出现在 a-1 站位，主要分布于金梦海湾近岸附近。

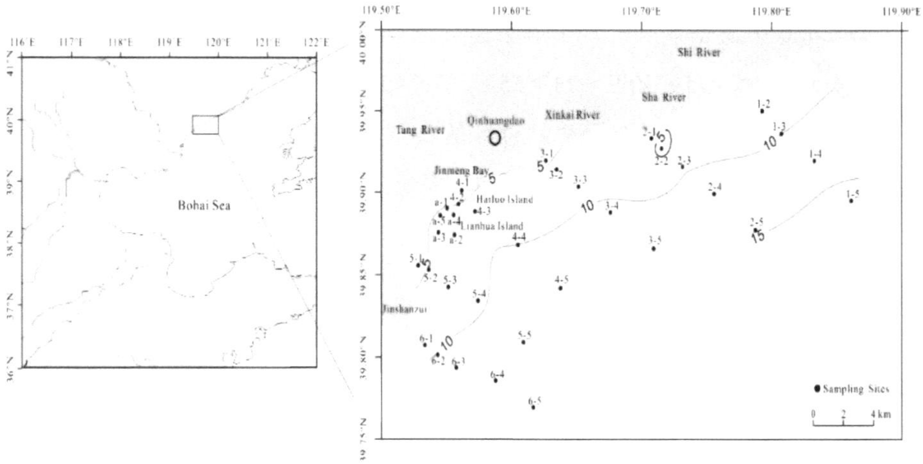

图 2-9　2020 年 4 月秦皇岛近海调查站位与水深分布图

2020 年 5 月下旬（25 日至 26 日），调查站位如图 2-10 所示。此时海月水母碟状体已发育为水母幼体，故使用标准的浅水I型浮游生物网（网口内径 50 cm，网衣孔径 505 μm）对水母幼体进行采集，共取得样品 38 瓶。在调查区域的 8 个站位共发现 21 个海月水母幼体，伞径的大小为 20～30 mm；海月水母幼体最高丰度出现在 4-2 站位，主要分布于 4、5 断面及加密站位近岸附近。

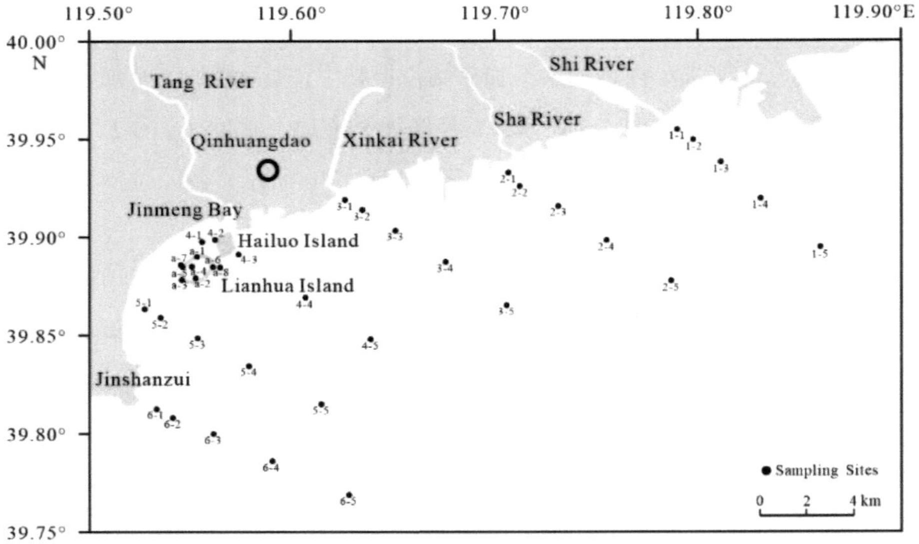

图 2-10 2020 年 5 月秦皇岛近海调查站位分布图

（2）2020 年夏季期间：为了解秦皇岛近海大型水母时空变化特点，2020 年 6 月至 8 月对该海域（119°30′E～119°55′E，39°45′N～40°00′N）1 至 6 断面（每条断面 5 个取样站位，共计 30 个调查站位）的大型水母和海洋水文环境进行了大面站位调查，如图 2-11 所示；具体调查时间与采集水母的相关信息，如表 2-9 所示。

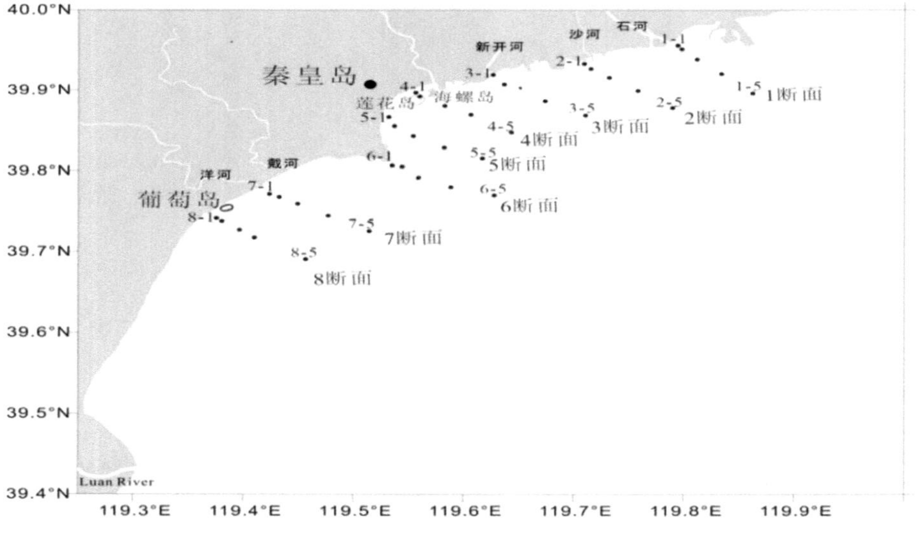

图 2-11 2021 年水母观测站位分布

表 2-9　站位坐标表

站位号	纬度（N）	经度（E）	站位号	纬度（N）	经度（E）
1-1	39°57.45′	119°47.3667′	5-5	39°48.9′	119°36.9′
1-2	39°57.0667′	119°47.8′	6-1	39°48.7667′	119°32.05′
1-3	39°56.3167′	119°48.6667′	6-2	39°48.4833′	119°32.65′
1-4	39°55.1833′	119°49.9667′	6-3	39°47.9667′	119°33.7667′
1-5	39°53.7′	119°51.6667′	6-4	39°47.2′	119°35.45′
2-1	39°56′	119°42.45′	6-5	39°46.1667′	119°37.6333′
2-2	39°55.6333′	119°42.9167′	7-1	39°46.3233′	119°25.2833′
2-3	39°54.9667′	119°43.9′	7-2	39°46.0833′	119°25.8367′
2-4	39°53.95′	119°45.35′	7-3	39°45.5167′	119°26.9167′
2-5	39°52.6167′	119°47.25′	7-4	39°44.6833′	119°28.5333′
3-1	39°55.1833′	119°37.6′	7-5	39°43.4833′	119°30.7833′
3-2	39°54.8667′	119°38.1′	8-1	39°44.5833′	119°22.1667′
3-3	39°54.2167′	119°39.1′	8-2	39°44.2833′	119°22.7′
3-4	39°53.25′	119°40.5667′	8-3	39°43.65′	119°23.7167′
3-5	39°51.95′	119°42.55′	8-4	39°42.7167′	119°25.25′
4-1	39°54.1′	119°33.5′	8-5	39°41.4333′	119°27.25′
4-2	39°53.9167′	119°33.7667′	a-1	39°53.0898′	119°33.732′
4-3	39°53.5′	119°34.4′	a-2	39°52.7538′	119°33.216′
4-4	39°52.1333′	119°36.5′	a-3	39°53.0952′	119°32.832′
4-5	39°50.8333′	119°38.4667′	a-4	39°53.0760′	119°33.936′
5-1	39°51.8667′	119°31.6333′	a-5	39°53.1012′	119°33.114′
5-2	39°51.55′	119°32.1833′	a-6	39°52.6998′	119°32.814′
5-3	39°50.95′	119°33.25′	a-7	39°53.1552′	119°32.784′
5-4	39°50.0667′	119°34.85′	a-8	39°53.4018′	119°33.264′

2020 年 6 月下旬（19 日至 25 日），在调查区域的 3 个站位共发现海月水母 113 个，海月水母伞径迅速增大，为 100～150 mm；海月水母在 4-1 和 5-1 两个站位丰度高达 300～500 ind./100 m^2，主要分布在 4 和 5 断面的金梦海湾内莲花岛附近海域。

2020 年 7 月下旬（20 日至 23 日），在调查区域的 11 个站位共发现 36 个水母，以水母体形式存在，主要种类是海月水母和白色霞水母。其中，海月水母个数为 7 个，伞径大小为 100～200 mm，主要分布在 4 和 5 断面的金梦海湾内莲花岛附近；在莲花岛水域和 5-1 站位丰度为 300～500 ind./100 m^2。海月水母在金梦湾密度高且水母体伞径较大（>100 mm），表明该区域海洋环境状况适合海月水母的生长发育。白色霞水母个数为 7 个，伞径大小为 80～300 mm；白色霞水母丰度范围在 0.1～1.4 ind./100 m^2 之间，最高丰度出现在 2-4 站位；白色霞水母在 1 至 3 断面的近海均有分布，但以新开河口以东水域分布较多。此外，本次调查未发现沙海蜇。

2020 年 8 月底至 9 月初，海月水母丰度急剧减少，仅在调查区域的 3 个站位发现 4 个海月水母，伞径大小皱缩到 150～200 mm，主要分布在 6 断面金山嘴水域的近岸处。在调查区域的 12 个站位共发现 70 个白色霞水母，伞径大小为 100～250 mm；最高丰度出现在 2-2 站位；白色霞水母主要分布在 1 至 2 断面的近岸处。与 2020 年 7 月相比，8 月采集到的白色霞水母伞径皱缩变小，触手大量脱落，仅保留有伞部。此外，还在 6-1 断面发现 1 个 900 mm 的沙海蜇，分布在新开河口外侧水域和金山嘴水域。

（3）2020 年秋季（10 月至 12 月）期间：在秦皇岛近海未发现大型水母。

此外，在 2020 年的现场调查过程中，未发现白色霞水母和沙海蜇的碟状体和水母幼体。

2.5.2 2021 年现场观测调查工作

2021 年，对秦皇岛近海（119°30′E～119°55′E，39°46′N～40°00′N）的水母幼体和海洋环境进行了大面观测，共设计 8 条断面，每条断面 5 个站位，总计 40 个站位，如图 2-11 所示。现场调查时间与采集水母的相关信息，如表 2-10 所示。

2021 年 4 月下旬（21 日至 26 日），使用标准浅水 II 型浮游生物网（网口内径 31.6 cm，网衣孔径 160 μm）对水母幼体进行采集，共取得样品 43 瓶。在调查区域的 2 个站位共发现 2 个海月水母碟状体，伞径大小约为 2 mm。

2021 年 5 月下旬（20 日至 24 日），用标准的浅水I型浮游生物网（网口内径 50 cm，网衣孔径 505 μm）对水母幼体进行采集，共取得样品 40 瓶。在调查区域的 7 个站位共发现 42 个海月水母幼体，伞径迅速增大，为 30～150 mm；海月水母主要分布在 4 和 5 断面的金梦海湾内莲花岛附近海域。

表 2-10　2021 年秦皇岛近海的大型水母个数

调查时间日期	海月水母个数	白色霞水母个数	沙海蜇个数
4 月 21 日至 26 日	2	0	0
5 月 20 日至 24 日	94	0	0
6 月 19 日至 23 日	113	0	0
7 月 6 日至 9 日	—	135	0
7 月 20 日至 22 日	—	140	0
8 月 28 日至 30 日	7	278	2
9 月 28 日至 10 月 2 日	3	27	2
10 月至 12 月	0	0	0

2021 年 6 月下旬（19 日至 23 日），在调查区域的 11 个站位共发现海月水母个数为 259 个，海月水母伞径迅速增大，为 20～200 mm；海月水母主要分布在 2 和 5 断面，最高丰度出现在 2-1 站位。

2021 年 7 月上旬（6 日至 9 日），在调查区域的 21 个站位发现的水母均以水母体形式存在，主要种类是海月水母和白色霞水母。其中，海月水母的伞径大小为 150～260 mm，海月水母主要分布在 2 和 8 断面，最高丰度出现在 2-3 站位。白色霞水母个数为 135 个，伞径大小为 20～400 mm；主要分布在 1 至 2 断面，最高丰度出现在 2-3 站位。

2021 年 7 月下旬（20 日至 22 日），在调查区域的 24 个站位发现海月水母和白色霞水母。其中，海月水母的伞径大小为 100～200 mm，主要分布在 4 断面的金梦海湾内莲花岛附近，丰度最高的是 4-1 站位，约为 7 个/m^3。白色霞水母个数为 140 个，伞径大小为 30～250 mm；主要分布在 4 至 5 断面的近海，最高丰度出现在 5-3 站位。

2021 年 8 月下旬（19 日至 25 日），在调查区域的 16 个站位共发现 287 个水母体。其中，海月水母丰度急剧减少，仅在调查区域的 4 个站位发现 7 个海月水母，伞径大小皱缩到 100～200 mm，主要分布在 2 断面。在调查区域的 14 个站位共发现 278 个白色霞水母，伞径大小为 50～400 mm；主要分布在 4 至 5 断面的近岸处，最高丰度出现在 5-1 站位。此外，还在 3-4 和 4-5 站位各发现 1 个沙海蜇，伞径大小为 500～700 mm。

2021 年 9 月下旬，水母丰度急剧减少，在调查区域的 11 个站位共发现 32 个水母。其中，仅在 2 个站位发现 3 个海月水母，伞径大小为 100～250 mm；共发现 27 个白色霞水母，伞径大小为 50～350 mm，最高丰度出现在 2-3 站位；此外，还在 1-2 和 2-3 站位各发现 1 个沙海蜇，伞径大小为 600～700 mm。

2021 年 10 月至 12 月，在秦皇岛近海未发现大型水母。

2.6 本章小结

本章主要概述了秦皇岛近海环境及现场观测仪器和方法等基本情况，以及 2020 年 4 月至 2021 年 9 月期间对秦皇岛近海大型水母现场调查与相关研究工作的实际情况，为秦皇岛近海水母暴发研究提供数据支撑，为分析该海域水母暴发原因、机制和制定水母灾害预警指标体系打下了基础，为当地海洋环境安全保障和生态修复提供了科学依据。

第 3 章　秦皇岛近海大型水母分布特征

3.1 引言

钵水母（Scyphozoa）是全球各海区水母暴发的主要类别（Lucas 等，2012）。大多数钵水母的生命周期分为无性生殖的螅状体阶段和有性生殖的水母体阶段（Arai，1992；Brotz 等，2012）。在温带海域，螅状体在春季产生碟状体，经夏季生长发育为性成熟个体，并在有性生殖后其种群密度骤然下降（Lucas，2001）。水母特有的生命周期决定了其种群数量动力学过程具有明显的季节性变化（Mills，2001；Condon 等，2013）。

秦皇岛近海出现大型水母数量增多或暴发现象始于 20 世纪 80 年代（张明良等，1993），主要致灾水母是沙海蜇、海月水母和白色霞水母。这三种大型水母的暴发已经严重影响了该区域的社会经济活动和旅游产业，并威胁着游客的健康和生命安全（张海松，2015）。然而，截至目前，秦皇岛近海大型水母的季节变化规律和空间分布特征尚不清楚，无法确定该海域大型水母暴发机制及其关键环境驱动因子，这使得对水母灾害实现快速预警和科学防控十分困难。

本章基于 2020 年 4 月至 2021 年 9 月秦皇岛近海开展的大面站位调查数据，介绍了秦皇岛近海的环境因子特征，系统阐述了该海域三种大型水母的季节变化规律与空间分布特征，为进一步研究秦皇岛近海大型水母暴发机制及科学制定水母防控策略提供了参考。

3.2 秦皇岛近海的海洋环境因子特征

3.2.1 海温

在 2020 年 4 月至 2021 年 9 月调查期间，秦皇岛近海大面观测站位的海水表层温度和底层温度的空间分布情况如图 3-1 和图 3-2 所示。

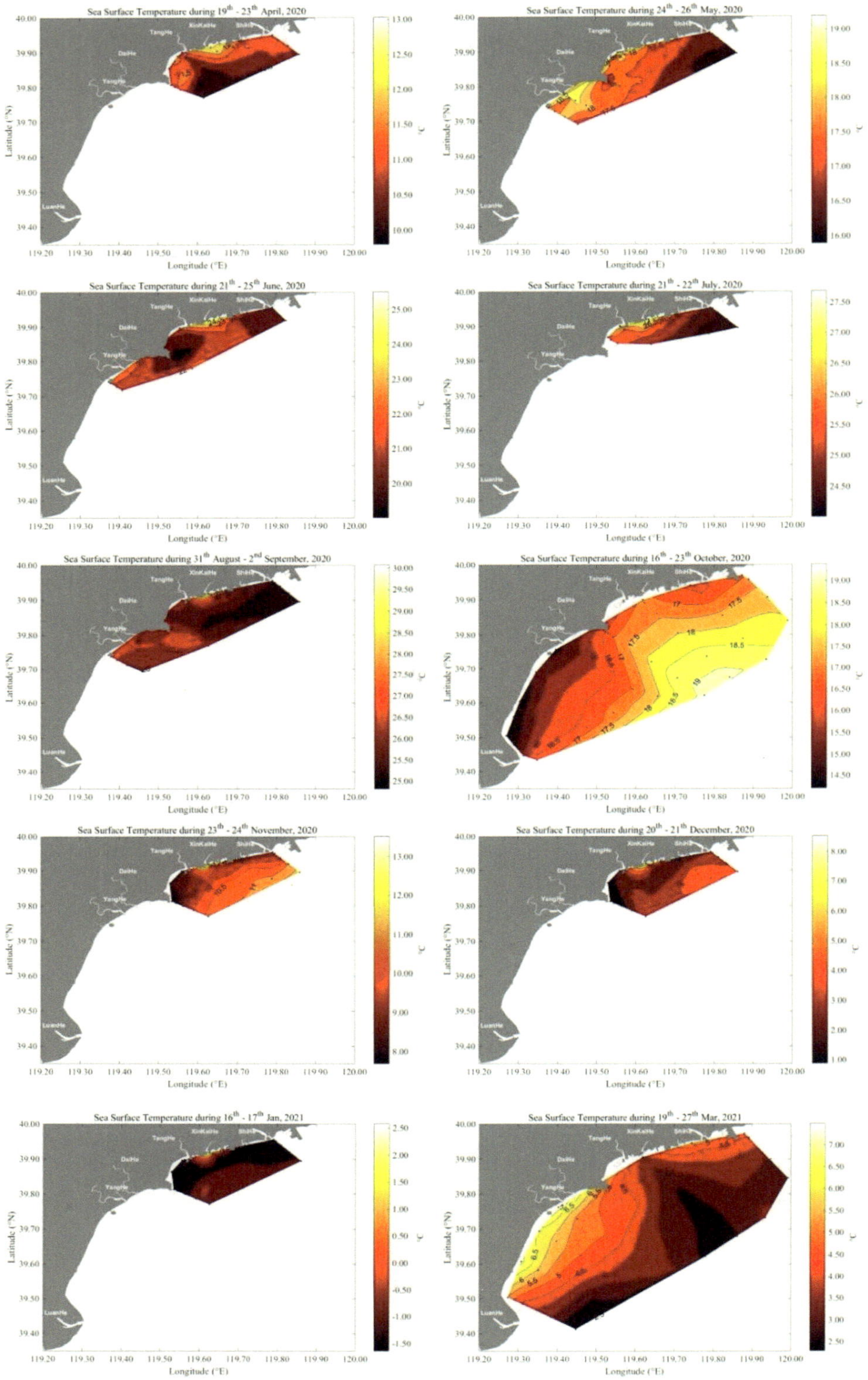
Sea Surface Temperature during 19th - 23th April, 2020
Sea Surface Temperature during 24th - 26th May, 2020
Sea Surface Temperature during 21th - 25th June, 2020
Sea Surface Temperature during 21th - 22th July, 2020
Sea Surface Temperature during 31th August - 2nd September, 2020
Sea Surface Temperature during 16th - 23th October, 2020
Sea Surface Temperature during 23th - 24th November, 2020
Sea Surface Temperature during 20th - 21th December, 2020
Sea Surface Temperature during 16th - 17th Jan, 2021
Sea Surface Temperature during 19th - 27th Mar, 2021
Latitude (°N)
Longitude (°E)
℃
TangHe
XinKaiHe
ShiHe
DaiHe
YangHe
LuanHe

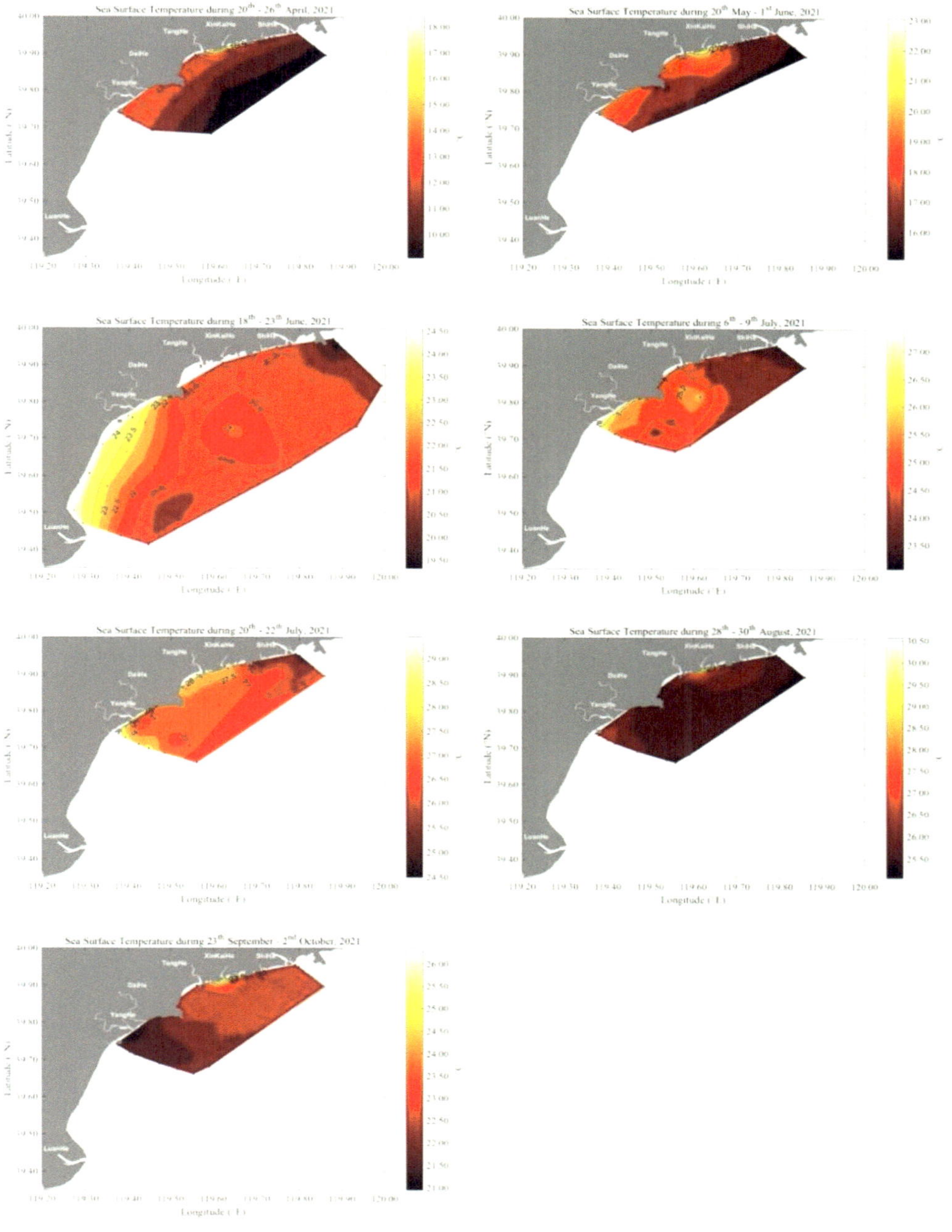

图 3-1　秦皇岛近海 2020 年 4 月至 2021 年 9 月表层海温分布图

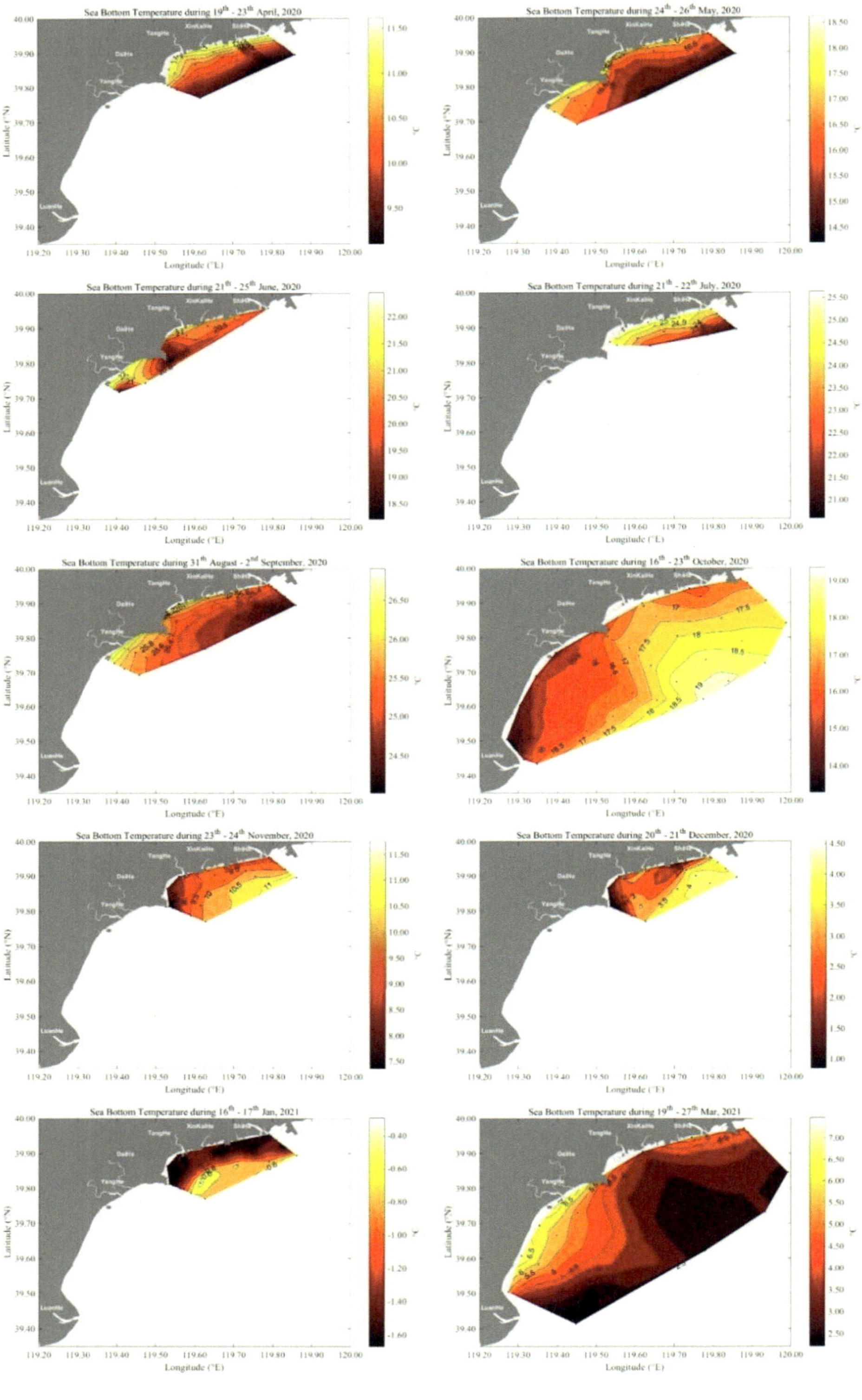
Sea Bottom Temperature during 19th - 23th April, 2020
Sea Bottom Temperature during 24th - 26th May, 2020
Sea Bottom Temperature during 21st - 25th June, 2020
Sea Bottom Temperature during 21st - 22th July, 2020
Sea Bottom Temperature during 31th August - 2nd September, 2020
Sea Bottom Temperature during 16th - 23th October, 2020
Sea Bottom Temperature during 23th - 24th November, 2020
Sea Bottom Temperature during 20th - 21th December, 2020
Sea Bottom Temperature during 16th - 17th Jan, 2021
Sea Bottom Temperature during 19th - 27th Mar, 2021
Latitude (°N)
Longitude (°E)
℃

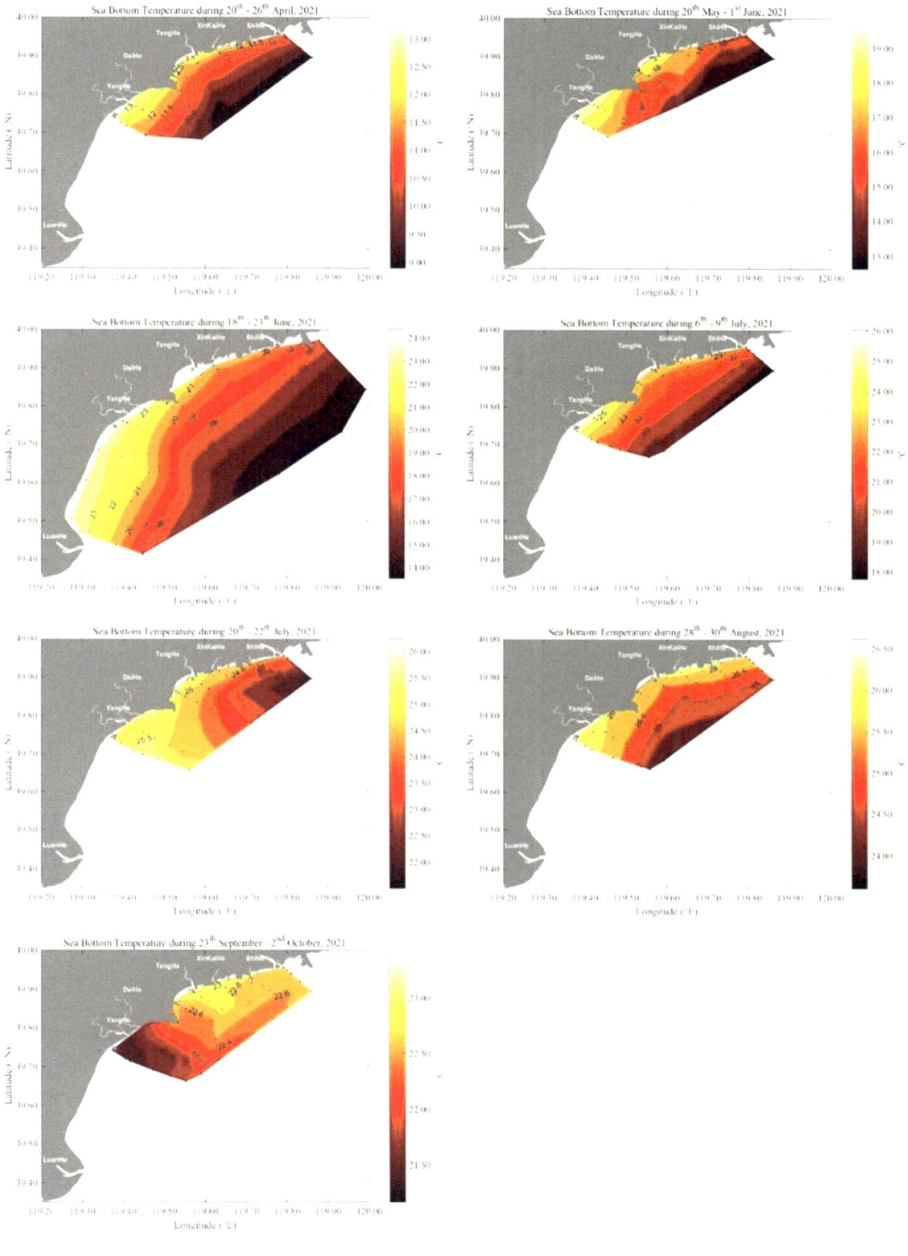

图 3-2　秦皇岛近海 2020 年 4 月至 2021 年 9 月底层海温分布图

由图可见，调查海域内表层海温 2021 年 7 月下旬最高，范围在 24.7～29.2 ℃之间，平均约为 27.1 ℃；表层海温在 2021 年 1 月最低，范围在－1.7～2.6 ℃之间，平均约为－1.1 ℃。底层海温在 2021 年 8 月最高，范围在 23.9～26.4 ℃之间，平均约为 25.6 ℃；底层海温在 2021 年 1 月最低，范围在－1.7～－0.3 ℃之间，平均约为－1.3 ℃。从垂向分布上来看，表层海温高于底层海温。从平面分布上来看，表、底层海温同步变化，在春、夏季呈现出近岸高、离岸低的分布特征；在秋、冬季呈现出近岸低、离岸高的分布特征，但新开河口附近水域海温较高。

3.2.2 盐度

在 2020 年 4 月至 2021 年 9 月调查期间，秦皇岛近海大面观测站位海洋表层盐度和底层盐度的空间分布情况如图 3-3 和图 3-4 所示。

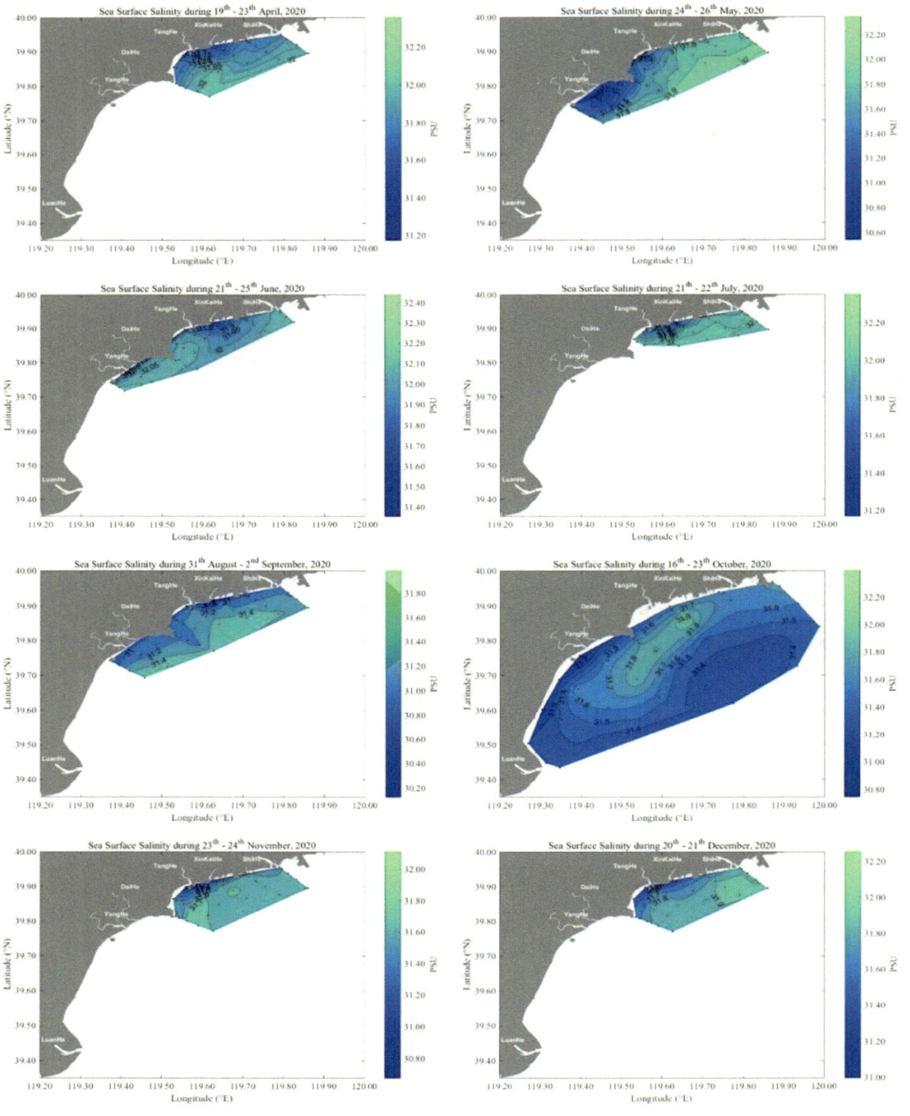

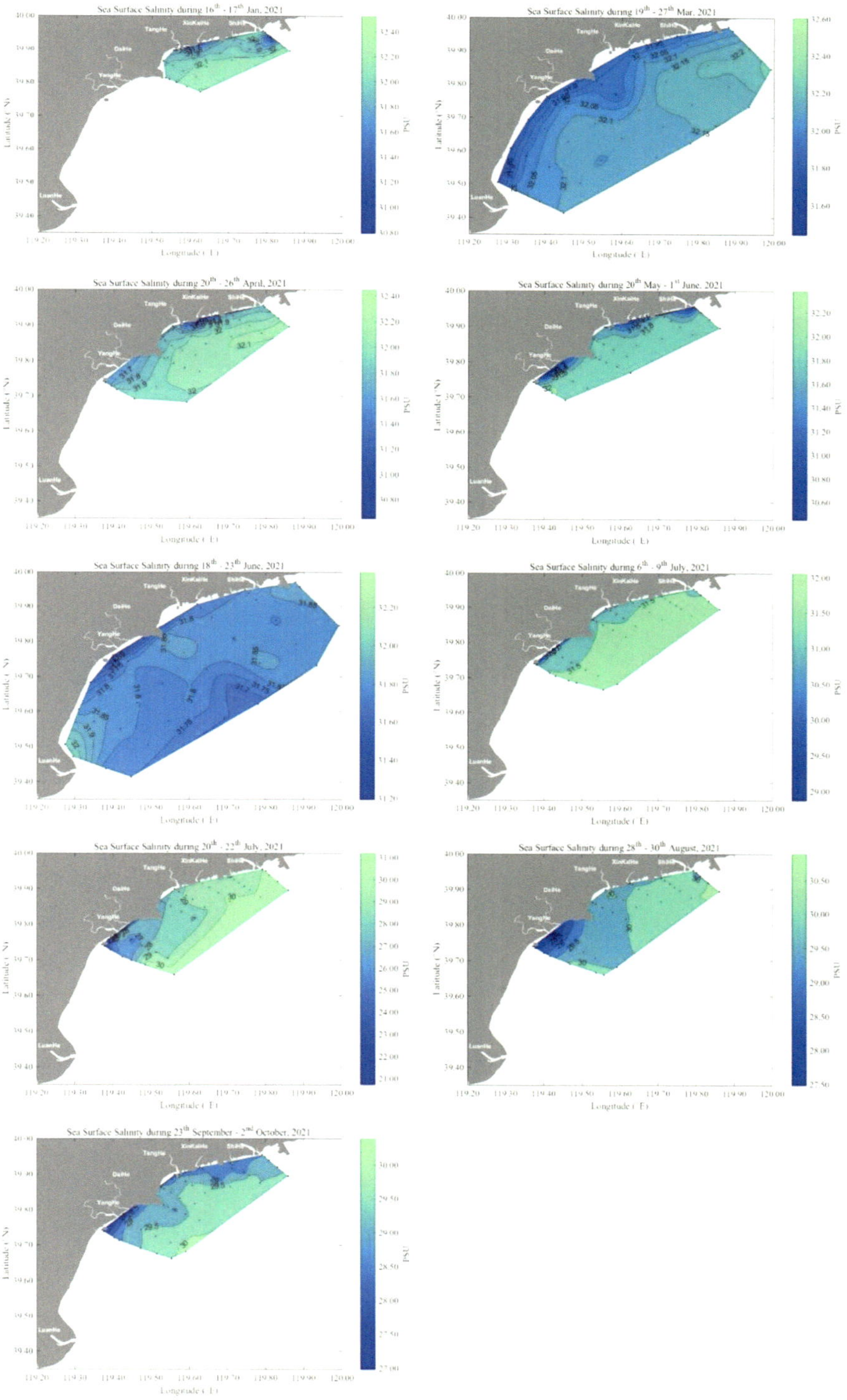

图 3-3　秦皇岛近海 2020 年 4 月至 2021 年 9 月表层盐度分布图

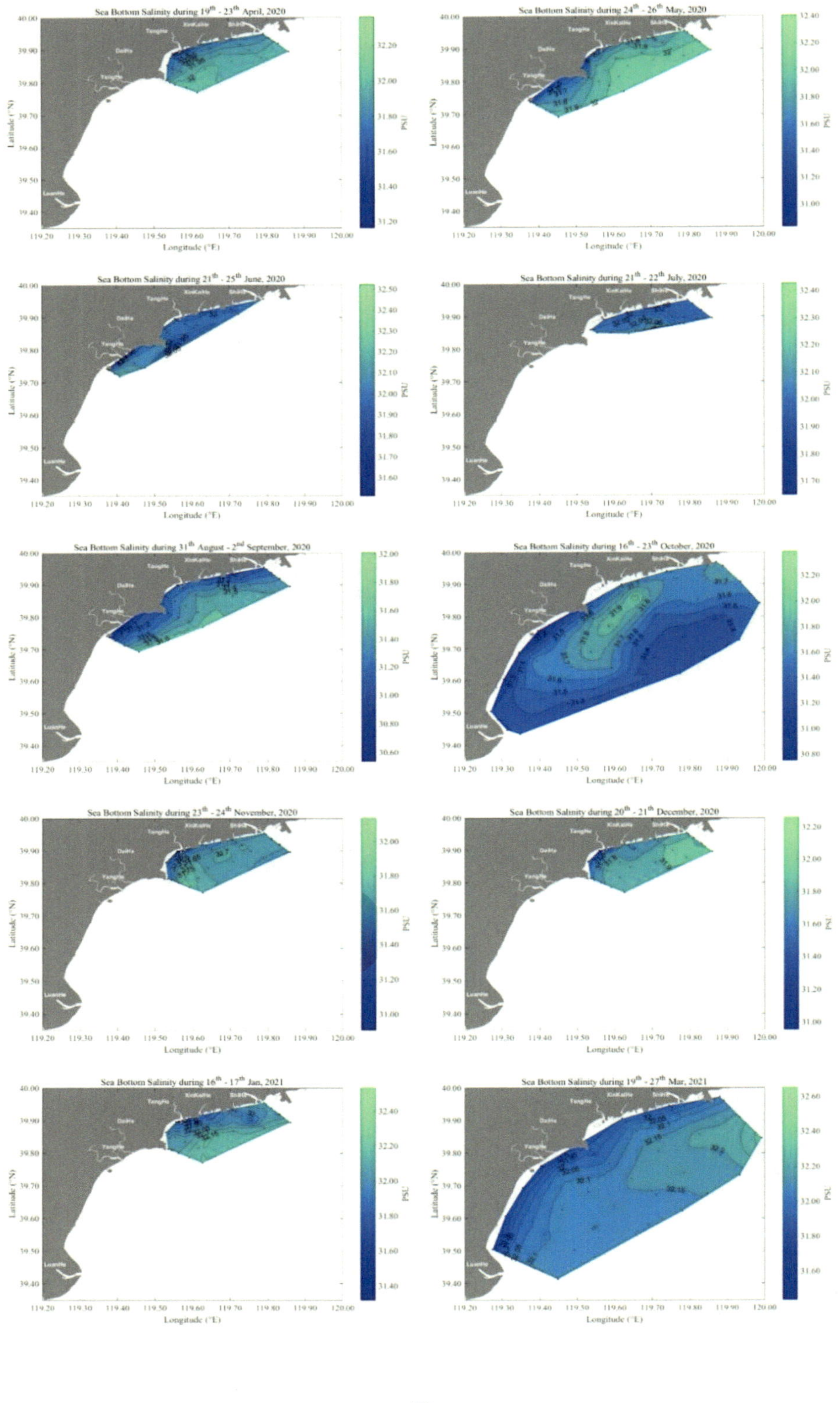
Sea Bottom Salinity during 19th - 23th April, 2020
Sea Bottom Salinity during 24th - 26th May, 2020
Sea Bottom Salinity during 21th - 25th June, 2020
Sea Bottom Salinity during 21th - 22th July, 2020
Sea Bottom Salinity during 31th August - 2nd September, 2020
Sea Bottom Salinity during 16th - 23th October, 2020
Sea Bottom Salinity during 23th - 24th November, 2020
Sea Bottom Salinity during 20th - 21th December, 2020
Sea Bottom Salinity during 16th - 17th Jan, 2021
Sea Bottom Salinity during 19th - 27th Mar, 2021
Latitude (°N)
Longitude (°E)
PSU

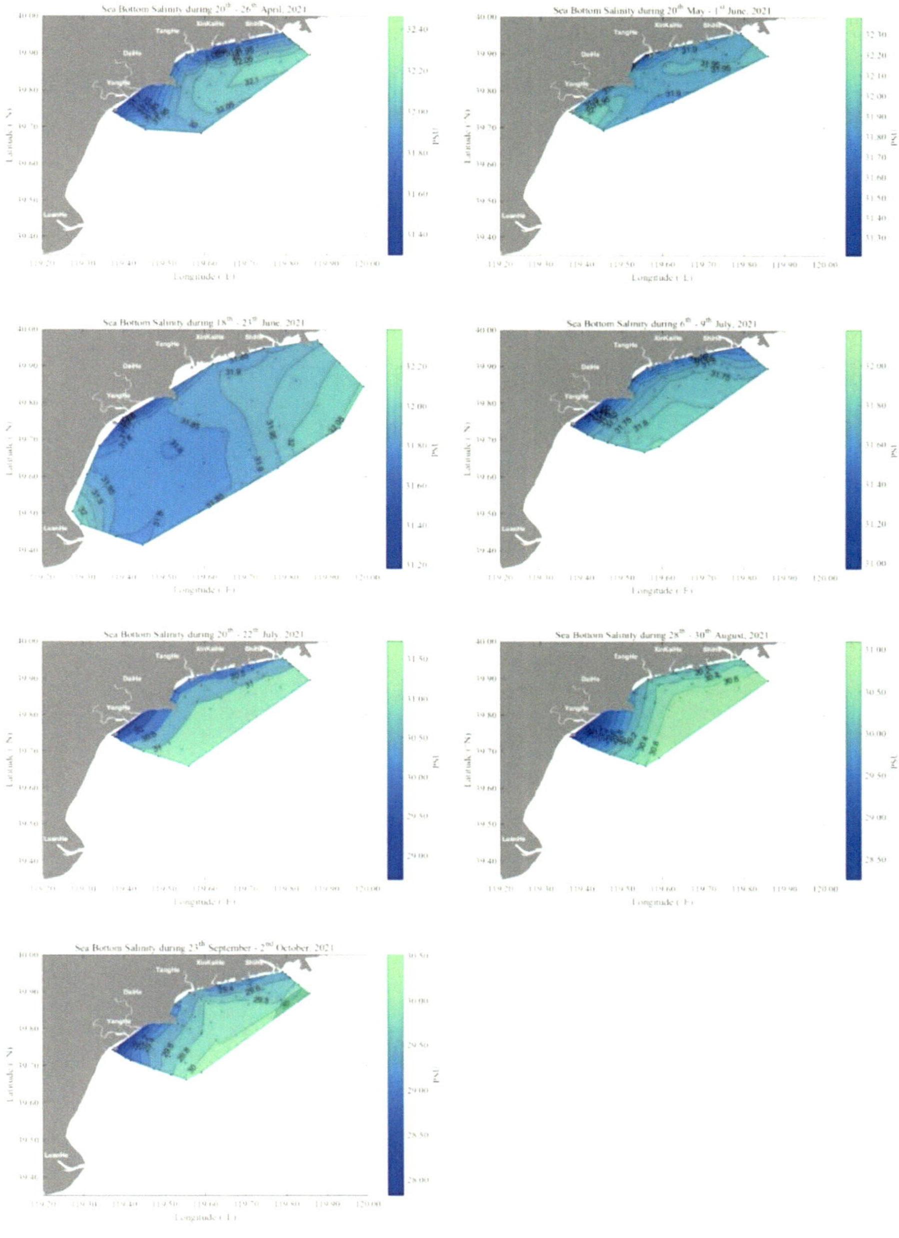

图 3-4　秦皇岛近海 2020 年 4 月至 2021 年 9 月底层盐度分布图

由图可见，调查海域内表层盐度在 2021 年 3 月最高，范围在 31.76～32.28 之间，平均约为 32.06；表层盐度在 2021 年 7 月下旬最低，范围在 20.93～30.89 之间，平均约为 28.58。底层盐度在 2021 年 3 月最高，范围在 29.52～32.07 之间，平均约为 32.07；底层盐度在 2021 年 9 月最低，范围在 28.11～30.22 之间，平均约为 29.52。调查海域内盐度分布较为均匀，整体上呈现出近岸低、离岸高的分布特征，在近岸河口水域存在明显的低值区。底层盐度略高于表层，呈现随着水深变深而增高的特征。

3.2.3 溶解氧含量

在 2020 年 4 月至 2021 年 9 月调查期间，秦皇岛近海大面观测站位海洋表层和底层溶解氧含量的空间分布情况如图 3-5 和图 3-6 所示。

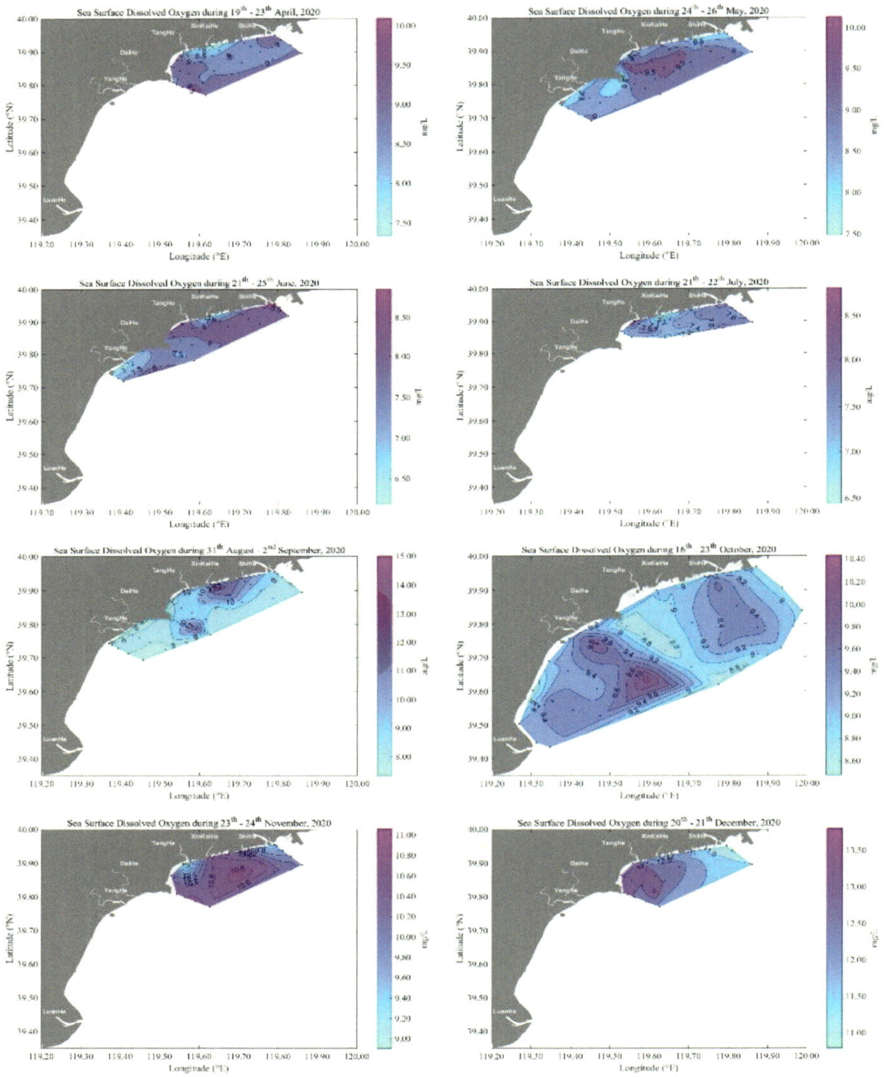

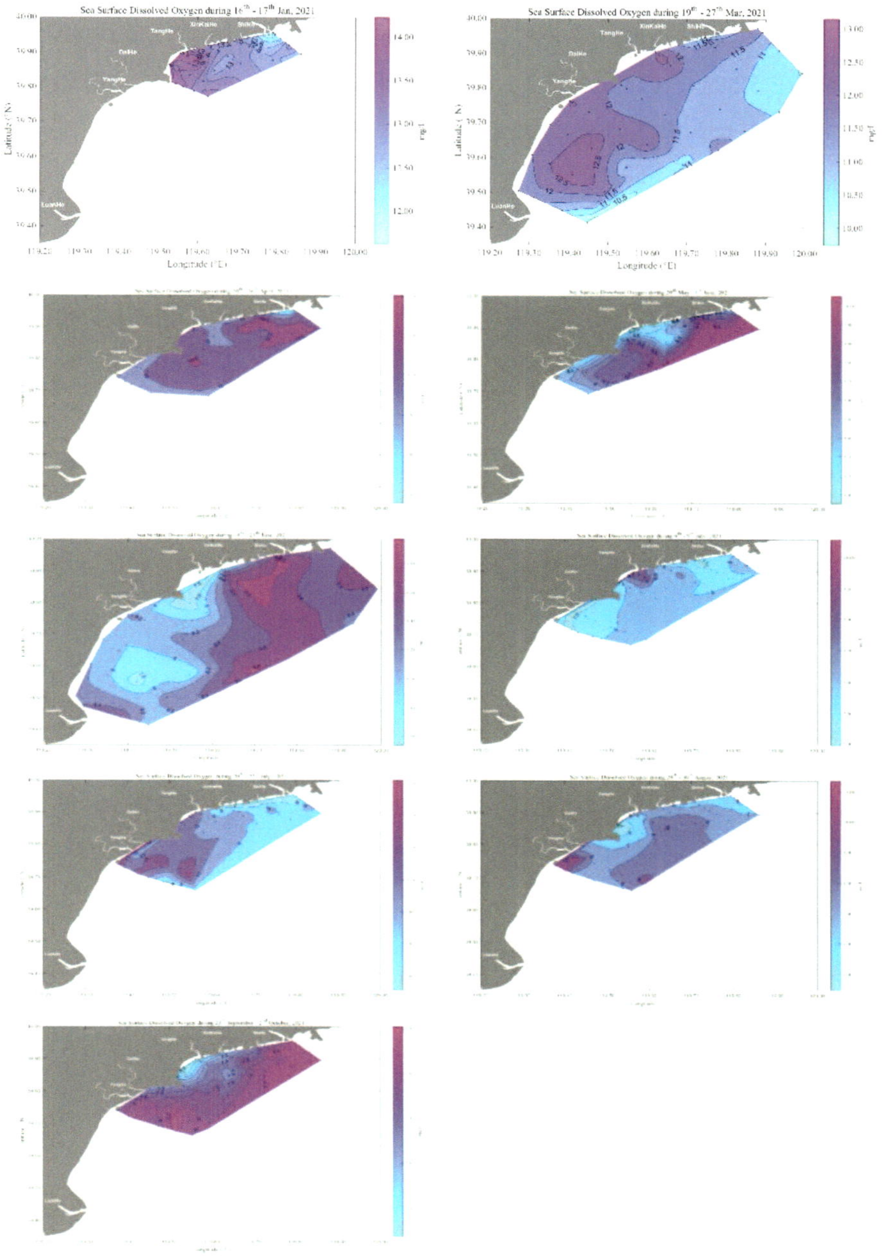

图 3-5　秦皇岛近海 2020 年 4 月至 2021 年 9 月表层溶解氧含量分布图

由图可见，调查海域内表层溶解氧含量在 2021 年 1 月最高，范围在 11.74～14.08 mg/L 之间，平均约为 13.21 mg/L；表层溶解氧含量在 2020 年 7 月最低，范围在 6.51～8.73 mg/L 之间，平均约为 7.50 mg/L。底层溶解氧含量在 2021 年 1 月最高，范围在 11.81～14.39 mg/L 之间，平均约为 13.60 mg/L；底层溶解氧含量在 2020 年 7 月最低，范围在 5.59～7.47 mg/L 之间，平均约为 6.65 mg/L。夏、秋季时表层溶解氧含量高于底层，冬、春季时底层溶解氧含量高于表层。

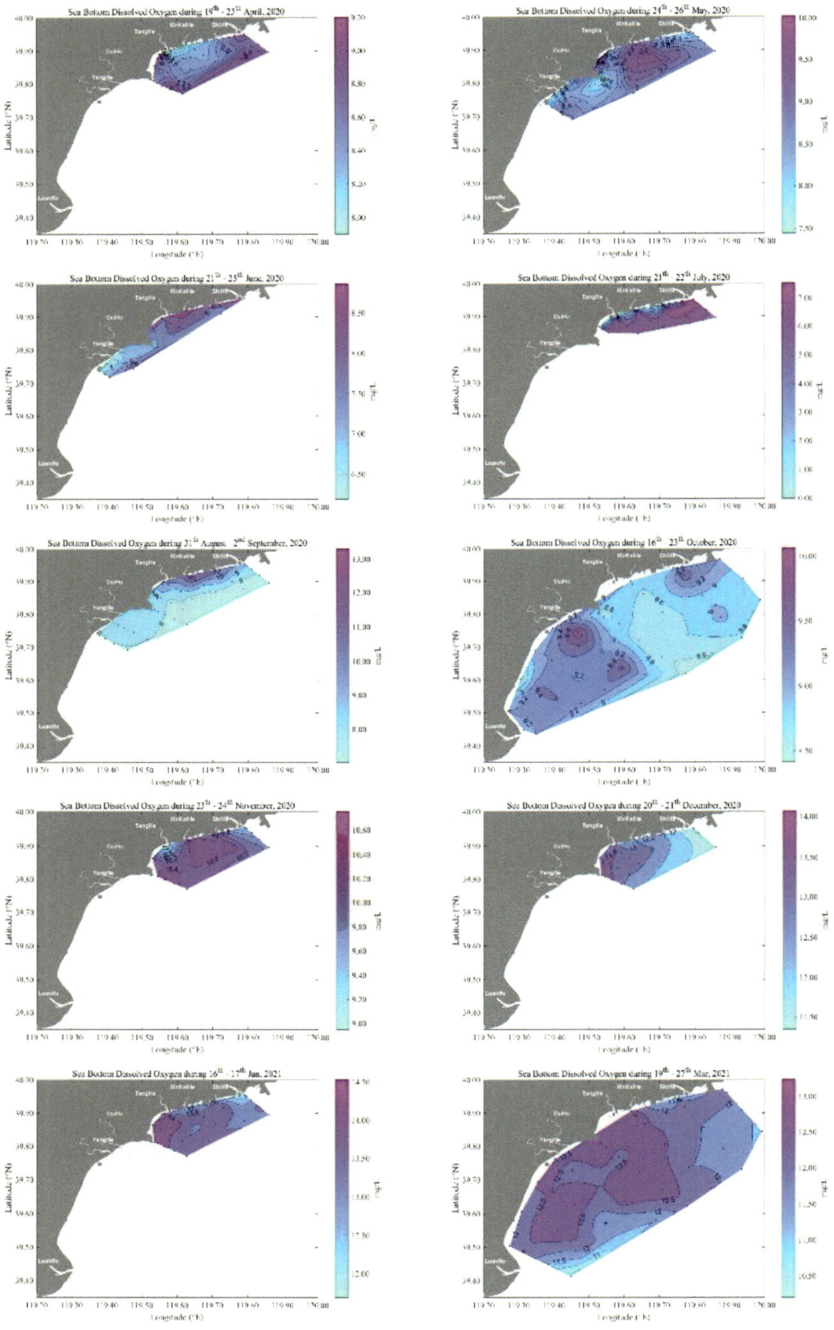

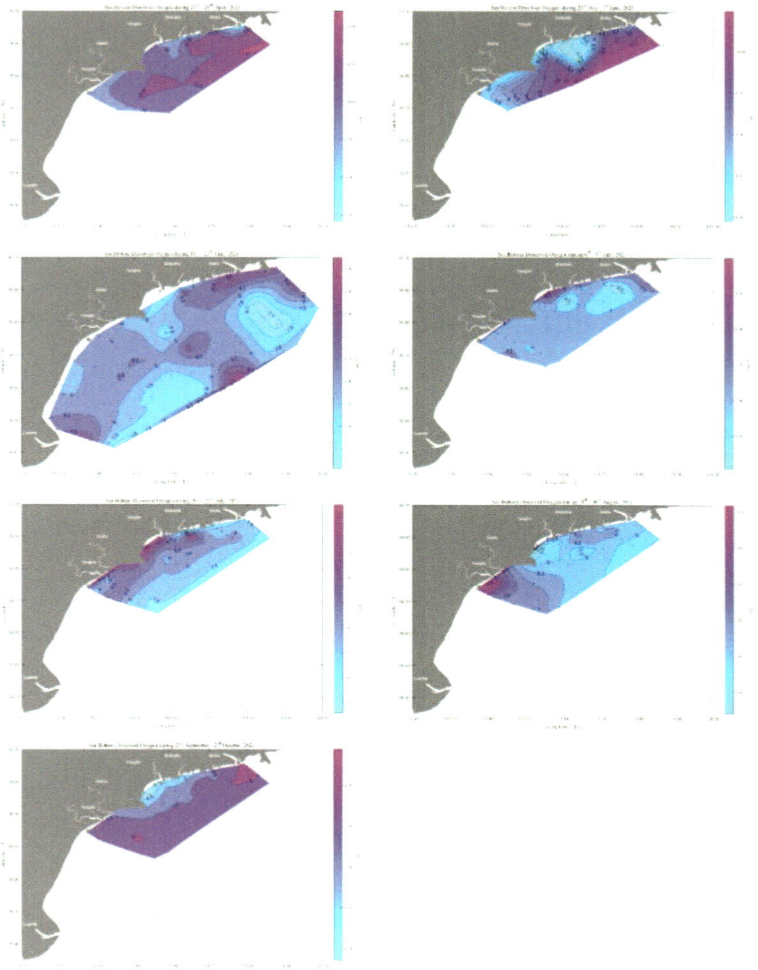

图 3-6　秦皇岛近海 2020 年 4 月至 2021 年 9 月底层溶解氧含量分布图

表层溶解氧含量平面分布在不同月份间变化明显：（1）在 2020 年 4 月、5 月、6 月、10 月、11 月，2021 年 4 月、5 月、7 月上旬、8 月、9 月呈现出近岸低、离岸高的分布特征；（2）在 2020 年 7 月和 8 月，2021 年 3 月呈现出近岸高、离岸低的分布特征；（3）在 2020 年 12 月、2021 年 1 月和 7 月下旬呈现出由山海关石河口向秦皇岛湾水域逐渐增高的趋势；（4）在 2021 年 6 月呈现出由山海关外侧水域向昌黎滦河口水域逐渐降低的趋势。

底层溶解氧含量平面分布在不同月份间同样变化明显：（1）在 2020 年 4 月、5 月、11 月，2021 年 4 月、5 月、9 月呈现出近岸低、离岸高的分布特征；（2）在 2020

年 6 月、7 月、8 月，2021 年 3 月、7 月、8 月呈现出近岸高、离岸低的分布特征；（3）在 2020 年 12 月、2021 年 1 月呈现出由山海关石河口向秦皇岛湾水域逐渐增高的趋势；（4）在 2021 年 6 月呈现出由山海关外侧水域和昌黎滦河口水域向秦皇岛金山嘴水域逐渐降低的趋势。

3.2.4 pH

在 2020 年 4 月至 2021 年 9 月调查期间，秦皇岛近海大面观测站位海洋表层 pH 含量和底层 pH 含量的空间分布情况如图 3-7 和图 3-8 所示。

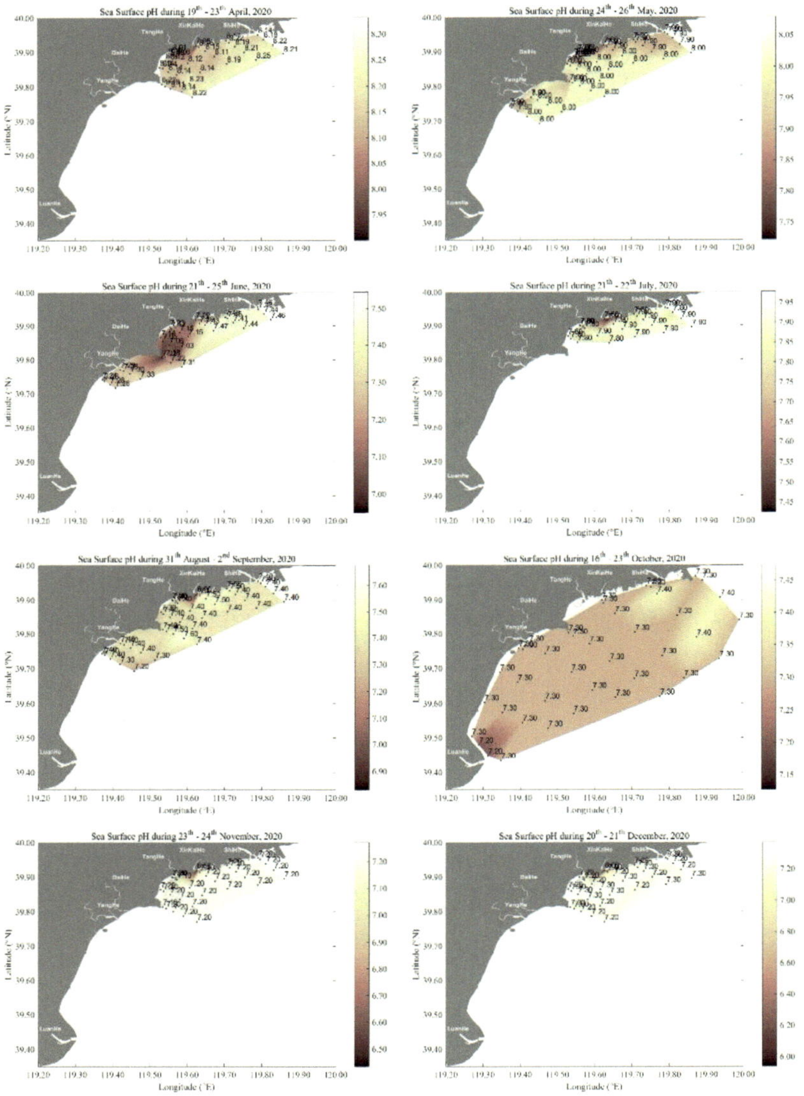

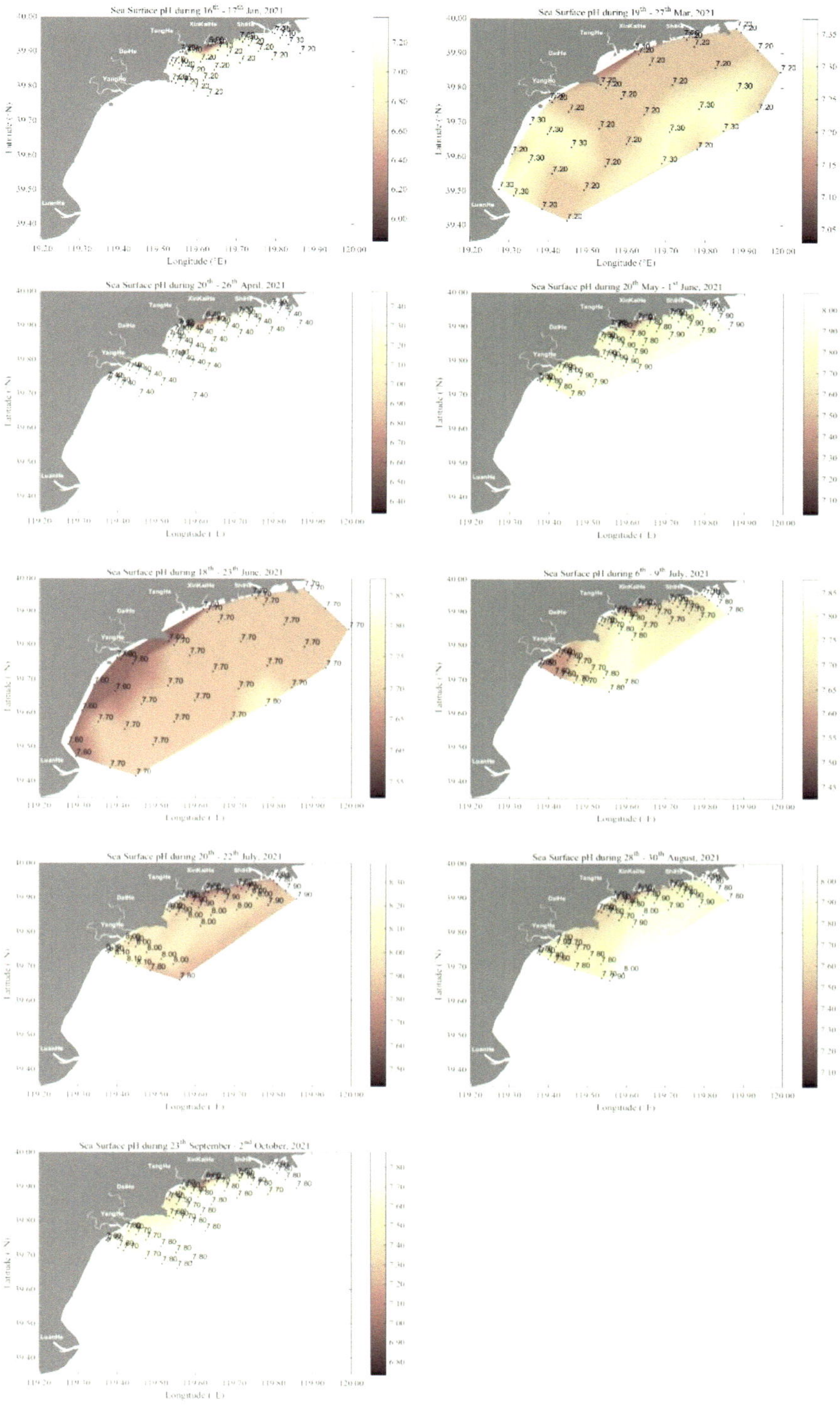

图 3-7　秦皇岛近海 2020 年 4 月至 2021 年 9 月表层 pH 分布图

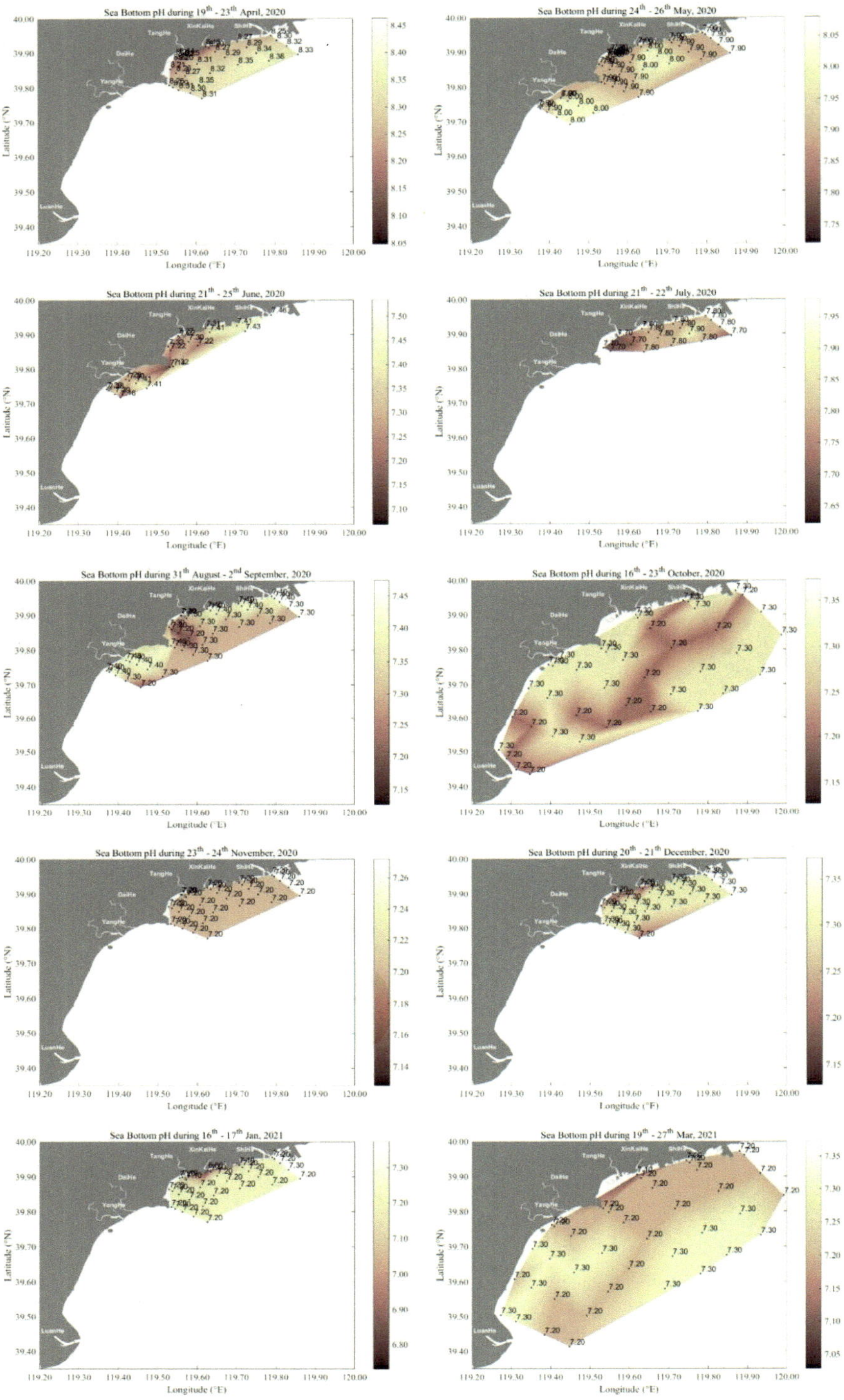

Sea Bottom pH during 19th - 23th April, 2020
Sea Bottom pH during 24th - 26th May, 2020
Sea Bottom pH during 21th - 25th June, 2020
Sea Bottom pH during 21th - 22th July, 2020
Sea Bottom pH during 31th August - 2nd September, 2020
Sea Bottom pH during 16th - 23th October, 2020
Sea Bottom pH during 23th - 24th November, 2020
Sea Bottom pH during 20th - 21th December, 2020
Sea Bottom pH during 16th - 17th Jan, 2021
Sea Bottom pH during 19th - 27th Mar, 2021
Latitude (°N)
Longitude (°E)
TangHe
XinKaiHe
ShiHe
DaiHe
YangHe
LuanHe

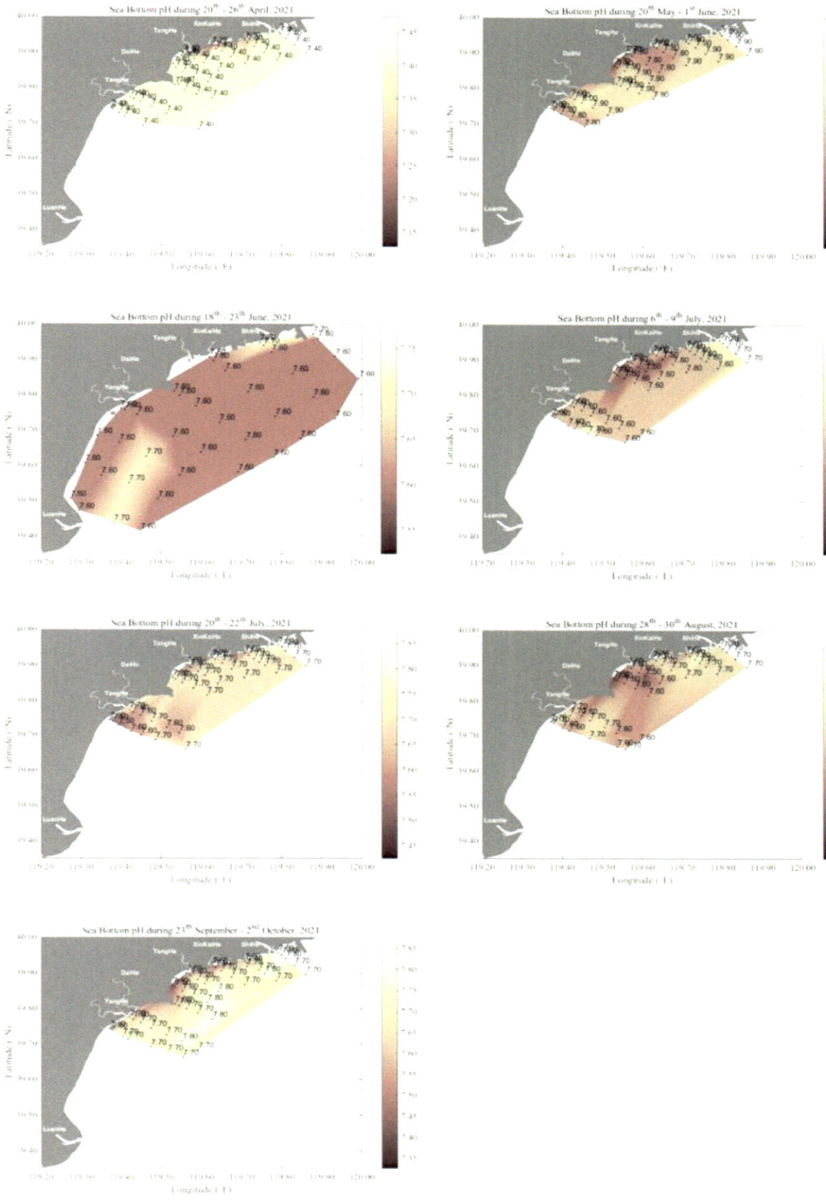

图 3-8　秦皇岛近海 2020 年 4 月至 2021 年 9 月底层 pH 分布图

由图可见，调查海域内表层 pH 在 2020 年 4 月最高，范围在 8.0～8.3 之间，平均约为 8.2；表层 pH 在 2021 年 1 月最低，范围在 5.9～7.2 之间，平均约为 7.1。底层 pH 在 2020 年 4 月最高，范围在 8.1～8.4 之间，平均约为 8.3；底层 pH 在 2021 年 1 月最低，范围在 6.8～7.3 之间，平均约为 7.2。表、底层 pH 在整体上呈现出近岸低、离岸高的分布特征。

3.2.5 叶绿素浓度

在 2020 年 4 月至 2021 年 9 月调查期间，秦皇岛近海大面观测站位海洋表层和底层叶绿素浓度的空间分布情况如图 3-9 和图 3-10 所示。

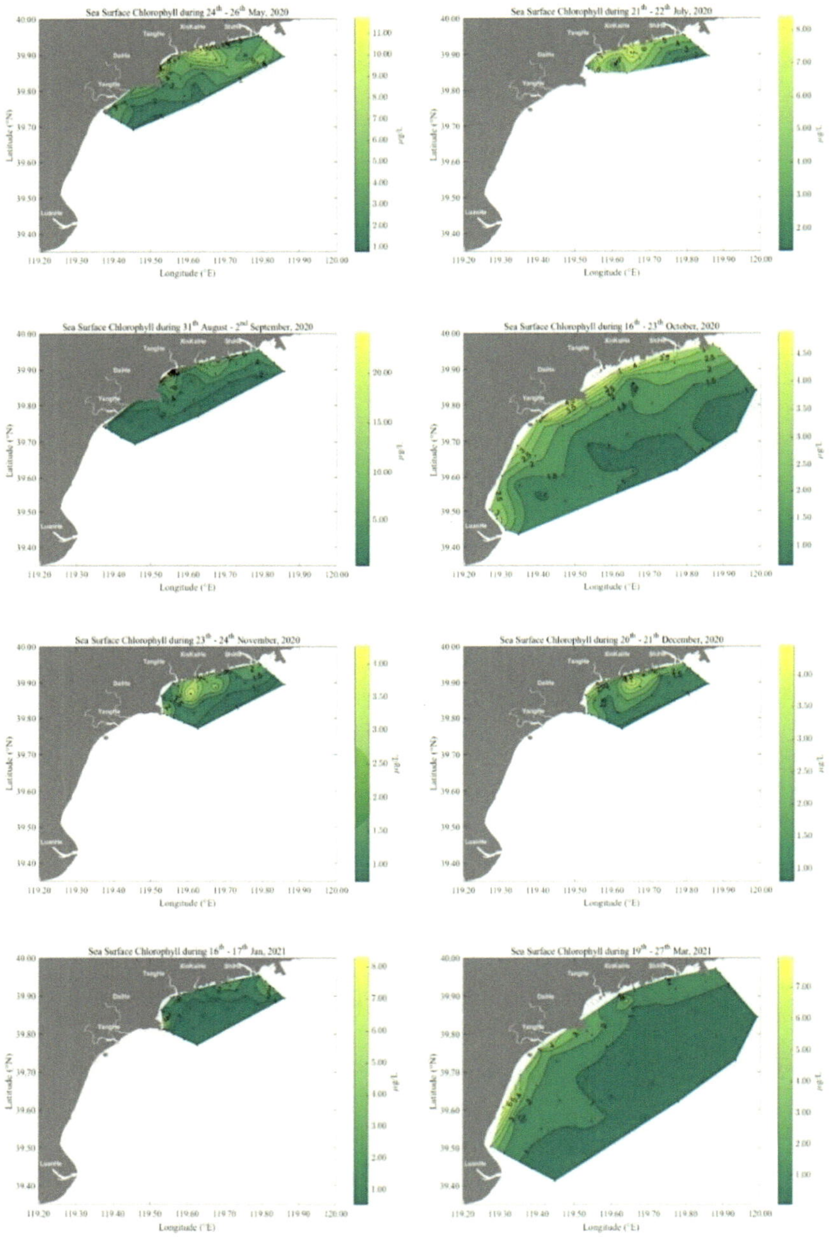

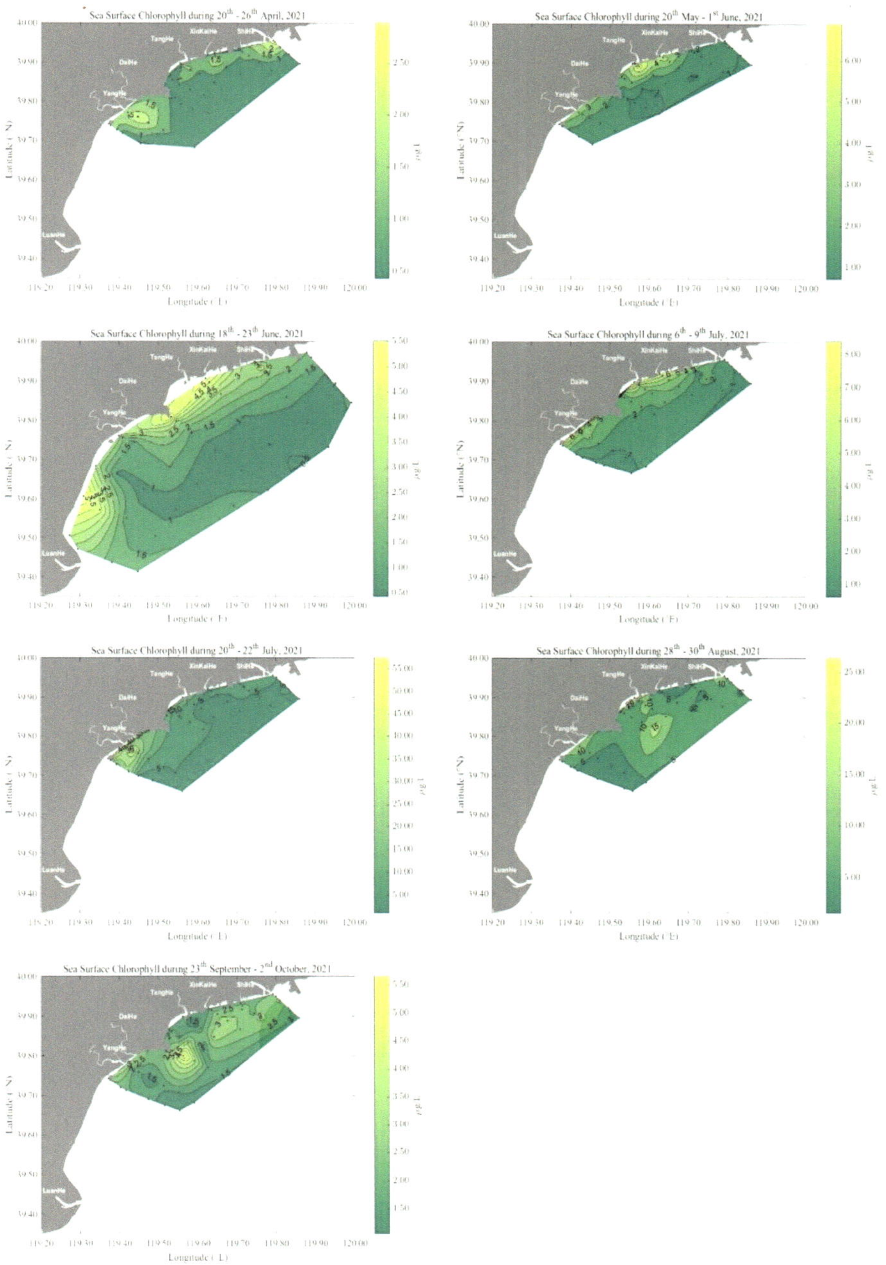

图 3-9　秦皇岛近海 2020 年 4 月至 2021 年 9 月表层叶绿素含量分布图

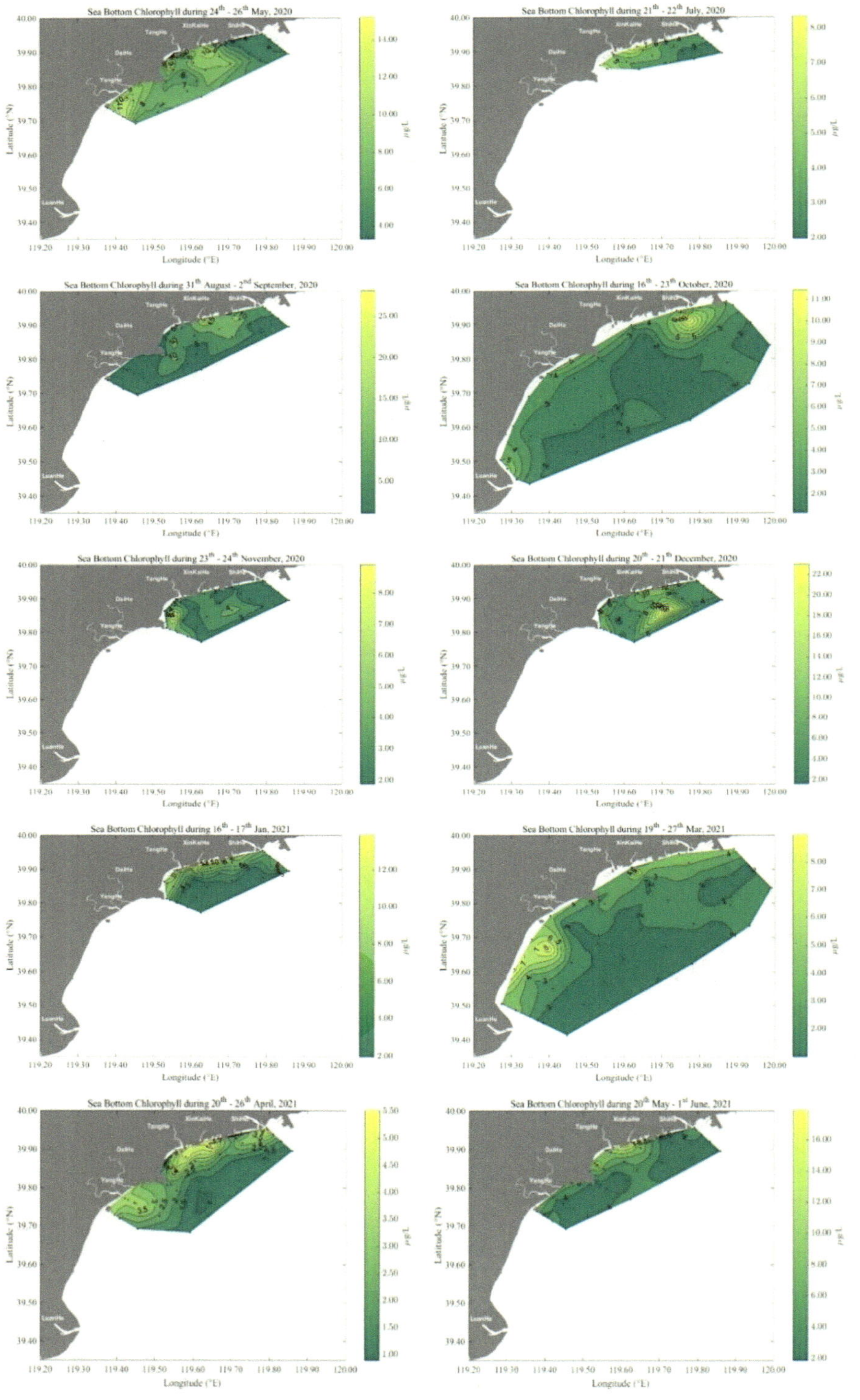
Sea Bottom Chlorophyll during 24th - 26th May, 2020
Sea Bottom Chlorophyll during 21th - 22th July, 2020
Sea Bottom Chlorophyll during 31th August - 2nd September, 2020
Sea Bottom Chlorophyll during 16th - 23th October, 2020
Sea Bottom Chlorophyll during 23th - 24th November, 2020
Sea Bottom Chlorophyll during 20th - 21th December, 2020
Sea Bottom Chlorophyll during 16th - 17th Jan, 2021
Sea Bottom Chlorophyll during 19th - 27th Mar, 2021
Sea Bottom Chlorophyll during 20th - 26th April, 2021
Sea Bottom Chlorophyll during 20th May - 1st June, 2021
Latitude (°N)
Longitude (°E)
μg/L

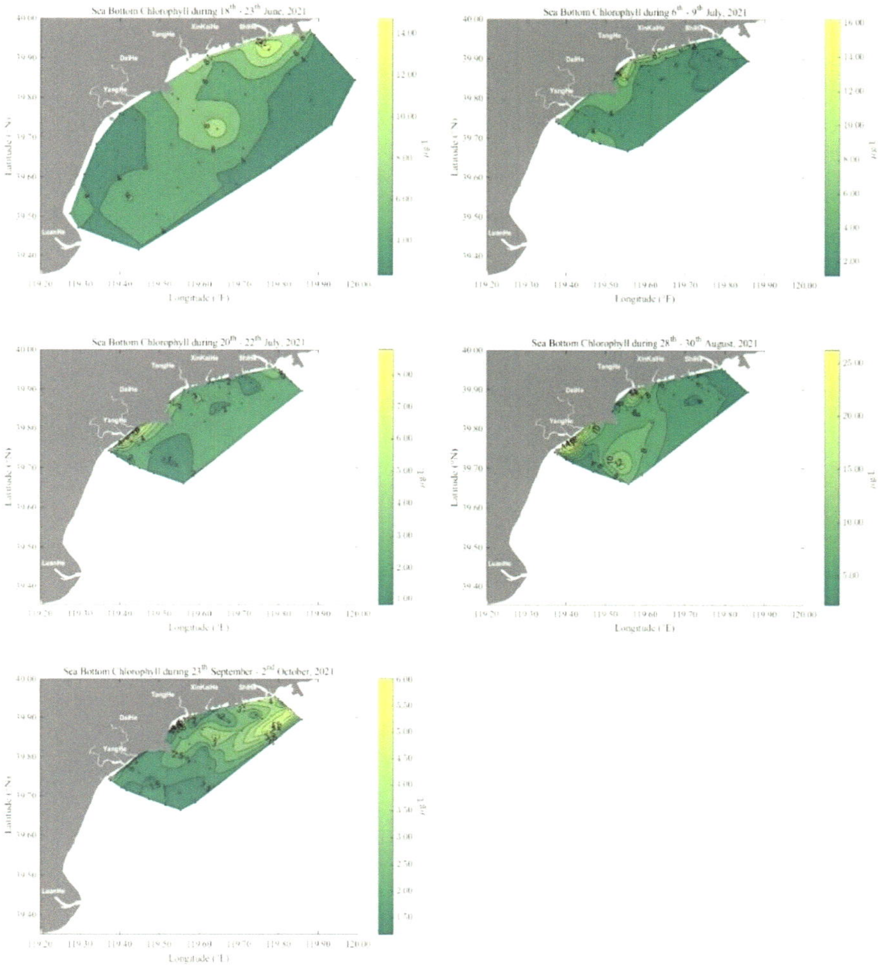

图 3-10　秦皇岛近海 2020 年 4 月至 2021 年 9 月底层叶绿素含量分布图

由图可见，调查海域内表层叶绿素浓度在 2021 年 7 月下旬最高，范围在 1.10～56.98 μg/L 之间，平均约为 10.55 μg/L；表层叶绿素浓度在 2021 年 4 月最低，范围在 0.44～2.86 μg/L 之间，平均约为 1.19 μg/L。底层叶绿素浓度在 2021 年 8 月最高，范围在 2.12～25.97 μg/L 之间，平均约为 7.12 μg/L；底层叶绿素浓度在 2021 年 9 月最低，范围在 1.20～5.97 μg/L 之间，平均约为 2.45 μg/L。表、底层叶绿素浓度整体上呈现出近岸高、离岸低的分布特征，以河口水域尤为明显。

3.3 秦皇岛近海大型水母季节变化特征

2020 年 4 月至 2021 年 9 月期间，秦皇岛近海共发现 3 种大型水母，分别为海月水母、白色霞水母和沙海蜇，如图 3-11 所示。其中，海月水母出现时间为 4 月至 8 月，白色霞水母出现时间为 7 月至 8 月，沙海蜇仅在 8 月发现零星个体。

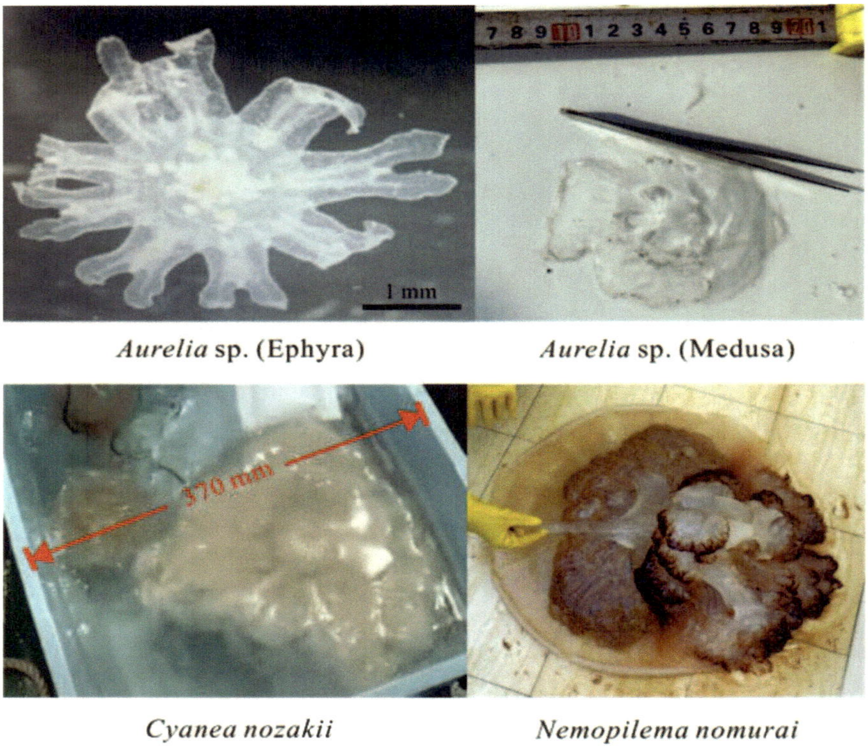

图 3-11　秦皇岛近海大型水母照片

调查期间秦皇岛近海的海水温度、盐度、pH、溶解氧含量和叶绿素浓度如图 3-12 所示。由图可见，海温从 4 月至 8 月一直持续上升，从 9 月初开始下降；盐度变化在不同年份存在明显差异，一般在 7 月至 8 月该地区雨水充沛，海水盐度在此期间小幅度下降，但 2021 年 8 月盐度下降幅度较大；pH 自 2020 年 4 月至 2021 年 1 月整体呈下降趋势，随后上升；海水中溶解氧含量的变化趋势与 pH 相反，自 2020 年 4 月至 2021 年 1 月整体呈上升趋势，随后下降。海水中叶绿素浓度的变化幅度整体较小，但在 2021 年 7 月下旬出现极大值。

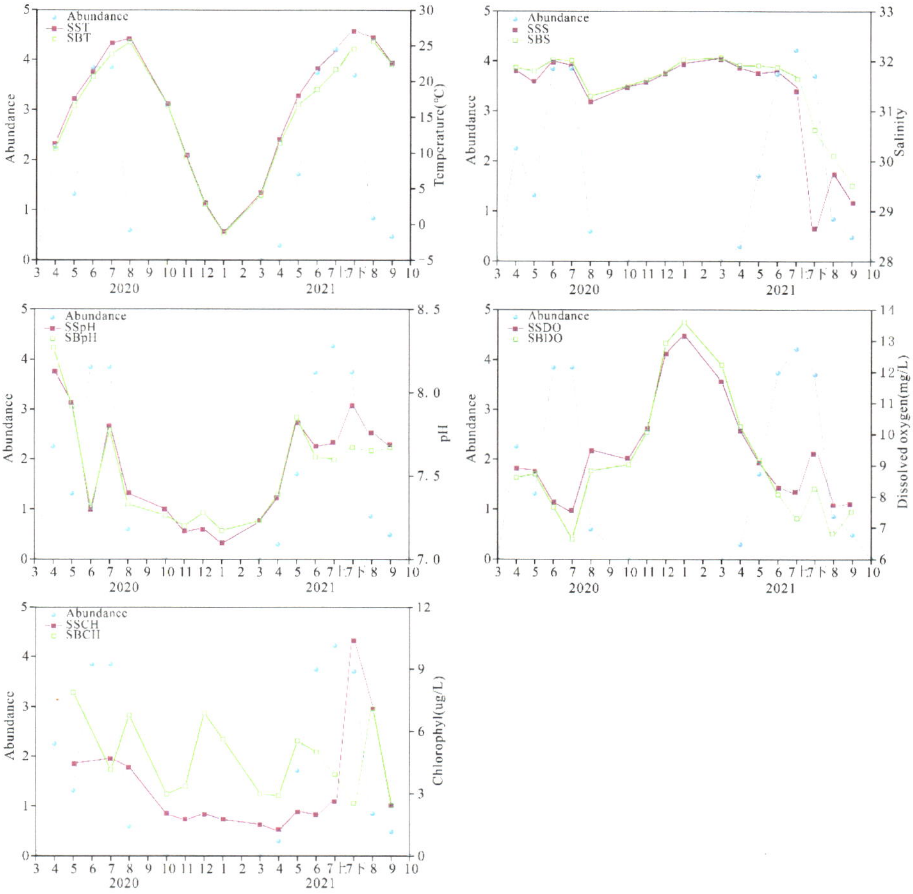

图 3-12　海月水母丰度季节变化特征（水母丰度为 log10 转化后数值）

3.3.1 海月水母

调查发现，秦皇岛近海内海月水母自 4 月开始出现，5 月进入快速生长期，8 月底基本消失，海月水母体寿命约为 5 个月，如图 3-12 所示。4 月，调查海域内海月水母主要以碟状体形式存在，伞径大小在 1～10 mm 之间。2020 年 4 月，海月水母碟状体在海温 11.5 ℃开始出现；5 月海温达到 17.1 ℃时进一步发育为幼水母体。海月水母的水母体（伞径范围在 100～200 mm 之间）大量出现在 6 月和 7 月，到 8 月底时该种水母基本消失。2021 年 4 月，海月水母碟状体在海温为 13.1 ℃时开始出现，5 月海温达到 17.4 ℃时发育为幼水母体。6 月出现大量水母体（伞径范围在 100～260 mm 之间），7 月丰度最高，到 8 月底该种水母在近岸水域基本消失。与

2020 年相比，2021 年海月水母伞径有所增大。

由于海月水母碟状体是从附着生长的水螅体经横裂生殖而产生的，因此碟状体的发现可以用来指示该区域附近存在海月水母的水螅体。调查过程中，在金梦海湾海螺岛—莲花岛水域和人造河口葡萄岛水域均发现了海月水母的碟状体，因此推测这两处的海月水母种群为本地种。河口工程（如堤坝）、人工岛及其外围建筑可能为海月水母的水螅体提供了良好的附着基。

同时，由图 3-12 可见，海月水母种群丰度与调查海域内海温变化较为一致，与海水中溶解氧含量变化趋势相反。海月水母种群在调查海域内呈斑块状集中分布，而海水中溶解氧含量为调查海域内的平均值，同时由于溶解氧含量与海温密切相关，据此认为海水中溶解氧含量可能更好地反映了海水温度的变化。此外，海月水母种群丰度与盐度、pH 和叶绿素浓度变化趋势的一致性并不明显。

3.3.2 白色霞水母

调查期间发现，秦皇岛近海内的白色霞水母一般在夏季 7 月开始出现，8 月为高峰期，进入 9 月开始消失，白色霞水母体寿命约为 3 个月，如图 3-13 所示。

2020 年 7 月，当海温达到 24.7 ℃时开始出现白色霞水母；8 月海温达到 25.8 ℃时，丰度进一步增加；7 月至 8 月期间，白色霞水母伞径范围在 80～300 mm 之间，水母体伞径大多超过 100 mm；但未发现白色霞水母的幼体。

2021 年 7 月上旬，当海温达到 23.6 ℃时开始出现白色霞水母；至 8 月海温达到 25.9 ℃时，丰度进一步增高；9 月海温开始下降，下降至 22.5 ℃时，白色霞水母逐渐消失。2021 年 7 月至 8 月，白色霞水母伞径范围在 20～400 mm 之间，但多数个体小于 100 mm；伞径在 20～30 mm 的幼水母体较为常见。

总体来说，秦皇岛近海的白色霞水母一般在夏季 7 月海温较高时开始出现，9 月海温开始下降时逐渐消失；存在时间约为 3 个月。这表明白色霞水母的丰度变化与调查海域内海温的变化密切相关，与其他环境因子（如盐度、pH、溶解氧含量和叶绿素浓度）的变化无明显的一致性。

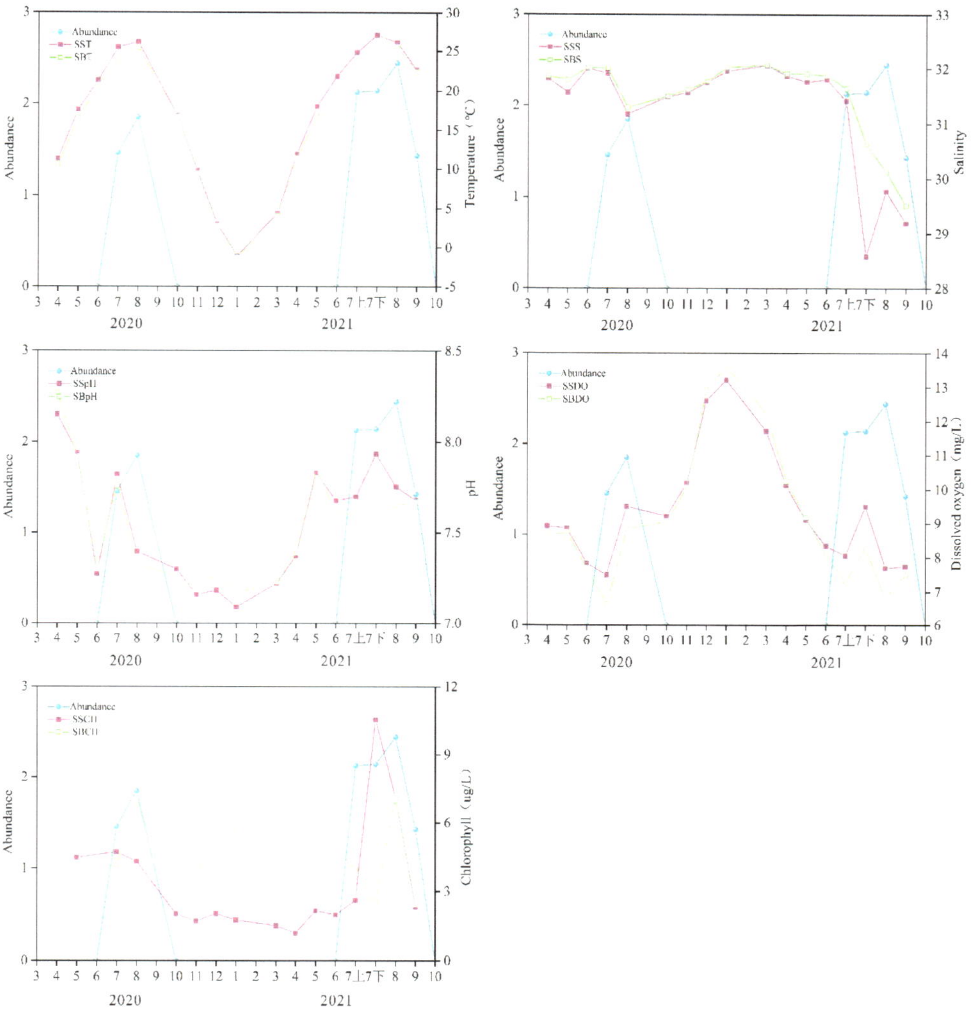

图 3-13　白色霞水母丰度季节变化特征（水母丰度为 log10 转化后数值）

3.3.3 沙海蜇

2020 年 4 月至 2021 年 9 月的调查期间，秦皇岛近海内共发现 8 个沙海蜇个体，丰度很低，如图 3-14 所示。但值得注意的是，沙海蜇在调查海域内出现时间是在海温最高的 8 月，9 月仍然可见。2020 年 8 月，沙海蜇个体的伞径约 900 mm；2021 年 8 月至 9 月期间伞径较小，范围在 500～700 mm 之间。

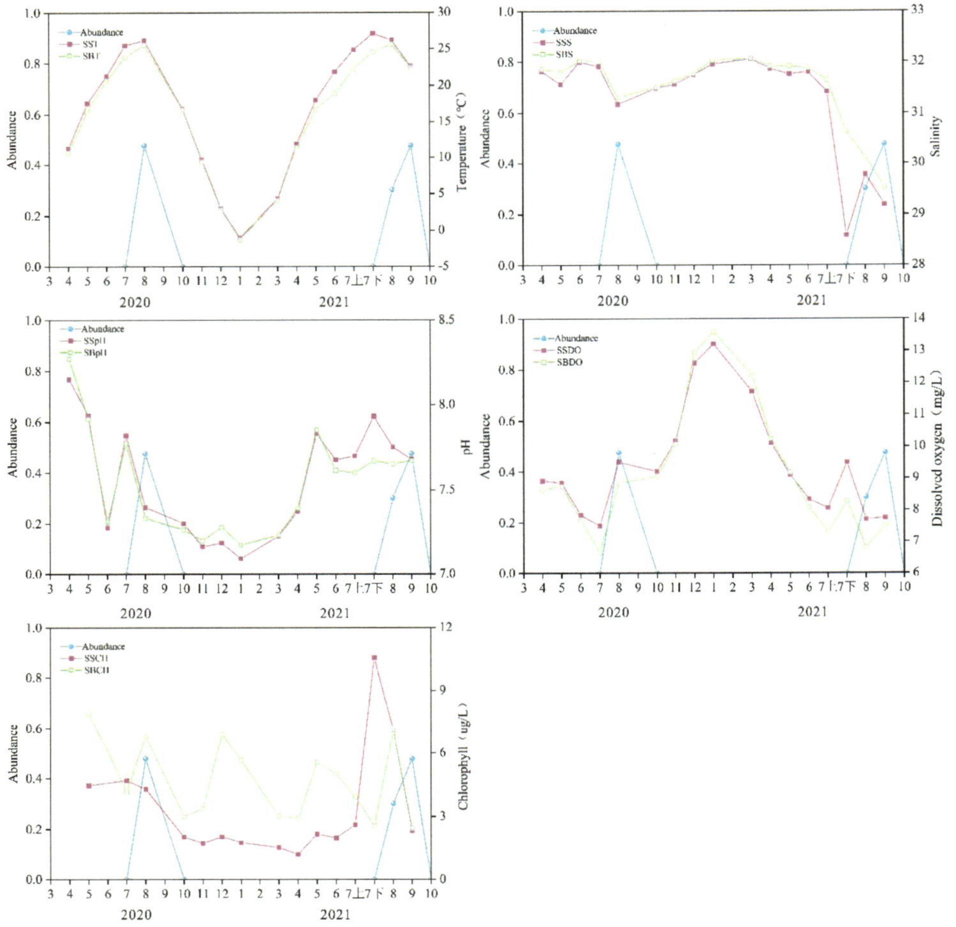

图 3-14　沙海蜇丰度季节变化特征（水母丰度为 log10 转化后数值）

3.4 秦皇岛近海大型水母空间分布特征

3.4.1 海月水母

在 2020 年 4 月至 2021 年 9 月调查期间，海月水母碟状体的空间分布在调查海域内存在明显差异，主要分布在近海，如图 3-15 所示。

2020 年 4 月，海月水母碟状体集中分布在金梦海湾内莲花岛水域，最大丰度为 40 个/网。除金梦海湾以外，海月水母碟状幼体丰度迅速减小；仅在个别站位有零星分布。2021 年 4 月，莲花岛水域未采集到海月水母碟状体，但在近岸的洋河口和人造河口水域采集到少量海月水母碟状体。

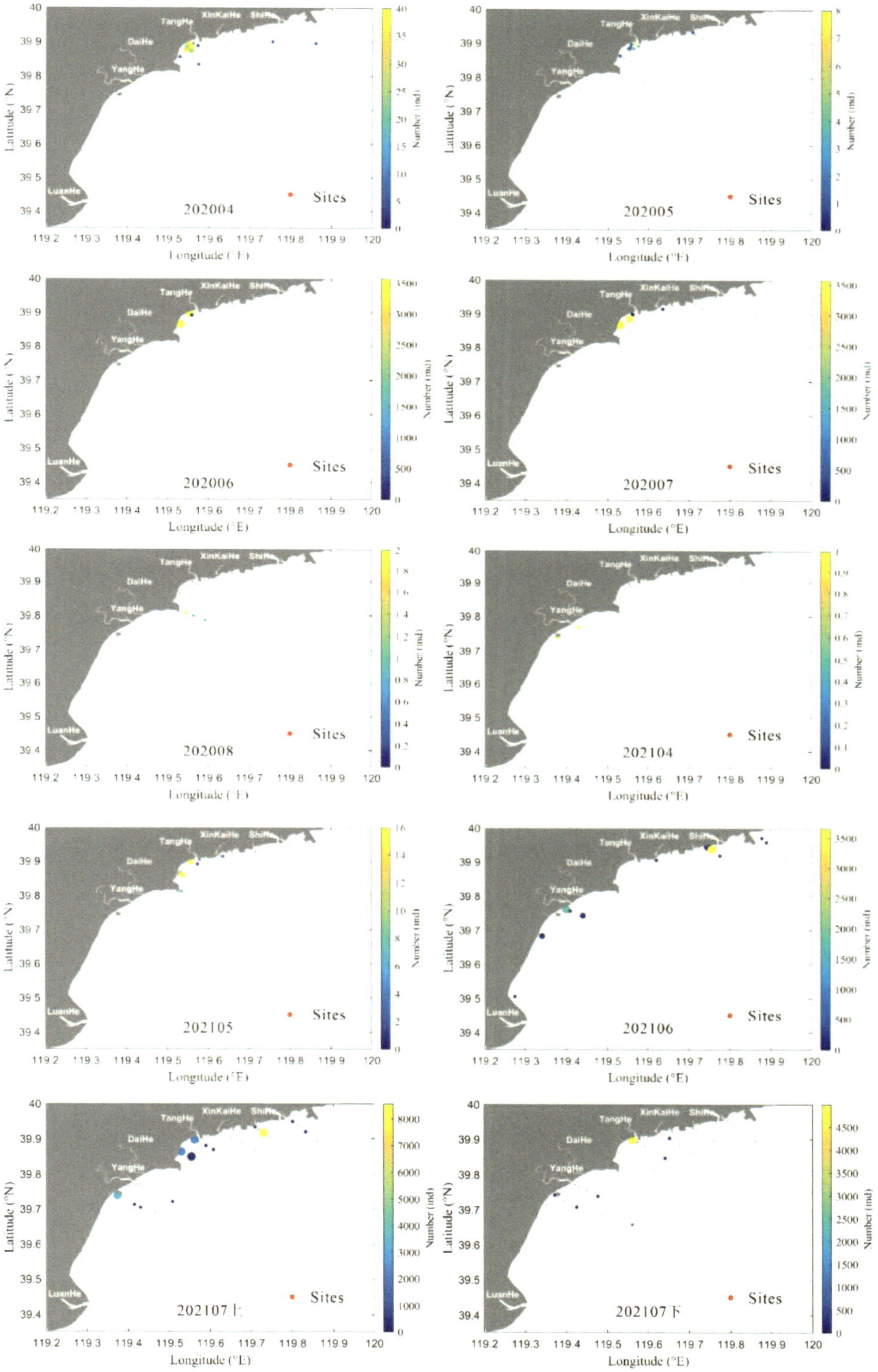
TangHe
XinKaiHe
DaiHe
YangHe
LuanHe
Sites
202004
202005
202006
202007
202008
202104
202105
202106
202107上
202107下
Latitude (°N)
Longitude (°E)
Number (ind)

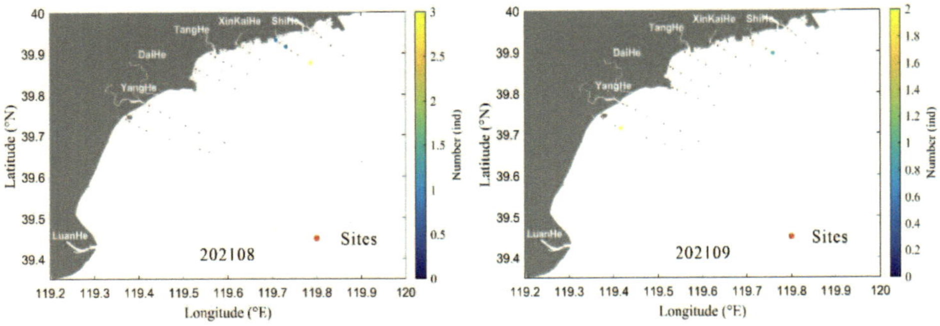

图 3-15　2020 年 4 月至 2021 年 9 月秦皇岛近海海月水母空间分布图

海月水母水母体呈现出斑块状的空间分布特征。2020 年，海月水母主要集中分布在金梦海湾内海螺岛—莲花岛水域和浅水湾浴场。2021 年，海月水母分布范围呈扩大趋势，大量分布在海螺岛—莲花岛水域、浅水湾浴场、人造河口和沙河口水域。从平面分布上来看，海月水母集中分布在近岸水域，其丰度随离岸距离变大而迅速降低。在离岸较远的站位也可零星见到海月水母，推测是随海流漂流的结果。

3.4.2 白色霞水母

在 2020 年 7 月至 2021 年 9 月调查期间，白色霞水母的空间分布情况如图 3-16 所示。由图 3-16 可见，2020 年 7 月，白色霞水母主要分布在新开河口以东水域，沙河口外侧水域丰度较高；在金梦海湾汤河口和浅水湾浴场有少量分布；进入 8 月，白色霞水母主要分布在近岸水域，但分布范围进一步扩大。

与 2020 年相似，2021 年 7 月上旬白色霞水母主要分布在新开河口以东水域，北戴河金山嘴和洋河口外侧水域也有少量分布；到 7 月下旬，其分布范围进一步扩大至金梦海湾内近岸水域。

总体来说，白色霞水母的空间分布存在月际的变化特征；7 月时分布范围较广，在近岸水域分布较多，离岸水域也有分布；但 8 月至 9 月时集中分布在近岸水域。

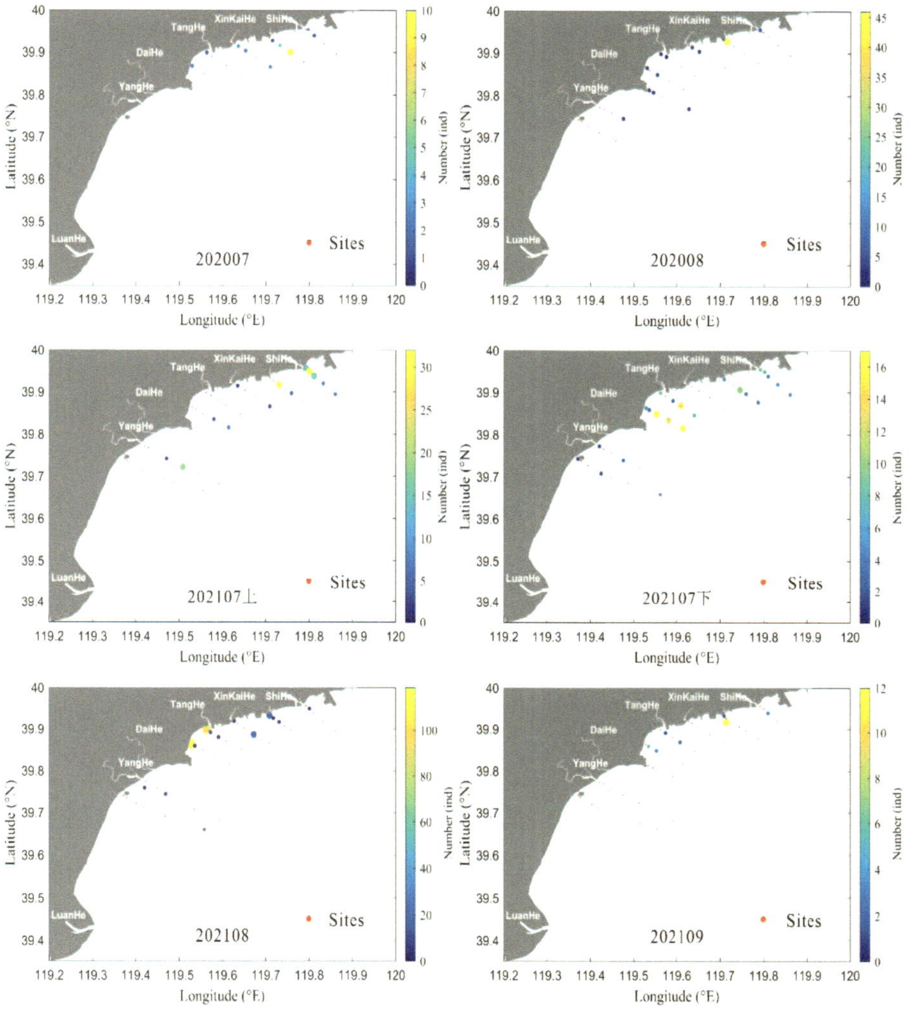

图 3-16　2020 年 7 月至 2021 年 9 月秦皇岛近海白色霞水母空间分布图

3.4.3 沙海蜇

调查期间，沙海蜇的丰度远低于海月水母和白色霞水母，仅观测到零星个体，如图 3-17 所示。2020 年 8 月观测到 3 个沙海蜇个体，伞径大小约为 900 mm。2021 年 8 月至 9 月观测到 5 个沙海蜇个体，伞径范围在 500～700 mm 之间。从平面分布上来看，沙海蜇在离岸水域分布较多，近岸水域分布较少。

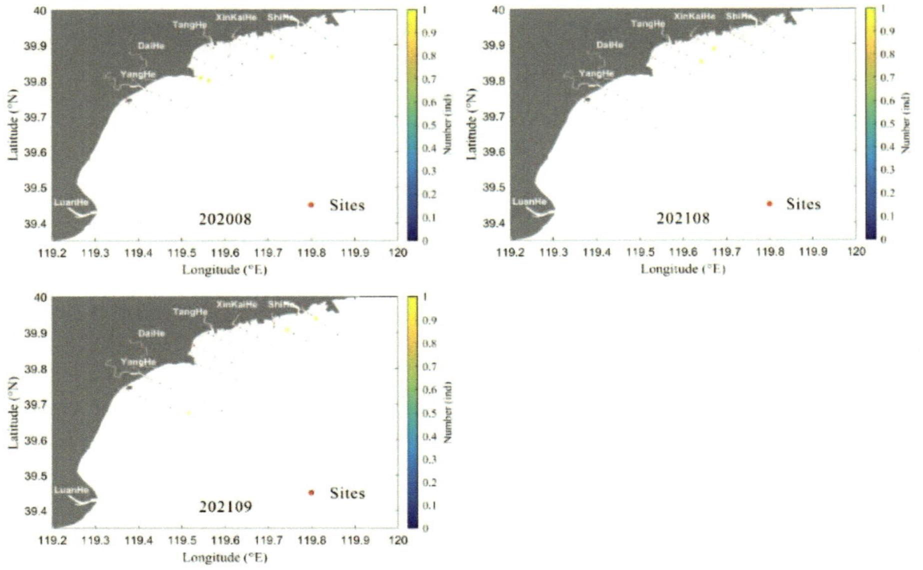

图 3-17　2020 年 8 月至 2021 年 9 月秦皇岛近海沙海蜇空间分布

3.5 本章小结

2020 年 4 月至 2021 年 9 月期间，通过对秦皇岛近海大型水母现场调查结果的研究分析，初步了解了该海域大型水母的种类组成、伞径大小、出现时间和空间分布特征，获得的主要结论如下：

（1）2020 年 4 月至 2021 年 9 月期间，秦皇岛近海大型水母主要有海月水母、白色霞水母和沙海蜇。其中，海月水母丰度最高，白色霞水母次之，沙海蜇丰度最低（仅观测到零星个体）。

（2）秦皇岛近海大型水母的季节变化特征主要体现在夏季出现、秋季消失，大型水母以年生活史为主。其中，海月水母碟状体 4 月开始出现，5 月发育为幼水母体，水母体大量出现在 6 月至 7 月，8 月基本消失。白色霞水母在 7 月至 8 月出现，9 月基本消失。沙海蜇仅在 8 月出现。此外，海月水母的水母体寿命约 5 个月，海月水母种群在 4 月至 7 月为优势种群；白色霞水母的水母体寿命约 3 个月，8 月白色霞水母取代海月水母成为优势种群。

（3）秦皇岛近海大型水母的空间分布特征为：海月水母呈斑块状分布特点，

主要分布于近岸的金梦海湾海域；白色霞水母 7 月在近岸和离岸水域均有分布，8 月主要分布在近海；沙海蜇数量稀少，8 月在新开河口外侧海域和金山嘴海域仅见零星个体。

第 4 章　秦皇岛近海大型水母的暴发规律及关键调控因子

4.1 引言

秦皇岛近海水母暴发原因的相关研究开始于 20 世纪 80 年代，2013 年以来，对该海域水母暴发原因的研究受到越来越多的关注。调查结果显示，秦皇岛近海主要致灾型水母有沙海蜇、海月水母和白色霞水母，一般认为水动力过程和生态环境是秦皇岛近海水母灾害发生的主要原因。例如，郑向荣等（2014）和张海松（2015）认为水动力环境、海水富营养化和环境污染是导致秦皇岛近海水母灾害的重要原因。此外，海洋工程设施和人为活动也被认为是导致水母暴发的可能原因，刘婧美和饶庆贺（2016）指出秦皇岛密集的海岸工程增加了近海岩礁的面积，给水母水螅体提供了更大的繁殖空间。Wu 等（2017）通过数值模拟分析认为夏季渤海表层余流将其他海域的沙海蜇带至秦皇岛近海，也是造成沙海蜇暴发的可能原因。

截至目前，秦皇岛近海水母暴发原因的研究工作虽然有了一定的进展，但仍未取得清晰的认识，存在的问题主要有：（1）致灾水母种群来源不清楚；（2）影响水母灾害的主控因子不明确；（3）水母聚集、漂移及扩散规律不清晰。因此，针对以上问题，本章基于 2020 年 4 月至 2021 年 9 月的现场观测结果，对秦皇岛近海的海月水母、白色霞水母和沙海蜇的暴发规律和调控因子进行了深入分析与总结。

4.2 秦皇岛近海大型水母的暴发规律与种群来源

4.2.1 海月水母

2020 年 4 月至 2021 年 9 月期间，海月水母出现站位的表层海水温度、盐度、pH、溶解氧含量和叶绿素浓度的对比结果如图 4-1 所示。由图可见，海月水母体大量出现的海域中，表层海水温度范围为 20.5～28.5 ℃、盐度范围为 28.2～32.1、pH 范围为 7.2～7.9、溶解氧含量范围为 6.9～11.3 mg/L、叶绿素浓度范围为 1～20 μg/L。

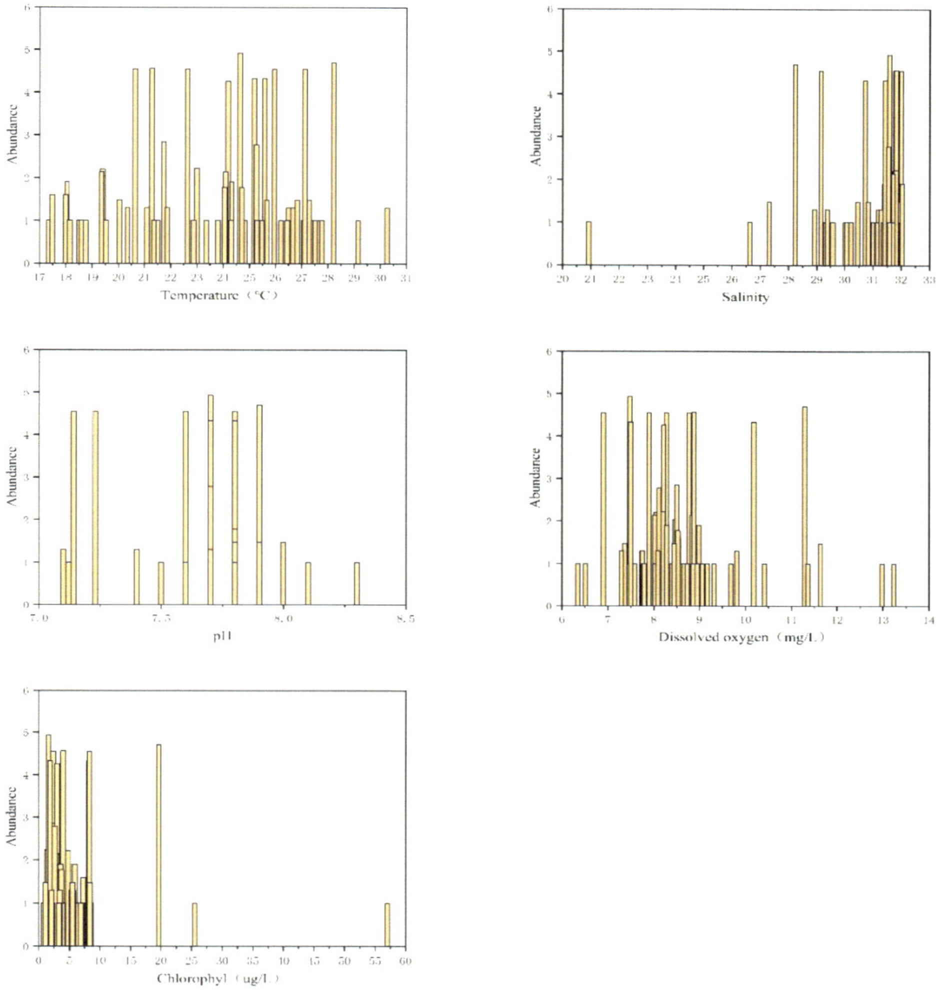

图 4-1　2020 年 4 月至 2021 年 9 月秦皇岛近海海月水母出现站位的表层海水温度、盐度、pH、溶解氧含量和叶绿素浓度（水母丰度为[1+log10]转化后数值）

秦皇岛近海内海月水母碟状体一般在春季 4 月开始出现，5 月快速发育为幼水母体。夏季 6 月时水母体大量出现，7 月上旬海月水母种群丰度达到高峰；7 月下旬开始减少，至 8 月底海月水母基本消失。这一结果与历史数据资料相吻合，即秦皇岛近海的海月水母一般在 5 月底 6 月初出现，成体出现在 7 月中下旬，8 月下旬基本消失。此外，历史数据资料还显示，秦皇岛近海的海月水母暴发存在年际变化规律，周期约为 5 年。

2020 年至 2021 年的调查结果显示，秦皇岛近海的海月水母具有显著的空间分布特征。连续两年 4 月期间在秦皇岛近海均发现了海月水母碟状幼体，主要分布于金梦海湾内莲花岛海域等近岸的人工岛附近，这表明其附近存在海月水母的水螅体。碟状体丰度向离岸水域逐渐减小，但伞径逐渐变大，这表明近岸水域的海月水母碟状幼体可能来源于本地水母螅状体种群，其空间分布可能与碟状体的集中释放有关。此外，莲花岛海域的海月水母碟状幼体可以通过海流输送到离岸海域；在此过程中，海月水母碟状幼体丰度迅速减小，伞径逐渐增大（Han 等，2019）。同时，海月水母的水母体也集中分布在近岸水域，如海螺岛—莲花岛水域、浅水湾浴场、人造河口和沙河口水域；离岸水域丰度迅速降低。

分析发现，秦皇岛近海逐月（4 月至 8 月）观测到海月水母从碟状幼体到幼水母体再到成年个体的完整生长过程，如图 4-2 所示。海月水母碟状体由环境中螅状体经横裂生殖而来，碟状体的发现可以用来指示其附近是否存在螅状体，同时水母幼体也可以用来鉴别其来源（van Walraven，2016）。综合以上观测证据，可以认为秦皇岛近海的海月水母主要是本地种群。

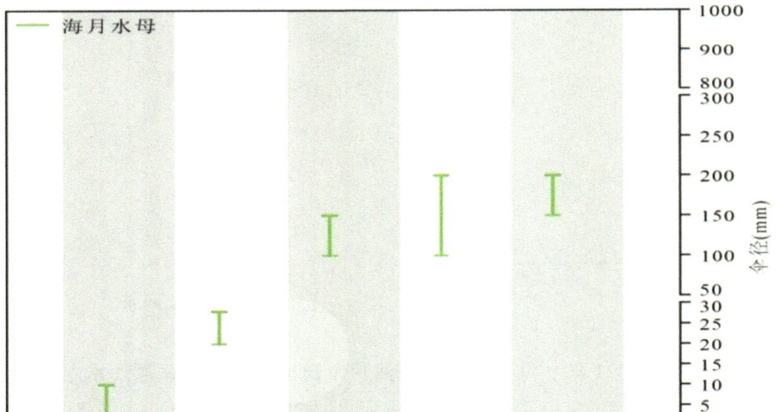

图 4-2　秦皇岛近海海月水母生长特征

4.2.2 白色霞水母

2020 年 4 月至 2021 年 9 月期间，白色霞水母出现站位的表层海水温度、盐度、pH、溶解氧含量和叶绿素浓度的对比结果如图 4-3 所示。由图可见，在出现白色霞水母站位的海域中，表层海水温度的范围为 22.7～30.3 ℃、盐度的范围为 20.9～

32.1、pH 的范围为 7.1～8.3、溶解氧含量的范围为 4.5～14.9 mg/L、叶绿素浓度的范围为 0.4～57.0 μg/L。

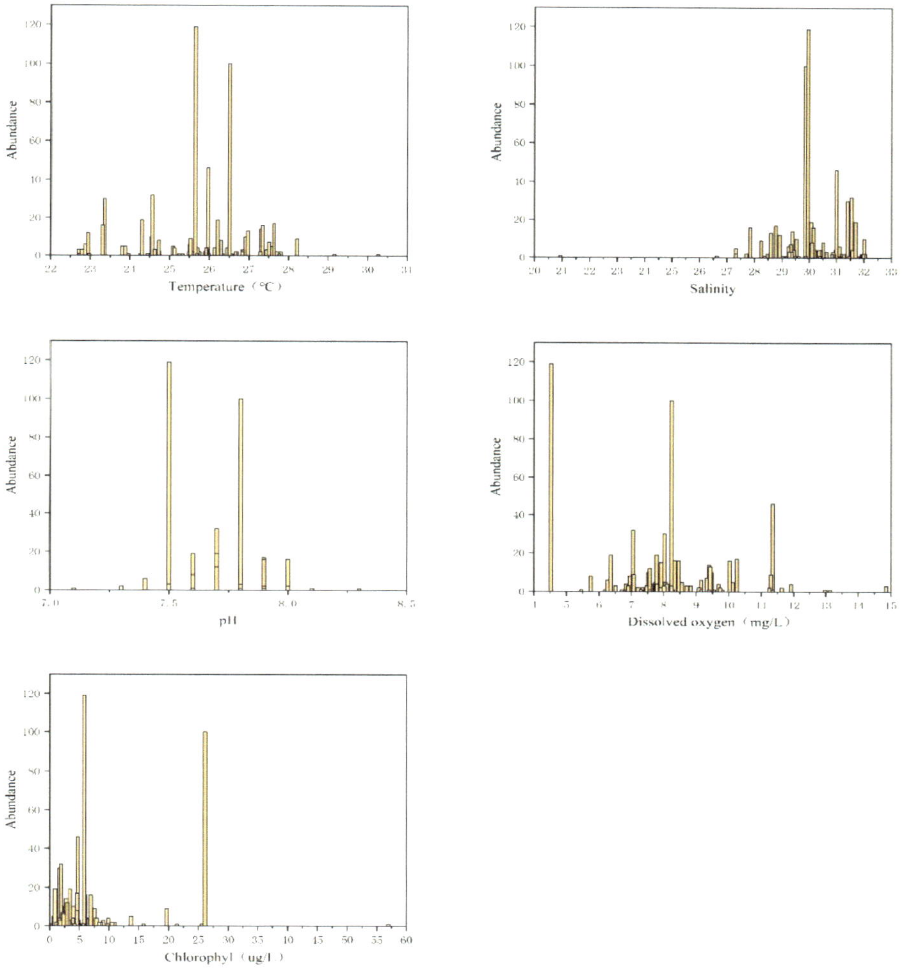

图 4-3　2020 年 4 月至 2021 年 9 月秦皇岛近海白色霞水母出现站位的表层海水温度、盐度、pH、溶解氧含量和叶绿素浓度

白色霞水母丰度较高站位的表层海水温度范围为 23.3～27.7 ℃、盐度范围为 27.8～32.1、pH 含量的范围为 7.5～8.0、溶解氧含量的范围为 4.5～11.4 mg/L、叶绿素浓度的范围为 0.4～26.0 μg/L，即高温、高盐的近岸海域为白色霞水母丰度较高的海域。

现场调查还发现，自 2020 年以来白色霞水母代替沙海蜇成为秦皇岛近海主要有毒致灾水母。然而，由于历史观测数据不足，目前该海域白色霞水母暴发的原因尚不清楚。

通过对 2020 年至 2021 年现场调查结果的分析，可以认为秦皇岛近海的白色霞水母主要是外来种群，主要推断依据为：（1）白色霞水母的生长过程不完整，在秦皇岛近海 4 月至 6 月的逐月现场调查航次中均未发现白色霞水母的碟状幼体和幼水母体。（2）白色霞水母都是在 7 月突然出现，且大多为成体水母。例如，2020 年 7 月下旬首次观测到白色霞水母时，平均伞径已达到 19.7 cm，且伞径大于 20 cm 的白色霞水母占总数量的 83%；2021 年 7 月上旬，首次观测到白色霞水母时平均伞径为 11.3 cm，其中伞径大于 10 cm 的白色霞水母占总数量的 69%。

4.2.3 沙海蜇

8 月和 9 月期间，沙海蜇出现站位的表层海水温度、盐度、pH、溶解氧含量和叶绿素浓度的对比结果如图 4-4 所示。由图可见，在沙海蜇出现的海域中，表层海水温度范围为 22.0～26.9 ℃、盐度范围为 28.7～31.6、pH 范围为 7.4～8.0、溶解氧含量范围为 8.2～10.4 mg/L、叶绿素浓度范围为 0.9～10.9 μg/L。由于观测到的沙海蜇丰度较低，很难完全判断沙海蜇的适宜生存的环境因子范围。

沙海蜇在调查海域内出现时间为 8 月，晚于海月水母和白色霞水母，且主要分布在离岸海域。但历史资料显示，2013 年秦皇岛近海 7 月中下旬开始出现沙海蜇，8 月达到高峰，9 月以后逐渐消失。此外，历史资料还揭示了沙海蜇暴发存在显著的年际变化规律，周期为 2～5 年。

2020 年和 2021 年秦皇岛近海的沙海蜇数量较往年明显偏少，2020 年调查过程中共发现 3 只沙海蜇，2021 年共发现 5 只沙海蜇。沙海蜇的伞径大小为 50～100 cm，主要出现在 8 月和 9 月，未发现碟状幼体和幼水母体。因此，秦皇岛近海的沙海蜇应为非本地种群。

一般认为外来种群的出现主要与海流有关，例如，Wu 等（2017）通过数值模拟分析认为 2013 年夏季秦皇岛近海的沙海蜇是由表层余流从其他海域输运而来；张海松（2015）、刘婧美和饶庆贺（2016）认为秦皇岛近海的沙海蜇一部分来自辽东湾。

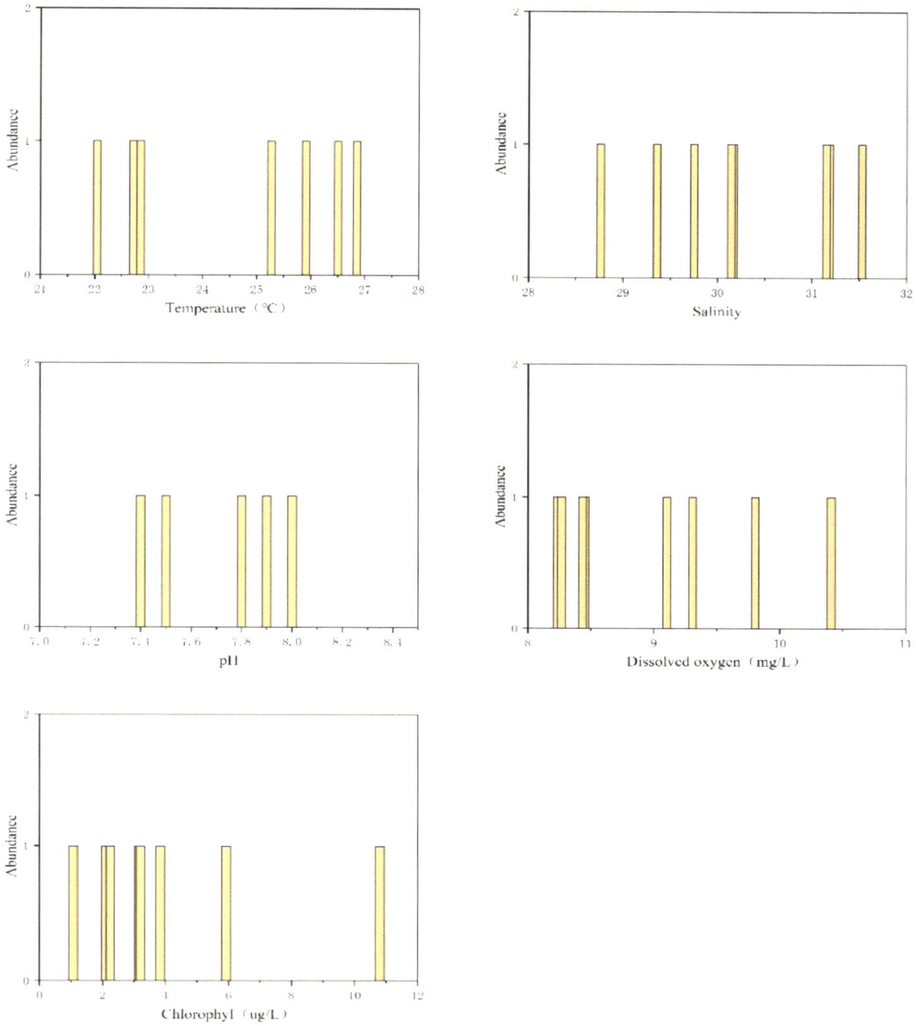

图 4-4　2020 年 4 月至 2021 年 9 月秦皇岛近海沙海蜇出现站位的表层海水温度、盐度、pH、溶解氧含量和叶绿素浓度

4.3 秦皇岛近海大型水母暴发的关键环境因子

4.3.1 海月水母

一般认为本地种群引发的水母暴发主要与局地环境有关，本节主要讨论海月水母暴发与海岸人工建筑（附着基）、海温、盐度、溶解氧含量和海流等要素的关系。

1. 附着基

近年来，研究发现海岸工程是导致海月水母暴发的主要原因之一。人工建筑能够为海月水母水螅体提供附着基，水螅体通过向海水中释放碟状体来影响下一生活史阶段即成体阶段的水母数量。秦皇岛近海共有 4 个主要的人工岛建筑，分别是海螺岛、莲花岛、仙螺岛和葡萄岛，如图 4-5 所示。在 2020 年和 2021 年的水母调查过程中发现的碟状幼体全部分布在人工岛附近；虽然仙螺岛海域附近未进行观测，但不排除周围有碟状幼体分布的可能性。由此可见，碟状幼体的分布位置与人工岛的分布位置高度重合。

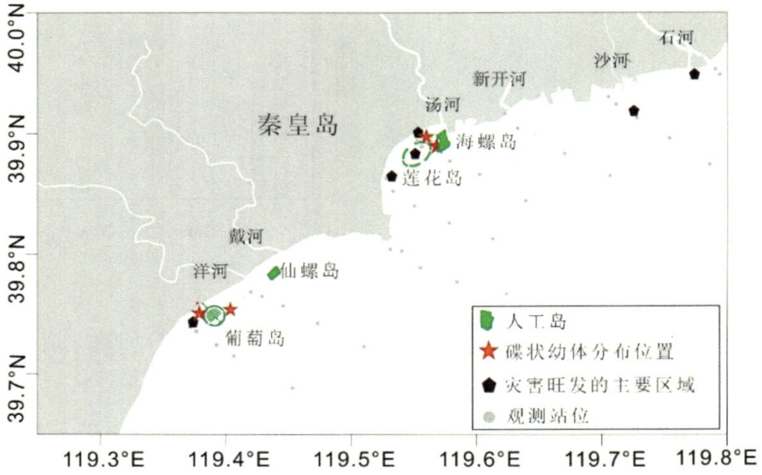

图 4-5 秦皇岛近海人工岛建筑、碟状幼体和暴发主要区域的位置分布图

此外，在人工岛附近逐月（4 月至 8 月）观测到海月水母从碟状幼体到幼水母体再到成体的完整生长过程；并且在人工岛建成以后海月水母的分布范围明显增大，尤其是人工岛附近海域在人工岛建成以后成为海月水母的主要暴发区域之一，如图 4-6 所示。这表明人工岛对水母的生长和暴发具有影响作用。综上，秦皇岛近海的人工岛建筑与海月水母碟状体的分布关系密切，对海月水母体的生长和漂移扩散也具有影响作用。因此，海岸人工建筑为秦皇岛近海海月水母暴发提供了重要的环境条件。

由于海月水母的生活史复杂，不同生活史阶段的生长、分布特征都会对其暴发程度产生影响。其中，碟状幼体和成体阶段是导致暴发的主要生活史阶段。现有研究主要关注实验室内环境要素对无性繁殖阶段和碟状幼体阶段的影响。然而，自然环境下水母体生长、分布特征与各要素之间的关系尚不清晰。因此，接下来分别从海月水母碟状幼体和成体两个方面，针对自然环境下海温、盐度和溶解氧含量与水母生长、分布特征及暴发之间的关系进行分析。

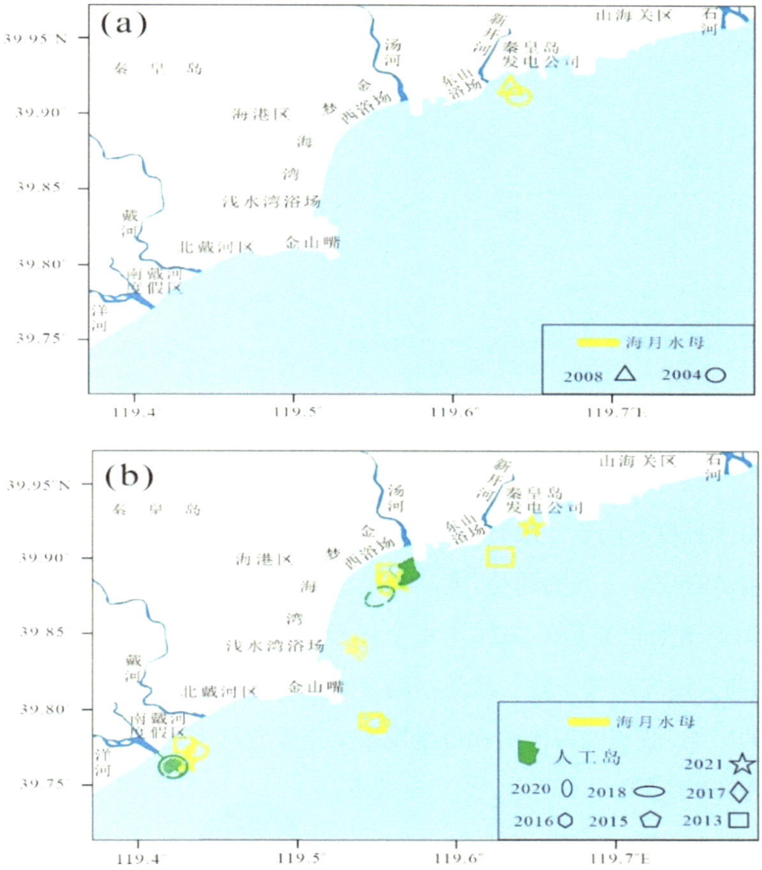

注：（a）为人工岛建成之前水母暴发的分布特征；（b）为人工岛建成以后水母暴发的分布特征

图 4-6　秦皇岛近海海月水母暴发的主要区域

2. 海温

将海月水母伞径的大小作为生长特征的主要代表，分析海水温度与水母生长特征之间的关系，如图 4-7 所示。由图可见，海水温度与水母体伞径之间呈现显著的正相关性关系，线性拟合方程的 R-square 值为 0.85（R-square 介于 0～1 之间，越接近于 1，表明海水温度对伞径变化的解释能力越强）。因此，海温是影响水母体生长特征的主要因素之一。

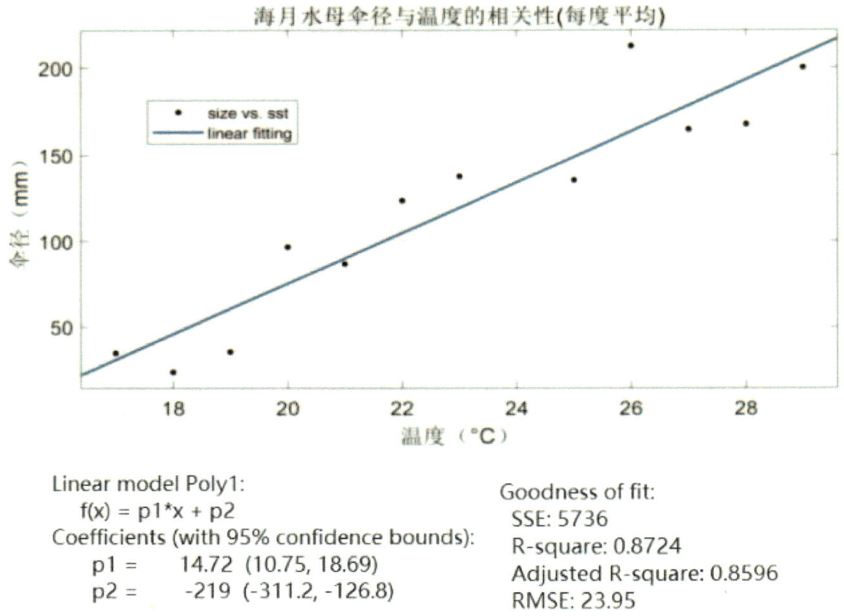

图 4-7　海月水母伞径大小与海水温度的关系图

影响海水温度的因素一般有气候变化和局地环境。已有研究表明，渤海海域表层海水温度具有连年上升的趋势，尤其是夏季表层海水温度上升速率更快（刘伊格，2019）；调查结果也显示，2021 年秦皇岛近海夏季表层海水温度比 2020 年高出 0.6 ℃，与前人研究结果一致。此外，渤海海域表层海水温度还受全球气候变化等宏观因素的影响，我国北海区的水母暴发与太平洋年际变化信号 Niño 3.4 指数的时间序列如图 4-8 所示。

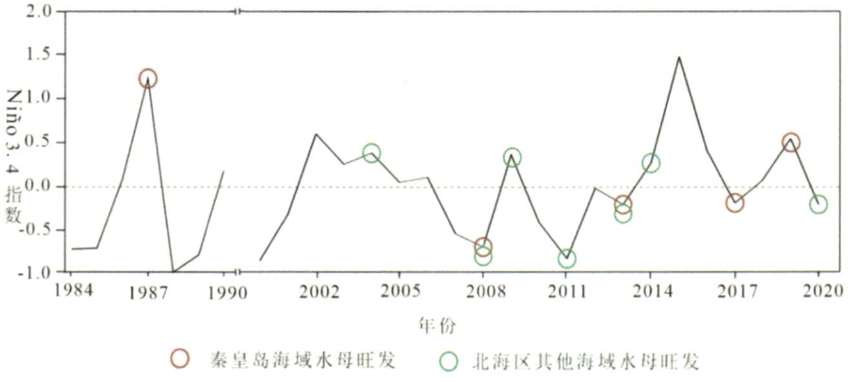

图 4-8　Niño 3.4 指数的年际变化特征与北海区水母暴发年份之间的关系

由图可见，北海区水母暴发主要发生在 Niño 3.4 指数极值所在的年份，说明全球气候变化对秦皇岛近海的水母暴发具有影响作用。针对局地海水温度，如图 4-9 所示，海月水母主要生存在 16.7～30.3 ℃的海水温度环境中；当海水温度范围为 20.5～28.3 ℃时，海月水母数量最多且分布较为集中。

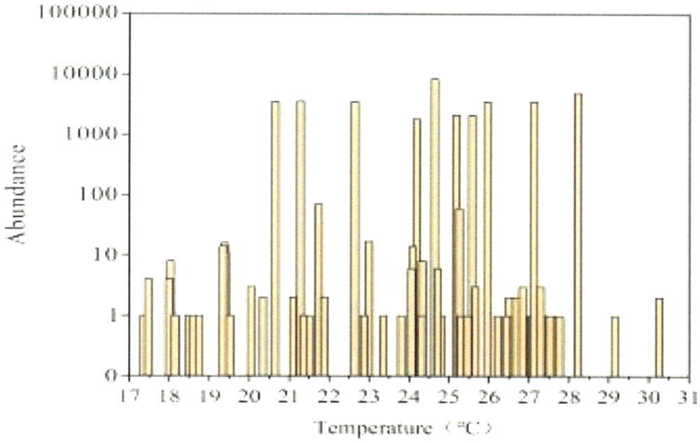

图 4-9　秦皇岛近海海月水母出现站位的海水表层温度

除气候变化外，秦皇岛发电公司的温排水对秦皇岛近海海水温度也具有影响作用。温排水入海口（新开河河口）处的海水温度常年显著高于沿岸其他海域的海水温度。采用箱型图的计算方法对逐月观测体系中的海温数据进行异常值筛选，计算结果显示 2020 年 4 月、6 月、7 月、8 月和 2021 年 4 月、8 月、9 月的异常高值均为温排水入海口处的海温数值，如图 4-10 所示。

采用平均值法对温排水入海口处临近海域的平均海水温度进行计算（观测站位 1-1、1-2、2-1、2-2、4-1、4-2、5-1、5-2），结果显示电厂温排水最高，可以将临近海域的平均海水温度提高 0.75 ℃。其中，2020 年夏季，受温排水的影响，临近海域的平均海水温度提高了 0.50 ℃；2021 年夏季，受温排水的影响，临近海域的平均海水温度提高了 0.44 ℃。受温排水影响的临近海域也是海月水母暴发的主要区域，尤其是温排水附近的电厂海边泵房。经与渔民交流得知，电厂每年在夏季海月水母暴发的高峰期会雇用渔民在泵房附近进行现场打捞，即便如此，在 2008 年海月水母还是阻塞了海边泵房的旋转滤网并导致机组跳闸，可见电厂温排水对海月水母的暴发具有影响作用。由此可见，秦皇岛近海海水温度对海月水母的生长和分布具有决定性影响作用，是海月水母暴发的主要因素，气候变化和电厂温排水引起的海温变化都对海月水母的暴发有显著的调制作用。

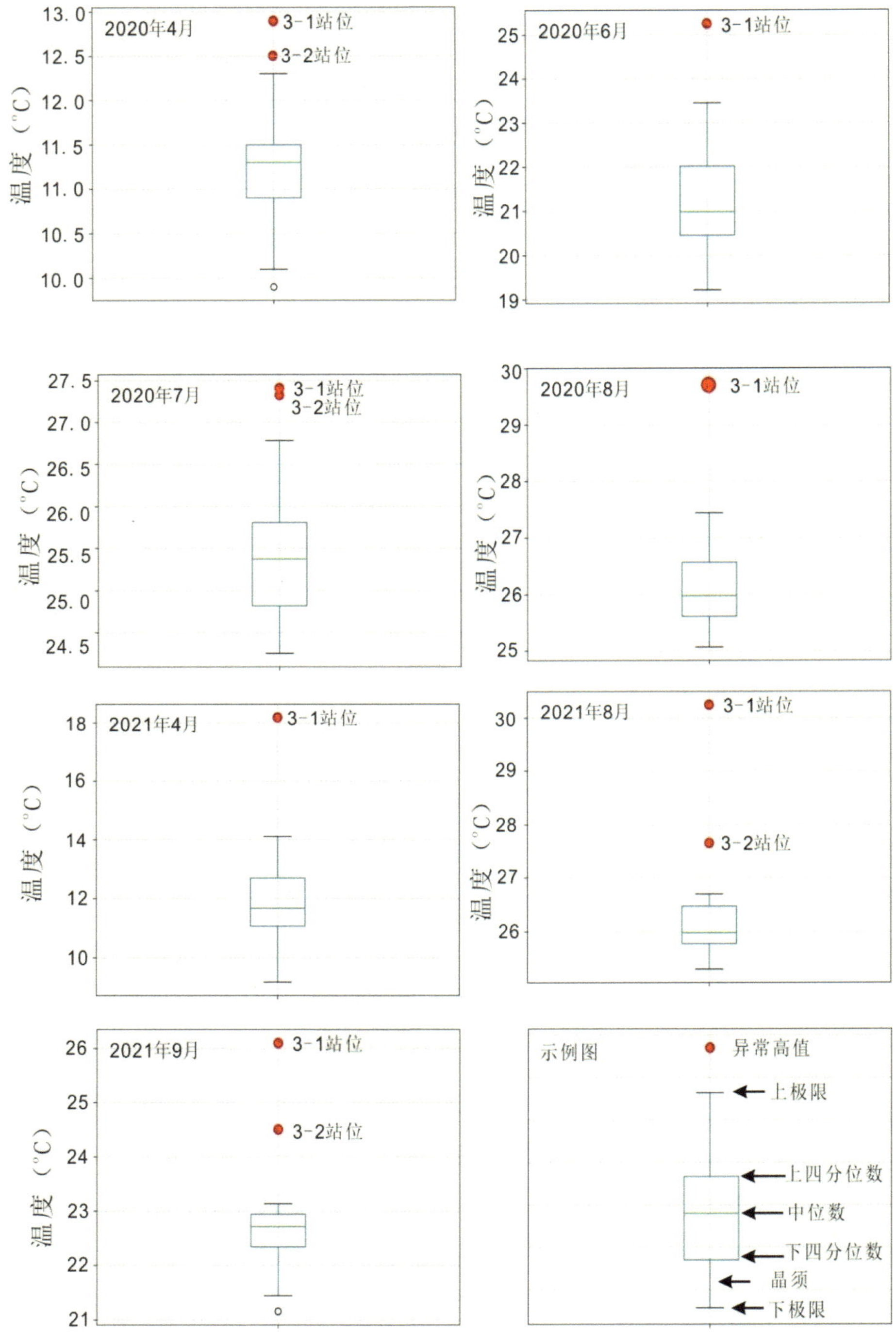

注：图中 3-1 站位、3-2 站位靠近电厂温排水入海口

图 4-10　观测航次中所有站位的表层海水温度异常值筛选

3. 盐度

盐度与海月水母体空间分布之间的关系如图 4-11 所示。由图可见，海月水母能够在盐度范围为 20.9～31.9 的海水环境中生活，当盐度为 28.0～31.9 时分布较为集中。盐度与海月水母体伞径之间的相关性关系如图 4-12 所示。由图可见，不同伞径的水母既可以在高盐环境中生长，也可以在低盐环境中生长。盐度与海月水母体伞径之间的线性拟合方程的 R-square 值为 0.05543，说明盐度与海月水母体伞径之间的相关性并不明显。

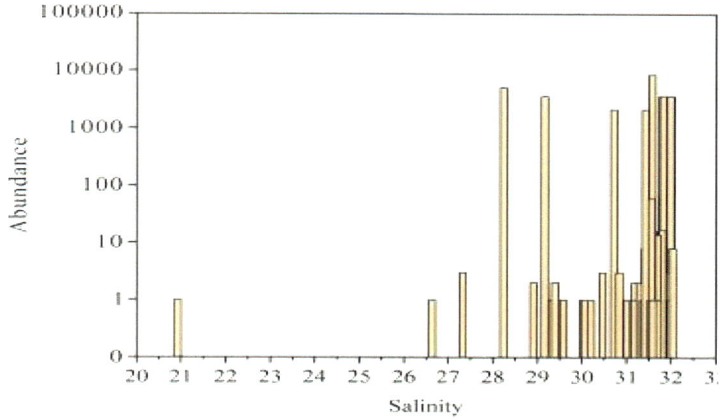

图 4-11　秦皇岛近海海月水母出现站位的海水表层盐度

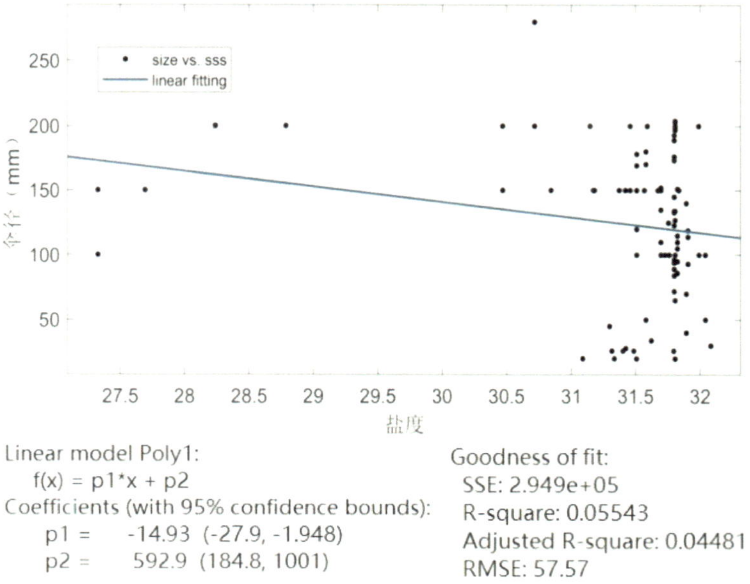

图 4-12　海月水母伞径与盐度的关系图

4. 溶解氧含量

溶解氧含量与海月水母体空间分布之间的关系如图 4-13 所示。由图可见，海月水母能够在 6.3～13.3 mg/L 的海水溶解氧环境中生活，在 6.9～11.2 mg/L 的溶解氧环境中水母数量较为集中。溶解氧含量与海月水母体伞径之间的相关性如图 4-14 所示。由图可见，溶解氧含量与水母体伞径之间的线性拟合方程的 R-square 值为 0.0129，溶解氧含量与水母体伞径之间相关性关系不显著。

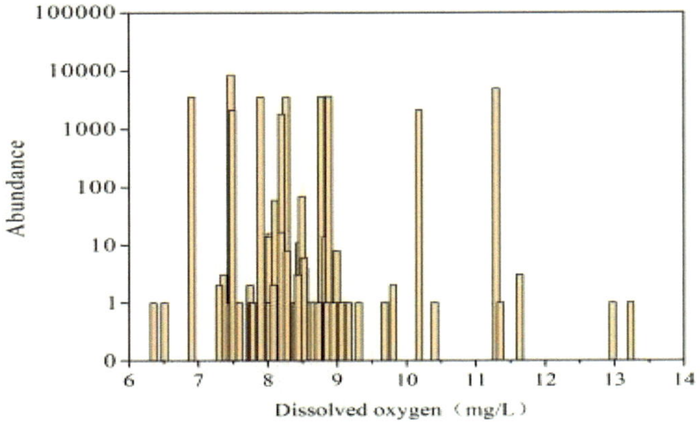

图 4-13　秦皇岛近海海月水母出现站位的海水表层溶解氧含量

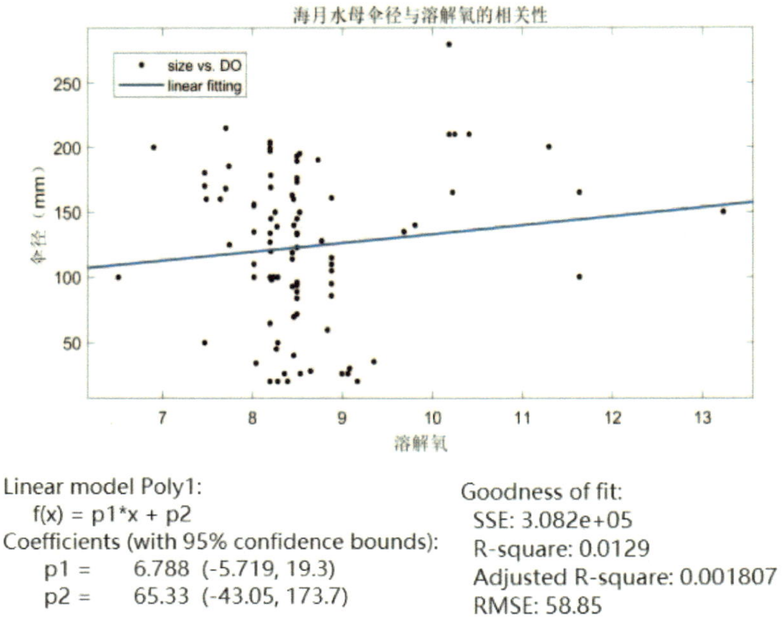

图 4-14　海月水母伞径与溶解氧含量的关系图

5. 海流

水母自主游动能力弱，其空间分布特征的变化与海流有关。因此，以水母的空间分布特征为基础分析海流对海月水母暴发的影响。

2020 年海月水母的时空分布特征如图 4-15 所示。其中，5 月主要分布在北部海域和中部金梦海湾海域（2-1、4-2、4-3、5-1 站位），6 月主要分布在中部金梦海湾海域（4-1、4-2、5-1 站位），7 月主要分布在中部金梦海湾海域（3-2、4-2、5-1 站位），8 月主要分布在南侧金山嘴海域（6-2、6-3、6-4 站位）。由此可见，海月水母的主要分布区域呈现由北向南迁移的特征。

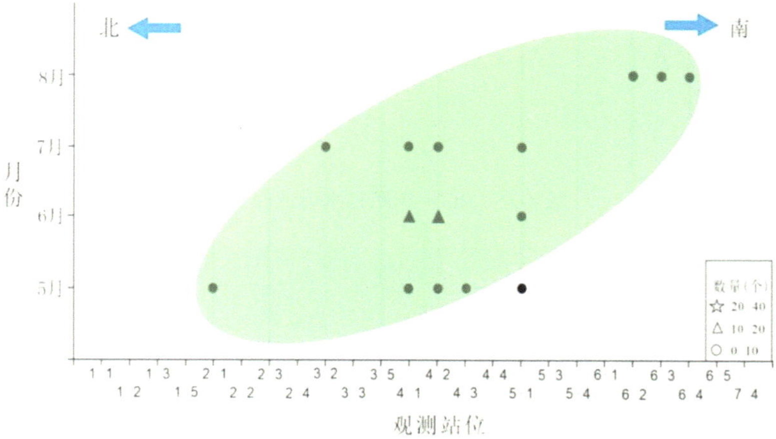

图 4-15　2020 年海月水母分布特征

2021 年海月水母的时空分布特征如图 4-16 所示。其中，5 月主要分布在中部海域（3、4、5 断面），6 月在北部、中部和南部海域均有分布（1、3、4、7、8 断面），7 月主要分布在北部、中部和南部海域（1、2、4、5、8 断面），8 月主要分布在中部偏北的海域（2、3 断面）。

一般认为，秦皇岛近海夏季环流方向为西南向，对秦皇岛近海海流的精细化模拟结果同样显示近岸夏季环流主要是西南向流，如图 4-17 和图 4-18 所示。

水母的空间分布特征和环流计算结果表明，2020 年海月水母的空间分布受海流影响；2021 年水母分布的空间变化特征与海流之间的关系不明确，可能有其他因素影响了水母的空间分布。需要指出的是，虽然 2021 年整体上水母分布位置的空间变化不呈现明显的规律性，但是北侧海域（1、2 观测断面）表现出与 2020 年相近的变化特征，即随着水母的持续暴发，水母数量逐渐减少，如图 4-16 所示。

由此可见，北侧海域的水母分布特征相较于其他海域可能更易受海流作用影响。

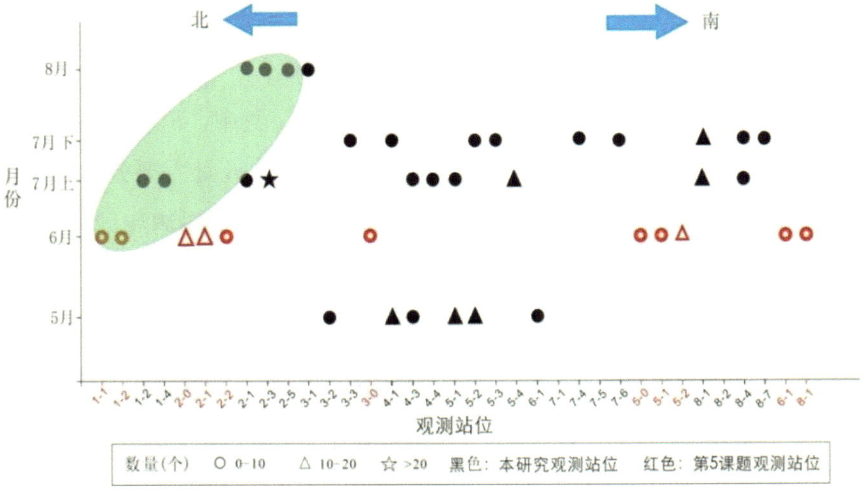

图 4-16　2021 年海月水母分布特征

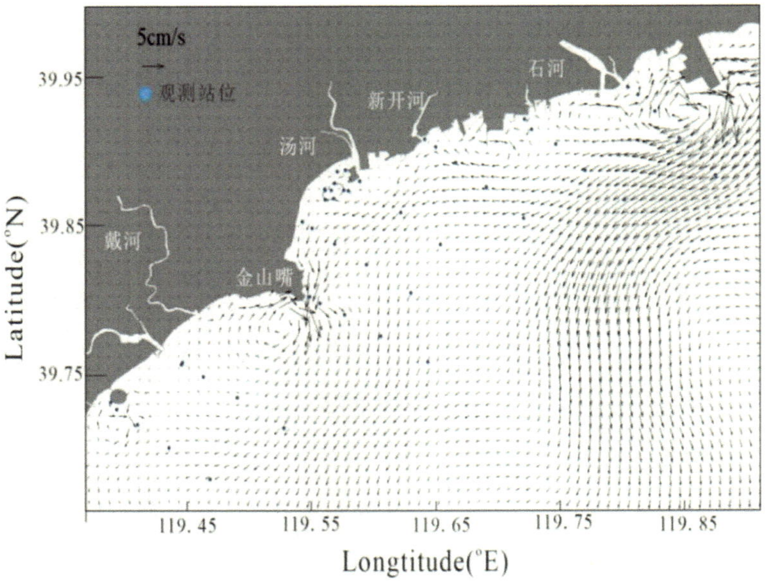

图 4-17　2020 年秦皇岛近海夏季垂向平均环流（6 月至 8 月）

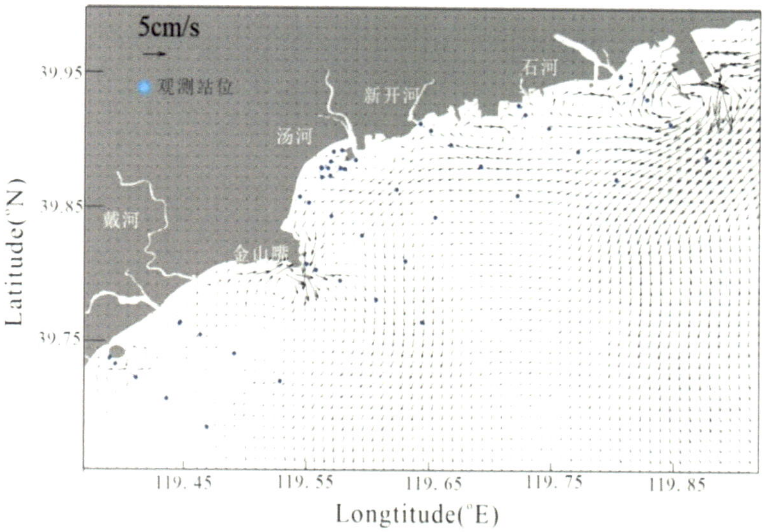

图 4-18　2021 年秦皇岛近海夏季垂向平均环流（6 月至 8 月）

综上所述，秦皇岛近海人工岛建筑为海月水母水螅体提供了附着基，是海月水母暴发的基础条件；海水温度能够显著影响海月水母生长过程中的伞径变化和空间分布特征，是影响水母暴发的最重要因素，而秦皇岛滨海电厂温排水通过影响局地海水温度对海月水母暴发有重要的影响；该海域海流结构对水母的空间分布有显著的调控作用；其他因素，如盐度和溶解氧含量与海月水母暴发的关系不明显。

4.3.2 白色霞水母

一般认为，非本地种群造成的水母灾害主要与水动力（海流）环境有关，而海温、盐度、溶解氧含量和饵料等往往是次要影响因素。

1. *海流*

秦皇岛近海的夏季环流主要是西南向流，由此推测秦皇岛近海的白色霞水母可能由北侧海域漂移而来，白色霞水母的空间分布特征变化与此推测较为吻合。

2020 年的 7 月至 8 月，新开河北侧海域白色霞水母的分布范围明显减少，而南侧海域白色霞水母的分布范围明显增大，如图 4-19 所示。2021 年 7 月上旬白色霞水母主要分布在新开河北侧海域，7 月下旬新开河北侧海域白色霞水母分布范围明显缩小，南侧海域的白色霞水母数量明显增多，8 月新开河北侧海域的白色霞水母分布范围进一步缩小，而南侧海域白色霞水母数量和密度达到最大值，如图 4-20 所示。

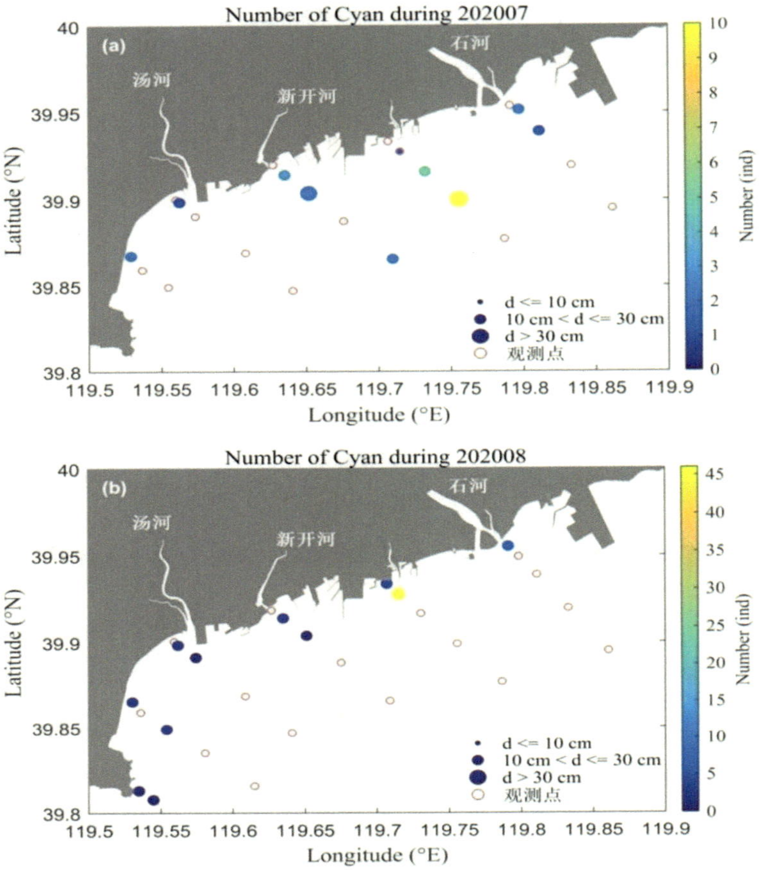

注：（a）为 2020 年 7 月，（b）为 2020 年 8 月；*d* 表示伞径大小

图 4-19　2020 年白色霞水母空间分布的主要特征

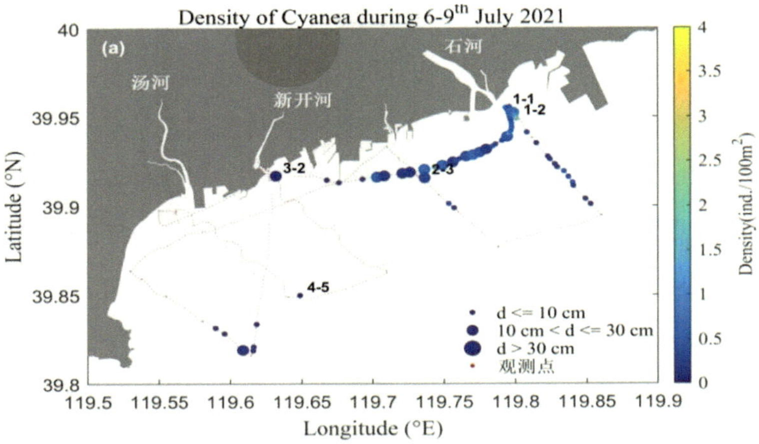

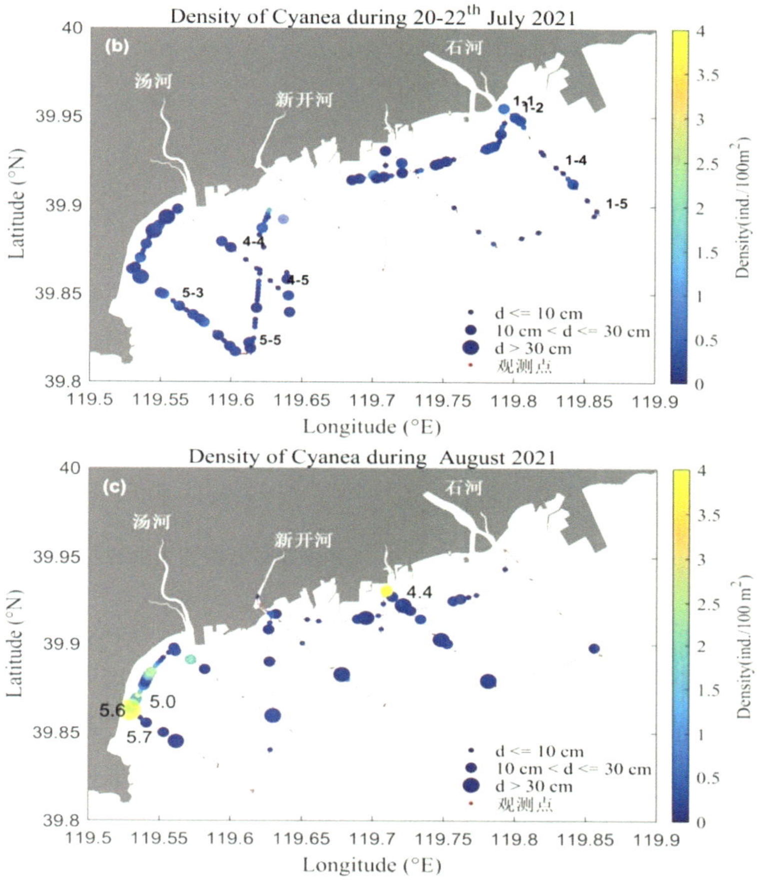

注：（a）为7月上旬，（b）为7月下旬，（c）为8月；图中红色虚线是走航轨迹，*d* 代表伞径

图 4-20　2021 年白色霞水母空间分布的主要特征

2021 年 7 月，伞径小于 10 cm 的白色霞水母数量呈现出由北向南逐渐减少的趋势；当最北侧 1 断面（伞径小于 10 cm 的白色霞水母的主要聚集区）的白色霞水母于 8 月消失后，由 1-1 站位向南至 3-1 站位的近海白色霞水母（伞径小于 10 cm 的白色霞水母）数量明显减少，如图 4-21 所示；与北侧 1 断面逐渐消失的白色霞水母其伞径均值在 9～10 cm 这一特征相对应的是南侧 4-1 站位至 5-1 站位近海逐渐出现的白色霞水母伞径均值在 14～15 cm，如图 4-21 所示，这一现象符合水母在漂移过程中不断生长的生物学特征。

由此可见，秦皇岛近海白色霞水母的暴发与海流关系最为密切，夏季环流将秦皇岛北侧海域的白色霞水母带至秦皇岛近海，造成白色霞水母在秦皇岛近海短时间内大量出现的现象。

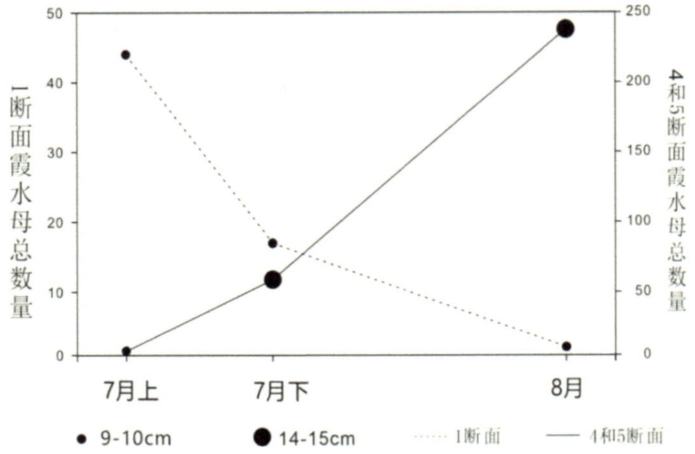

图 4-21 水母观测体系中 1 断面与 4、5 断面水母数量和大小的变化特征图

2. 海温

白色霞水母与海水温度的关系，如图 4-22 和 4-23 所示。由图可见，白色霞水母能够在 22.7～30.3 ℃的海温范围内存活，在 7 月和 8 月白色霞水母既可在海温较高的区域大量聚集也可在海温偏低的区域大量聚集。在 9 月，秦皇岛近海的海温范围为 21.16～26.1℃，但白色霞水母只生活在海温大于 22.7 ℃的海域。上述特征表明海温对白色霞水母空间分布的影响作用不显著，但却是白色霞水母消亡的限制条件。白色霞水母在秦皇岛近海生存环境的海温范围是 22.7～30.4 ℃；当海温在 25.6～26.5 ℃时，白色霞水母数量较多，如图 4-23 所示，说明局地海水温度对白色霞水母的生长和分布具有明显的影响。

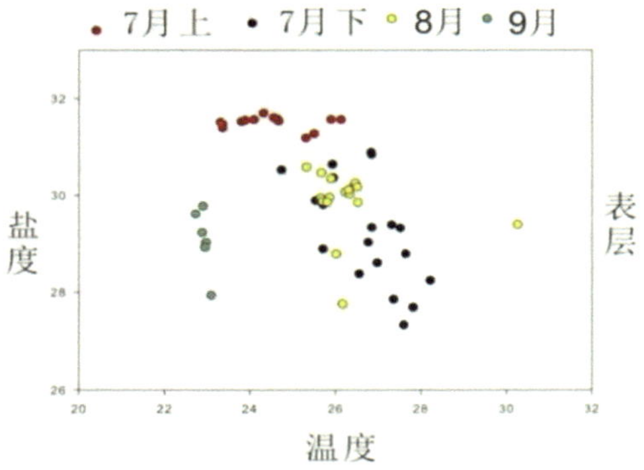

图 4-22 水母分布位置的海温、盐度特征图

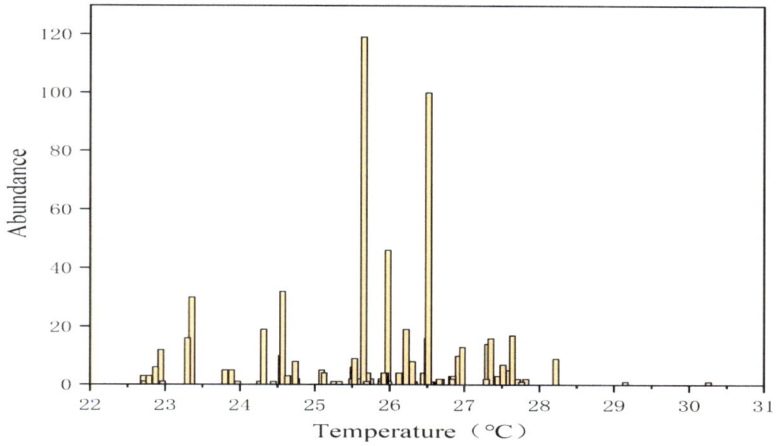

图 4-23　白色霞水母出现站位的表层海水温度（数据来自 2020、2021 年现场观测）

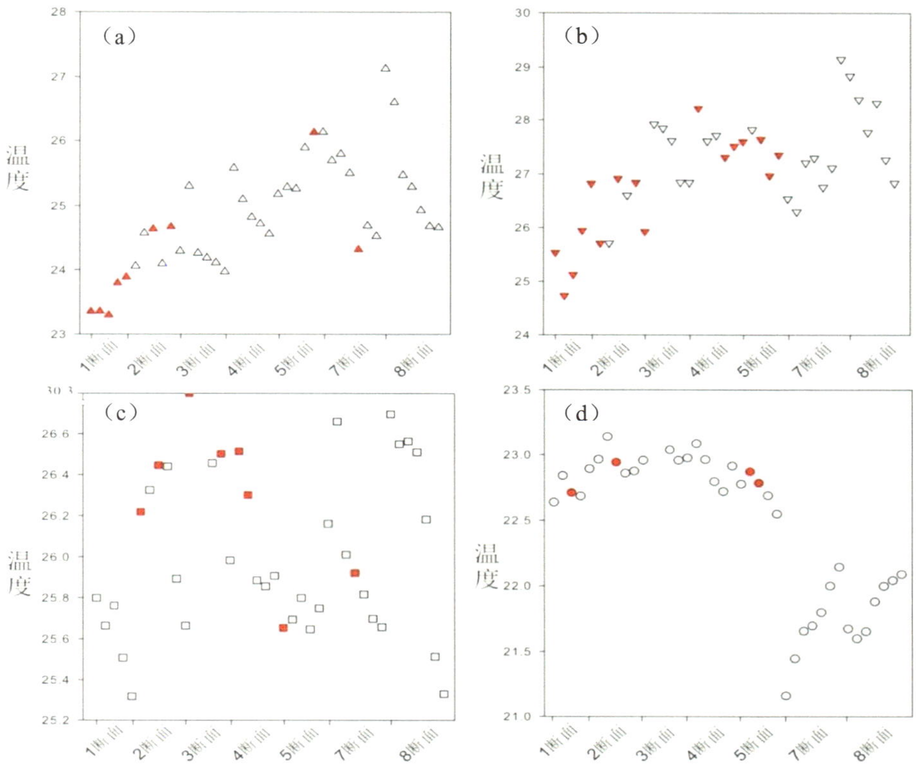

注：（a）为 7 月上旬，（b）为 7 月下旬，（c）为 8 月，（d）为 9 月；红色为分布有白色霞水母的站位的温度值，空心图标为没有白色霞水母分布的站位的温度值；横坐标每个断面内由左及右的点代表该断面离岸距离由近到远的观测站位

图 4-24　2021 年秦皇岛近海表层海温特征

3. 盐度

盐度与白色霞水母空间分布之间的关系如图 4-25 和 4-26 所示。

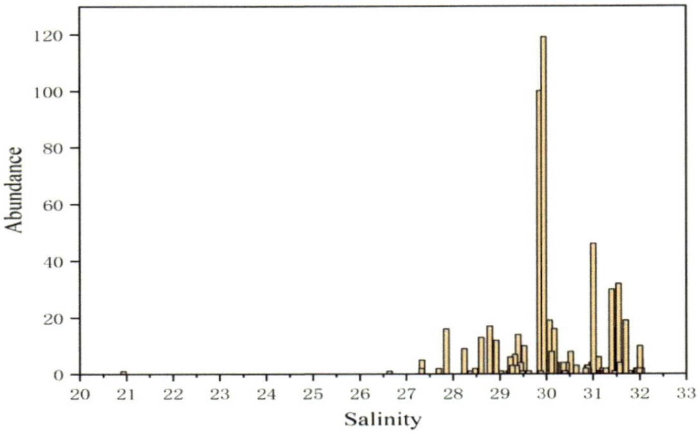

图 4-25　秦皇岛近海白色霞水母出现站位的表层海水盐度

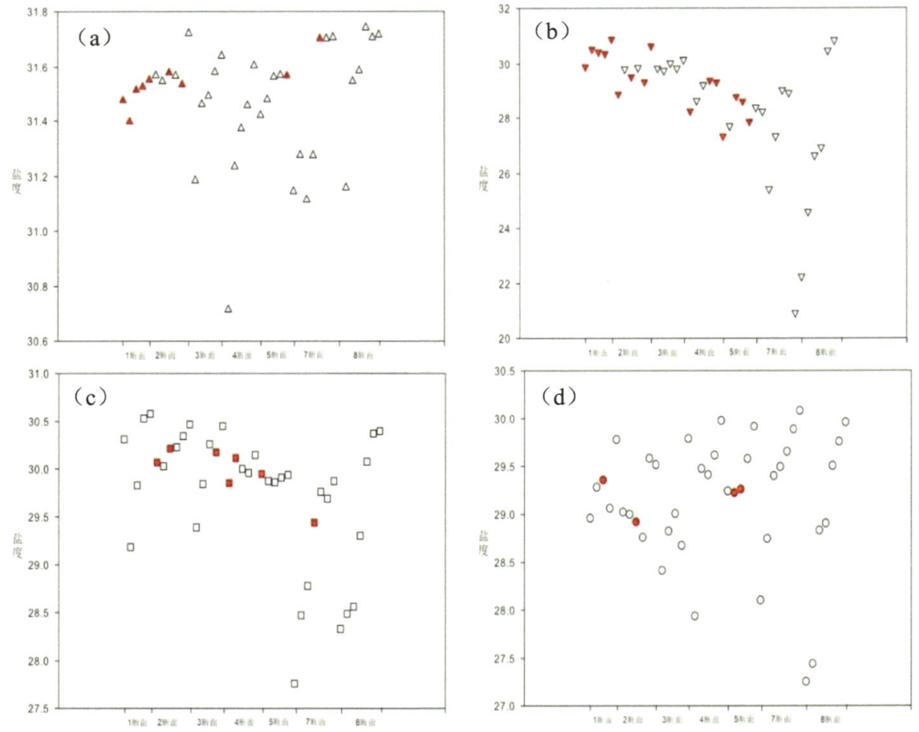

注：（a）为 7 月上旬，（b）为 7 月下旬，（c）为 8 月，（d）为 9 月；红色为分布有白色霞水母的站位的盐度值，空心图标为没有白色霞水母分布的站位的盐度值

图 4-26　秦皇岛近岸表层海水盐度特征

由图可见，白色霞水母能够在盐度范围为 26.6～32 的环境中生活；当盐度为 29.8～32 时数量较多，这说明白色霞水母更多分布于盐度偏高的海域环境中。其中，7 月上旬海表盐度平均值约为 31.42，有白色霞水母分布位置的盐度为 31.41～31.72，白色霞水母主要分布在盐度中等、中等偏高的海域；7 月下旬整体海表盐度平均值约为 28.58，有白色霞水母分布位置的盐度为 27.32～30.95，平均值为 29.4，7 月下旬白色霞水母主要分布在中等、中等偏高的海域；8 月整体海表盐度平均值约为 29.77，有白色霞水母分布位置的盐度为 28.72～30.51，平均值约为 30，白色霞水母主要分布在中等盐度值的海域；9 月整体海表盐度平均值约为 29.19，有白色霞水母分布位置的盐度为 28.9～29.32，平均值约为 29.2，白色霞水母主要分布在中等盐度值的海域。由此可见，白色霞水母对盐度的适应范围较广，但更趋向于在高盐度的环境中生活。

4. 溶解氧含量

溶解氧含量与白色霞水母数量之间的关系如图 4-27 所示。由图可见，白色霞水母能够在 4.5～14.8 mg/L 的溶解氧环境中生活，且白色霞水母更倾向于分布在 4.5～11.3 mg/L 的溶解氧环境中，随着溶解氧含量的升高白色霞水母的数量有所降低。其中，7 月上旬海表溶解氧含量的平均值约为 8.05 mg/L，有白色霞水母分布位置的溶解氧含量为 7.47～10.18 mg/L，平均值约为 8.16 mg/L，白色霞水母主要分布在溶解氧含量中等的海域；7 月下旬整体海表溶解氧含量的平均值约为 9.5 mg/L，有白色霞水母分布位置的溶解氧含量为 8.71～11.29 mg/L，平均值约为 8.99 mg/L，白色霞水母主要分布在溶解氧含量偏低的海域；8 月整体海表溶解氧含量的平均值约为 7.71 mg/L，有白色霞水母分布位置的溶解氧含量为 6.87～9.10 mg/L，平均值约为 7.51 mg/L，白色霞水母主要分布在溶解氧含量中等偏低的海域；9 月整体海表溶解氧含量的平均值约为 7.74 mg/L，有白色霞水母分布位置的溶解氧含量为 6.25～8.24 mg/L，平均值约为 7.24 mg/L，白色霞水母在溶解氧含量偏高和偏低的海域都有分布。以上特征表明白色霞水母能够适应低溶解氧含量和高溶解氧含量的环境，但更趋向于生活在低溶解氧的环境中。

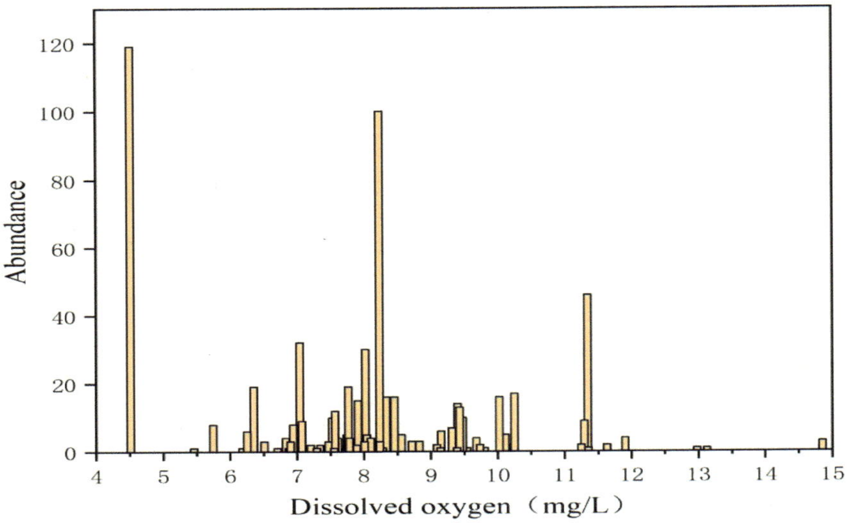

图 4-27　白色霞水母出现站位的海水表层溶解氧含量

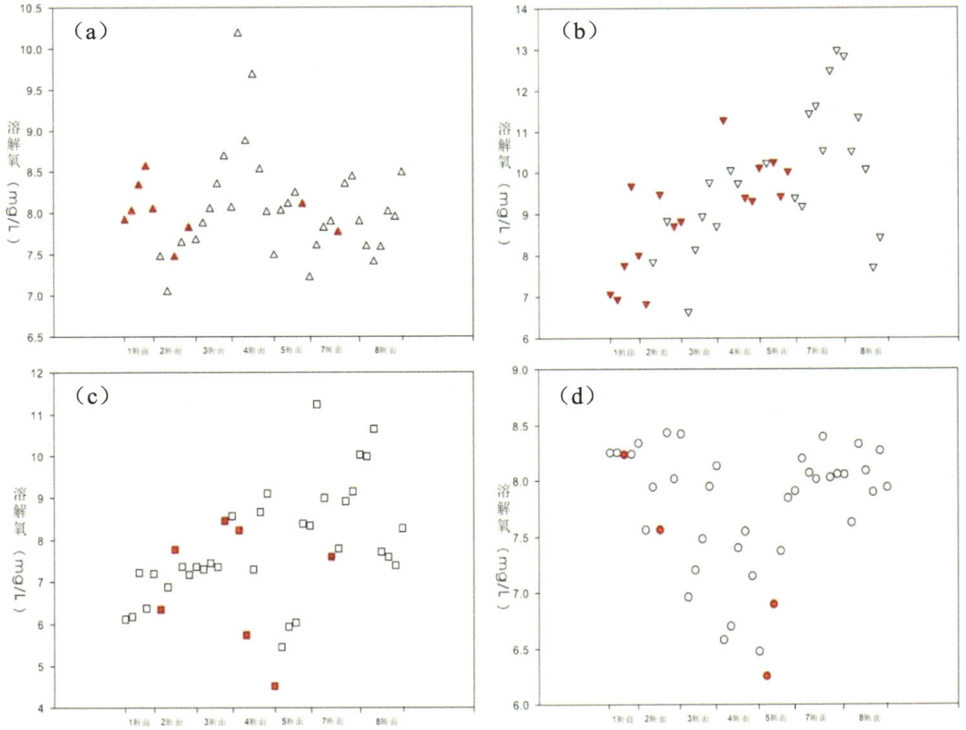

注：（a）为 7 月上旬，（b）为 7 月下旬，（c）为 8 月，（d）为 9 月；红色为分布有白色霞水母的站位的溶解氧含量的数值，空心图标为没有白色霞水母分布的站位的溶解氧含量的数值

图 4-28　秦皇岛近岸表层海水溶解氧含量的数值特征

5. 饵料

白色霞水母能够捕食多种类型的海洋生物，包括其他类型的水母（如海月水母）。由前文可知，金梦海湾是白色霞水母暴发的重灾区，同时金梦海湾也是海月水母暴发的重灾区（如 2020 年海月水母碟状幼体主要分布在金梦海湾，并且在对金梦海湾进行的 7 次调查中每次都有大量海月水母出现，其中人工岛附近最大密度达到 7 个/m^2）。因此，海月水母可能为白色霞水母的暴发提供饵料。

由图 4-29 可见，金梦海湾的白色霞水母主要出现在 7 月和 8 月，海月水母主要出现在 5 月、6 月和 7 月；其中，7 月是海月水母和白色霞水母同时出现的月份。海月水母数量从 7 月下旬便开始出现大幅下降，至 8 月海月水母的数量几乎为零。与之相对应的是白色霞水母自 7 月上旬出现在金梦海湾后，数量、密度不断增大，到 8 月白色霞水母最大密度达到 5.6 个/100 m^2，最大伞径约 60 cm。由此可见，在金梦海湾，在 7 月和 8 月期间，伴随着白色霞水母的快速增长，海月水母数量迅速下降。

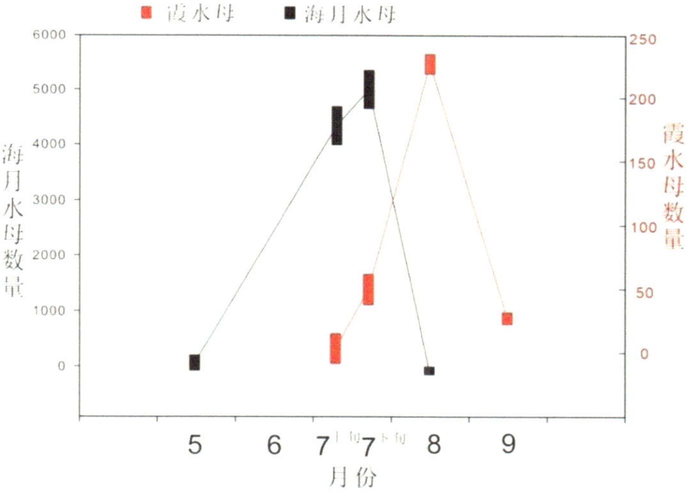

图 4-29　2021 年夏季金梦海湾致灾水母数量变化趋势

白色霞水母在 7 月和 8 月的生长特征说明其在秦皇岛近海本地的生长发育状态良好，而这种情况需要饵料的充分供给。结合 7 月海月水母数量断崖式的下降趋势以及白色霞水母对海月水母的捕食特性，可推测白色霞水母的暴发与海月水母提供饵料有着密切关联。

由图 4-30 可见，自 2020 年白色霞水母在秦皇岛近海代替沙海蜇成为主要有毒致灾水母后，海月水母暴发衰退期的开始时间相较于往年明显提前，衰退时间开始于 7 月上旬，与之相对应的是，白色霞水母在秦皇岛近海开始出现。结合白色霞水母对海月水母的捕食特性，因此推测白色霞水母的出现对海月水母的暴发具有抑制作用。

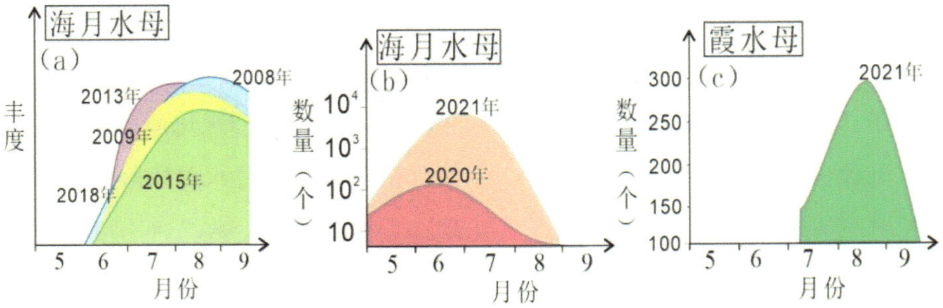

注：（a）的数据来自历史资料总结，（b）、（c）的数据分别来自 2020、2021 年现场观测数据

图 4-30　海月水母和霞水母的月际变化特征

综上所述，秦皇岛近海的白色霞水母主要为外来种群，多分布在高盐和低溶解氧的海水环境中，局地海流和海水温度是影响白色霞水母暴发的主要因素，该海域海月水母的暴发可能为后续白色霞水母的暴发提供了食物来源。

4.3.3 沙海蜇

限于沙海蜇观测数据的缺乏，目前只能推测认为秦皇岛近海的沙海蜇主要为外来种群，其暴发原因与白色霞水母类似，应与局地海流、海温变化和饵料关系密切。

4.4 秦皇岛近海海月水母碟状幼体分布特征与海洋环境因子的关系

2020 年春季（4 月 19 日至 23 日），对秦皇岛近海（119°30′E～119°55′E，39°46′N～40°00′N）进行了大面观测。基于海月水母幼体和海洋环境调查数据，分析该海域海月水母碟状幼体丰度的空间分布特征，并探讨了海月水母幼体空间分布与海洋环境因子之间的关系。调查结果显示，秦皇岛近海 4 月海月水母主要以碟状体形式存在，伞径介于 1～10 mm，其丰度分布中心位于金梦海湾内莲花岛海域。该水域海月水母碟状幼体丰度最高（94 ind./m^3），伞径介于 1～1.5 mm。金梦海湾以外水域，海月水母碟状幼体伞径逐渐增大，丰度较少。进一步分析秦皇岛近海春季海月水母碟状幼体空间分布特征，为深入研究该海域海月水母的时空变化规律及关键驱动因子提供了基础数据。

4.4.1 数据简介

1. 海洋环境数据

2020 年 4 月，调查海域内海温、盐度、溶解氧含量和 pH 指标的范围，如表 4-1 所示。其中，表层海温介于 9.90～12.90 ℃之间，平均值约为 11.29 ℃；底层海温介于 9.20～11.50 ℃之间，平均值约为 10.66 ℃，低于表层海温。表层盐度介于 31.49～32.04 之间，平均约为 31.82；底层盐度介于 31.48～32.04 之间，平均值约为 31.85；表、底层水盐度变化很小，其中底层水盐度略高。表层水溶解氧含量介于 7.41～10.00 mg/L 之间，平均值约为 8.93 mg/L；底层水溶解氧含量介于 7.98～9.11 mg/L 之间，平均值约为 8.63 mg/L；表层略高于底层。表层水 pH 介于 7.98～8.25 之间，平均值约为 8.15；底层水 pH 介于 8.13～8.38 之间，平均值约为 8.27；表、底层 pH 差别不大，其中，表层略高于表层。

表 4-1　2020 年 4 月秦皇岛近海海洋环境因子情况

环境因子	表层		底层	
	范围	平均值	范围	平均值
海温/℃	9.90～12.90	11.29	9.20～11.50	10.66
盐度	31.49～32.04	31.82	31.48～32.04	31.85
溶解氧含量/（mg/L）	7.41～10.00	8.93	7.98～9.11	8.63
pH	7.98～8.25	8.15	8.13～8.38	8.27

调查海域内海洋环境因子的空间分布情况如图 4-31 所示。其中，海水最高值出现在新开河口；海水盐度受河流冲淡水的影响，汤河口和新开河口海域盐度较低；溶解氧含量在新开河口较低，在石河口、莲花岛和金山嘴外侧海域含量高；pH 与

盐度空间变化相一致，汤河口和新开河口的 pH 较低。从平面分布上来看，近岸与远海相比，海水温度呈现出近海海温高，离岸海域海温低；而海水盐度、溶解氧含量和 pH 含量均呈现出近海含量低、离岸海域含量高的分布态势。

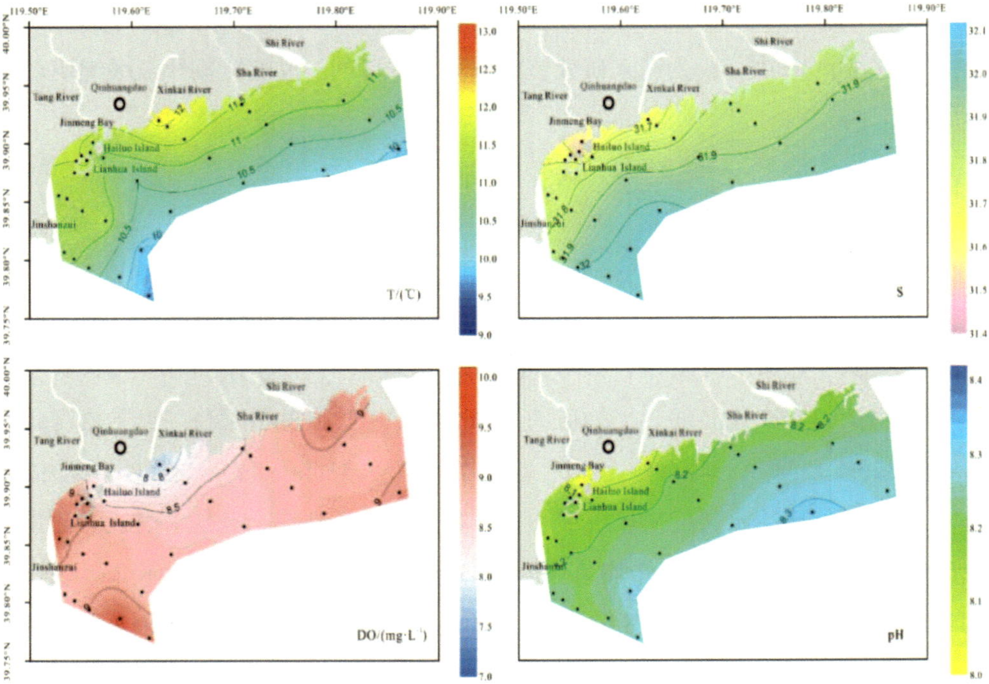

注：海水温度（temperature，T）、盐度（salinity，S）、溶解氧含量（dissolved oxygen，DO）和 pH

图 4-31　2020 年 4 月秦皇岛近海海洋环境因子的分布度（薛力园等，2021）

2. 海月水母碟状幼体数据

2020 年春季，在调查海域内 34 个站位中的 11 个站位发现了海月水母，如图 4-32 所示。海月水母伞径在金梦海湾内莲花岛海域各站位最小，为 1～1.5 mm；在莲花岛外侧的 4-2、4-3 和 5-1 站位中海月水母碟状幼体伞径有所增大（2～3 mm）；最大伞径（10 mm）则出现在石河口外的 1-5 站位，如图 4-33 所示。这表明调查海域内海月水母在 4 月尚处于碟状幼体阶段，其伞径变化呈现出以莲花岛海域为中心，向南和东北方向逐渐增大的趋势；尤其是东北侧海域伞径增大趋势更为明显。

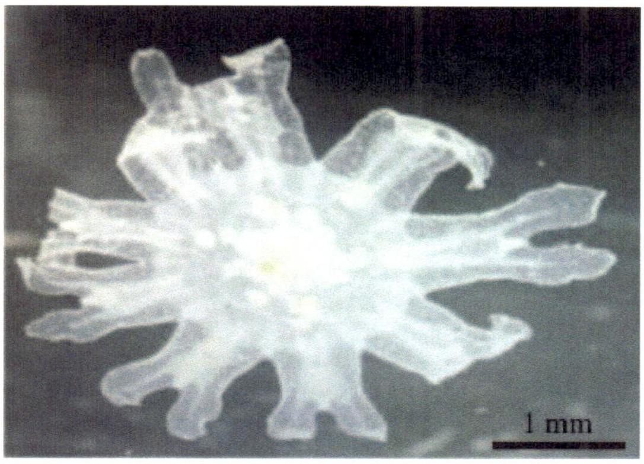

图 4-32　2020 年 4 月秦皇岛近海海月水母碟状幼体照片（薛力园等，2021）

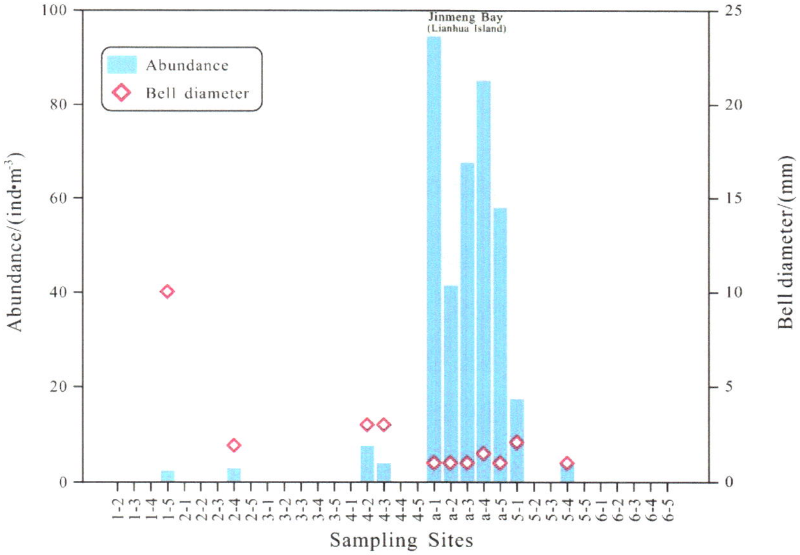

图 4-33　2020 年 4 月各调查站位海月水母碟状幼体丰度和伞径变化（薛力园等，2021）

调查海域内 4 月各站位海月水母碟状幼体丰度的空间分布特征如图 4-34 所示。由图可见，34 个站位的海月水母碟状体密度介于 0～94 ind./m^3 之间，平均值约为 11.33 ind/m^3；各站位中海月水母碟状体的密度分布不均匀，其中，1、2、3 和 6 断面的海月水母碟状体密度很低，几乎为零；4 和 5 断面的海月水母碟状体密度有所提高，但仅有站位 5-1 的密度高于平均值；金梦海湾内莲花岛海域内 5 个加密站位（站位 a-1 至 a-5）中，海月水母碟状体密度均显著高于平均值，海月水母碟状幼体在站位 a-1 丰度最大，达 94 ind./m^3。由此可见，海月水母碟状体密度分布中心为金梦海湾莲花岛海域。

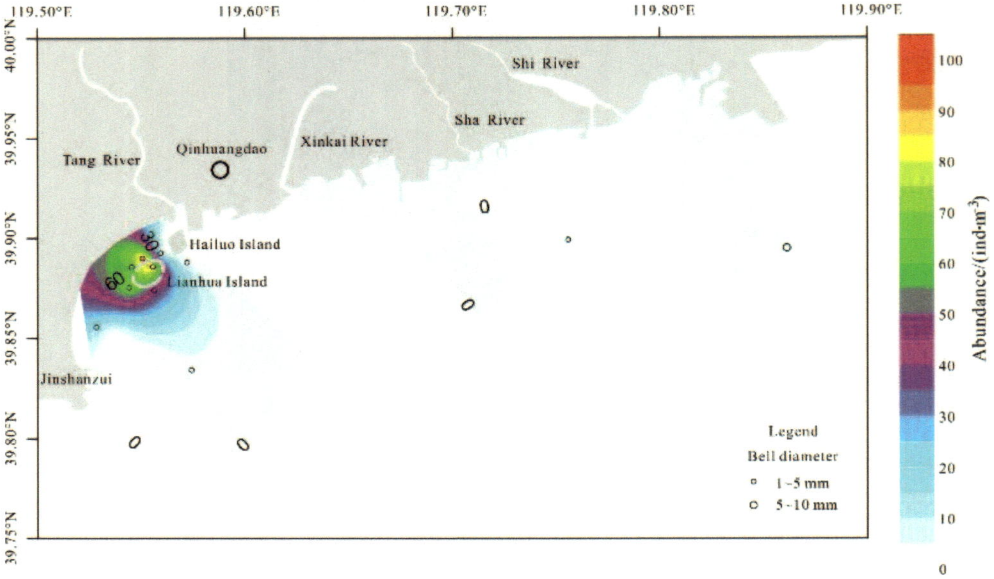

图 4-34　2020 年 4 月秦皇岛近海海月水母碟状幼体丰度空间分布图（薛力园等，2021）

由于调查海域内海月水母碟状幼体的空间分布并不均匀，因此使用 lg(Y+0.001)+3 对其丰度值进行标准化（Herrmann 和 Keister，2020）；其中，Y 为各站位水母丰度值。调查海域内各站位海月水母碟状幼体丰度和海水温度、盐度、溶解氧含量和 pH 的分布信息如图 4-35 所示。由图可见，金梦海湾内莲花岛海域各站位中海月水母碟状幼体丰度高。莲花岛海域海水温度和溶解氧含量均较高，分别为 11.5±0.1 ℃和 9.12±0.10 mg/L；盐度较低，平均约为 31.71±0.05。海月水母碟状幼体丰度分布中心位于莲花岛海域，这可能反映了该种水母幼体在温暖、低盐和富氧的环境中分布较多。

海洋环境因子（如海温、盐度和光照等）的变化能够影响水母螅状体的无性生殖过程，在控制水母种群数量和分布中起着极为重要的作用（Graham 等，2001；Purcell，2007）。调查海域内春季（4 月）海水温度、盐度和溶解氧含量等环境因子的空间分布存在明显差异。海月水母碟状幼体分布中心位于金梦海湾内莲花岛海域，表明该海域相对温暖、低盐和富氧的海水环境有利于海月水母幼体的生长、存活和繁殖。

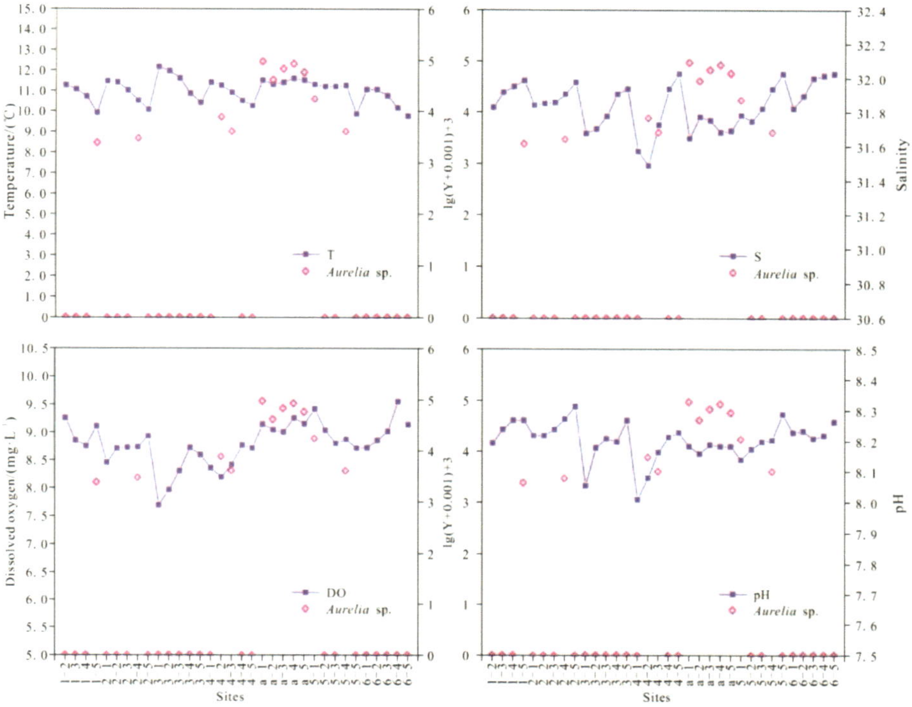

注：a-5 为 Kriging 法插值数据，Y 为水母丰度值，$\lg(Y+0.001)+3$ 为标准化后的水母丰度数据

图 4-35　2020 年春季各站位海温、盐度、溶解氧含量、pH 和水母丰度分布（薛力园等，2021）

4.4.2 方法与软件简介

1. ID 3 决策树

决策树作为一种经典的监督学习模型，通常采用自顶向下的递归划分方式构造一棵判定树。其中，ID 3 是经典的决策树模型之一，具体步骤描述如下。

（1）读取数据集并将其记为 S，数据集 S 是 s 个数据样本的集合。

（2）将数据集 S 按类标号，计算总的期望信息。假定类标号具有 m 个不同的属性值 C_i（$i=1,\cdots,m$），设 s_i 是类 C_i 中的样本数。对一个给定的样本类别的数据集，计算所需的期望信息如式（4-1）所示。

$$I(s_1,s_2,\cdots,s_m)=-\sum_{i=1}^{m}p_i\log_2(p_i) \tag{4-1}$$

式中：

p_i——任意样本属于 C_i 的概率，并用 s_i/s 估计。

（3）计算每个属性（特征）在类标号下的信息熵。设属性（特征）A 具有 v 个不同的属性值$\{a_1,\cdots,a_v\}$，用 A 将 S 划分为 v 个子集$\{S_1,\cdots,S_v\}$，其中，S_j 表示 S 中具有值 a_j 的样本。若选择 A 为测试属性（特征），A 的 v 个子集需要根据类标号继续划分。此时，s_{ij} 是子集 S_j 中类 C_i 的样本数。根据 A 划分子集的信息熵如式（4-2）所示。

$$E(A)=\sum_{j=1}^{v}\frac{s_{1j}+\cdots+s_{mj}}{s}I(s_{1j},\cdots,s_{mj}) \tag{4-2}$$

式中，$E(A)$值越小，表示子集划分结果越好。

$(s_{1j}+\cdots+s_{mj})/s$——子集 S_j 的权重；

$I(s_{1j},\cdots,s_{mj})=-\sum_{i=1}^{m}p_{ij}\log_2(p_{ij})$——子集 S_j 的期望信息；

$p_{ij}=s_{ij}/|s_j|$——子集 S_j 中任一个数据样本属于类别 C_i 的概率。

（4）计算各属性（特征）的信息增益。A 上各分支的信息增益如式（4-3）所示。

$$Gain(A)=I(s_1,s_2,\cdots,s_m)-E(A) \tag{4-3}$$

（5）选择信息增益值最大的属性（特征），作为划分节点，对数据集进行划分。

（6）递归地处理被划分后的所有数据子集。从未被选择的属性（特征）继续重复上述步骤，直到得到一棵决策树。

决策树递归的结束条件主要分为两类：一类是所有属性（特征）均用完；另一类是划分后的信息增益值为零，或足够小。

决策树的主要优点是，易于理解和实现，可行性强；对数据的准备要求简单，且可以处理大规模数据；易于通过静态测试对模型的效果进行评测。主要缺点是，无法处理连续性的属性（特征）；当属性（特征）很多时，会降低速度或准确性；仅能处理一个属性（特征）作类标号的数据。

2. *K*-折交叉验证法

当决策树构建完后，需要对决策树的准确性和有效性等进行验证。通常采用 *K*-折交叉验证法。该方法首先将数据集平均分为 K 份，其中 $K-1$ 份作为训练集、1 份作为测试集；其次，采用训练集构建决策树模型；最后，通过测试集进行测试。重复 K 次，即将每 1 份均作为测试集 1 次，为一次 *K*-折交叉验证的结果。

3. 评价指标

在分类与预测任务中通常选用查准率、召回率和 F1_score 作为评价指标，各指标的计算方法如下。

查准率（Precision）为被预测为正例中的正样本数量所占的比例，如式（4-4）所示。

$$Precision = \frac{TP}{TP + FP} \tag{4-4}$$

召回率（Recall）为被预测为正例的数量占总正样本数量的比例，如式（4-5）所示。

$$Recall = \frac{TP}{TP + FN} \tag{4-5}$$

其中，涉及 4 个概念。

（1）真正例（TP）：表示预测为正例、实际也为正例的数量；

（2）假正例（FP）：表示预测为正例、实际为负例的数量；

（3）假负例（FN）：表示预测为负例、实际为正例的数量；

（4）真负例（TN）：表示预测为负例、实际也为负例的数量。

其中正例和负例分别为海月水母碟状体密度高（值为 1）和密度低（值为 0）的样本。

F1-socres 为 Precision 和 Recall 的一种加权平均，如式（4-6）所示。

$$F1\text{-}socres = \frac{2 \times Precision \times Recall}{Precision + Recall} \tag{4-6}$$

上述三个指标的最大值均为 1，最小值均为 0，值越大说明模型的效果越好。

4. 软件与系统环境

为了解水母幼体空间分布与海洋环境因子之间可能存在的关系，利用 SPSS 22.0 软件计算了水母幼体丰度与海水温度、盐度、溶解氧含量和 pH 之间的 Pearson 相关性进行双尾验证；并标记显著性，$p<0.05$ 为差异显著，$p<0.01$ 为差异极显著。调查海域平均海水温度、盐度、溶解氧含量、pH 和水母幼体丰度等分布图采用 Surfer 13.0 和 Origin 2018 软件绘制。

实验在 Windows 10 64 位操作系统、Intel(R) Core (TM) i7-9700 CPU@3.00 GHz 和内存 16 GB 下，采用 Python 3.6.3 在 Anaconda 3 (64 bit)和 PyCharm Community Edition 2020.2.3 x64 环境下进行 ID 3 决策树的算法编写与实现，采用 Excel 2010 进行数据处理。

4.4.3 海月水母碟状幼体的关键影响环境因子分析与讨论

随着水母生态灾害数量和影响因素复杂性的不断增加，迫切需要一种更科学有效的方法挖掘出数据中潜在的关系和知识。决策树（王磊等，2021）作为数据挖掘和机器学习中经典的分类/预测模型，在赤潮预测与预警（柴永强等，2012；李海涛等，2019；沈菲等，2003）、海雾预报（黄健等，2011；高荣珍等，2016）、渔场预报（崔雪森等，2012；高峰等，2015）、海冰分析与反演（王姝力等，2019；张娜等，2014）、海洋环境特征分析（陈峰等，2019；张莹等，2019；向先全等，2013）等领域已得到广泛应用，并取得了较好的效果。

因此，以2020年4月秦皇岛近海海月水母碟状体和海洋环境因子（海温、盐度、溶解氧含量和pH）数据作为研究对象，采用ID 3决策树作为分析模型，在对海洋表层、底层环境因子分别进行多种粒度的数据离散化处理下，通过构建决策树挖掘海月水母碟状体密度分布特征与环境因子之间的定量关系；并采用*K*-折交叉验证、查准率、召回率与F1分数指标，以及相关性进行实验验证与分析。此外，本节将采集到的表层/底层海水温度、盐度、溶解氧含量和pH等相关数据，分别简记为SST/SBT、SSS/SBS、SSDO/SBDO和SSpH/SBpH。

1. 数据预处理

若采用ID 3决策树对秦皇岛近海春季4月海月水母碟状体密度分布与海洋环境因子的关系进行分析与预测，就需要进行数据预处理（确定数据属性、确定分类标号和数据离散化处理等）和构建决策树等，详细介绍如下。

（1）确定数据的属性和类标号。2020年4月秦皇岛近海34个站位海月水母碟状体密度和海洋环境因子相关数据，如图4-36所示。

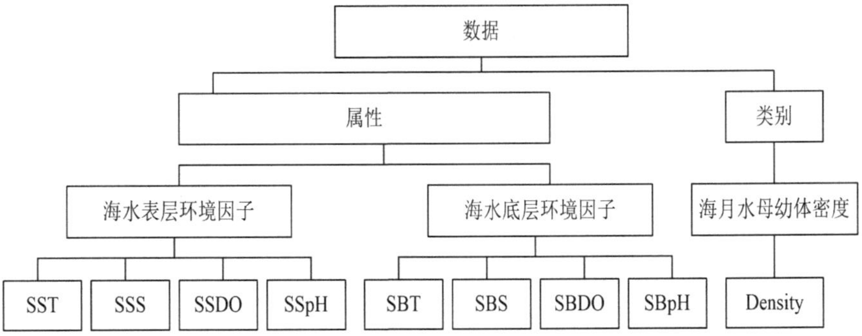

图4-36 数据属性（特征）与类别（陈晓等，2021）

该数据集有 8 个属性特征，分别为：表层/底层的海水温度、盐度、溶解氧含量和 pH。上述属性均为海洋环境因子的重要特征，故未作删减，一起进行分析。该数据集有 1 个分类特征，为海月水母碟状体密度，符合决策树仅能处理有一种类标号的特点。

（2）数据离散化。ID 3 算法只能处理离散型数据，不能直接处理连续型数值数据。因此，需要对上述海月水母碟状体密度、海温、盐度、溶解氧含量和 pH 等特征进行离散化处理，如表 4-2 所示。表中第 1～2 行为特征名及其取值范围，第 3～20 行为三种离散化标准，又分为表层和底层两方面。例如，海温（表层和底层）在 34 个站位的范围介于 9.00～13.00 ℃之间；若对 SSS 采用平均值（11.29 ℃）进行离散化，则将其分为 9.00～11.29 ℃和 11.29～13.00 ℃两部分，再分别记为 0 和 1。

表 4-2　各属性特征的多粒度离散化标准

特征		海温/℃		盐度		溶解氧含量/(mg・L^{-1})		pH		密度/(ind.・m^{-3})	
范围		9.00～13.00		31.40～32.20		7.00～10.00		7.90～8.40		0～94.50	
1	表层	＜11.29	0	＜31.82	0	＜8.93	0	＜8.15	0		
		≥11.29	1	≥31.82	1	≥8.93	1	≥8.15	1		
	底层	＜10.66	0	＜31.85	0	＜8.63	0	＜8.27	0		
		≥10.66	1	≥31.85	1	≥8.63	1	≥8.27	1	＜11.33	0
2	表层	＜10.87	0	＜31.79	0	＜8.69	0	＜8.12	0		
		10.87～11.71	1	31.79～31.85	1	8.68～9.18	1	8.12～8.18	1		
		≥11.71	2	≥31.85	2	≥9.18	2	≥8.18	2		
	底层	＜10.32	0	＜31.80	0	＜8.47	0	＜8.23	0		
		10.32～10.99	1	31.80～31.90	1	8.47～8.79	1	8.23～8.30	1		
		≥10.99	2	≥31.90	2	≥8.79	2	≥8.30	2		
3	表层	＜10.50	0	＜31.62	0	＜8.00	0	＜8.12	0		
		10.50～11.25	1	31.62～31.81	1	8.00～8.75	1	8.12～8.17	1		
		11.25～12.00	2	31.81～32.00	2	8.75～9.50	2	8.17～8.22	2		
		≥12.00	3	≥32.00	3	≥9.50	3	≥8.22	3	≥11.33	1
	底层	＜9.50	0	＜31.66	0	＜8.00	0	＜8.20	0		
		9.50～10.55	1	31.66～31.85	1	8.00～8.55	1	8.20～8.28	1		
		10.55～11.60	2	31.85～32.00	2	8.55～9.10	2	8.28～8.35	2		
		≥11.60	3	≥32.00	3	≥9.10	3	≥8.35	3		

注：在所有离散化标准中，左侧均为闭区间，右侧均为开区间。

由于数据离散化的质量会影响到决策树模型性能的好坏，为了更好地分析海月水母碟状体密度分布与海洋环境因子的关系，对各属性特征数据提出了三种离散化的粒度，如下。

①基于平均值将海温、盐度、溶解氧含量和 pH 的粒度细化为两类：其中，小于平均值记为 0，表示低；大于等于平均值记为 1，表示高。

②基于平均值和标准差将四类属性特征的粒度细化为三类：其中，0 表示低，1 表示中，2 表示高。

③基于正态分布和等差数列的思想将四类属性特征的粒度细化为四类：其中，0 和 3 为正态分布的尾端，分别表示低和高；1 和 2 为正态分布的中间部分并基于数值等差划分两份，分别表示较低和中。

在三种情况中，海月水母碟状体密度的粒度均细化为两类，采用平均值进行划分。当小于 11.33 ind./m^3 时，用 0 表示，认为密度低；否则，用 1 表示，认为密度高。

2. ID 3 决策树的构建实例

为了便于理解数据预处理和决策树构建时的计算过程，下面通过实例进行介绍。为了简化计算过程，选用 34 个站位的表层海水温度、盐度、溶解氧含量和 pH，以及海月水母碟状体的密度，并采用平均值对数据进行离散化；原始数据和离散化后的数据，如表 4-3 所示。基于该数据集的计算和构建决策树的过程如下。

表 4-3 数据

站位	原始数据					离散化后数据				
	SST	SSS	SSpH	SSDO	Density	SST	SSS	SSpH	SSDO	Density
1-2	11.30	31.82	8.14	9.53	0.00	1	1	0	1	0
1-3	11.30	31.91	8.18	9.01	0.00	1	1	1	1	0
1-4	11.50	31.93	8.22	8.80	0.00	1	1	1	0	0
1-5	10.50	32.00	8.21	9.25	2.41	0	1	1	1	0
2-1	11.50	31.85	8.17	8.52	0.00	1	1	1	0	0
2-2	11.40	31.85	8.22	8.71	0.00	1	1	1	0	0
2-3	11.60	31.82	8.19	8.80	0.00	1	1	1	0	0
2-4	10.90	31.88	8.21	8.89	2.94	0	1	1	0	0
2-5	10.90	31.98	8.25	8.84	0.00	0	1	1	0	0
3-2	12.50	31.60	8.16	7.82	0.00	1	0	1	0	0
3-3	12.30	31.69	8.15	8.21	0.00	1	0	0	0	0
3-4	11.40	31.86	8.11	9.12	0.00	1	1	0	1	0
3-5	10.70	31.88	8.19	8.75	0.00	0	1	1	0	0

（续表）

站位	原始数据					离散化后数据				
	SST	SSS	SSpH	SSDO	Density	SST	SSS	SSpH	SSDO	Density
4-1	11.40	31.57	8.01	8.36	0.00	1	0	0	0	0
4-2	11.30	31.49	8.02	8.40	7.65	1	0	0	0	0
4-3	10.90	31.73	8.08	8.63	4.03	0	0	0	0	0
4-4	10.50	31.93	8.12	9.08	0.00	0	1	0	1	0
4-5	10.30	32.03	8.14	8.96	0.00	0	1	0	1	0
a-1	11.60	31.63	8.16	9.27	94.50	1	0	1	1	1
a-2	11.50	31.76	8.12	9.21	41.42	1	0	0	1	1
a-3	11.60	31.75	8.16	9.20	67.65	1	0	1	1	1
a-4	11.70	31.68	8.15	9.44	85.05	1	0	0	1	1
a-5	11.64	31.68	8.16	9.30	57.99	1	0	1	1	1
5-1	11.30	31.78	8.14	9.42	17.40	1	0	0	1	0
5-2	11.30	31.76	8.14	9.21	0.00	1	1	0	1	0
5-3	11.30	31.82	8.14	9.07	0.00	1	1	0	1	0
5-4	11.90	31.94	8.14	9.11	4.03	0	1	1	0	0
5-5	9.90	32.03	8.23	8.91	0.00	1	0	1	0	0
6-1	11.30	31.80	8.20	8.82	0.00	1	1	1	1	0
6-2	11.50	31.84	8.18	9.06	0.00	1	1	0	1	0
6-3	11.40	31.96	8.11	9.23	0.00	0	1	0	1	0
6-4	10.60	31.99	8.14	10.00	0.00	0	1	1	1	0
6-5	10.10	32.04	8.22	9.38	0.00	1	0	0	1	0

（1）数据集 S 中包含 34 个样本，根据密度高低分为两类，类别个数即 m=2。类别特征值 0（低）与 1（高）对应的样本个数分别为 s_1=28 和 s_2=6。

（2）根据式（4-1）计算海月水母碟状体密度总的期望信息为 $I(s_1,s_2)=-\sum_{i=1}^{2}p_i\log_2 p_i$， $I(28,6)=-\frac{28}{34}\times\log_2\frac{28}{34}-\frac{3}{10}\log_2\frac{6}{34}=0.672$。

（3）根据式（4-2）计算每个属性的信息熵。以 SST 为例，当 SST 为 0 时，$I_1(s_{11},s_{12})=I_1(10,0)=0$；当 SST 为 1 时，$I_2(s_{21},s_{22})=I_1(18,6)=0.811$。SST 的信息熵为

$$E(\mathrm{SST})=\sum_{j=1}^{2}\frac{s_{1j}+\cdots+s_{mj}}{s}I(s_{1j},\cdots,s_{mj})=\frac{10}{34}\times 0+\frac{24}{34}\times 0.811=0.573。$$

（4）根据式（4-3）计算每个属性的信息增益。以 SST 为例，SST 的信息增益为：$Gain$(SST)=$I(s_1,s_2)-E$(SST)=0.672－0.573=0.099。同理可以计算其他三个属性信息增益值分别为 $Gain$(SSS)=0.267，$Gain$(SSDO)=0.170，$Gain$(SSpH)=0.000。

（5）选取最大信息增益值对应的属性作为划分节点。由此可见，SSS 具有最大的信息增益值 0.267，即 SSS 被选作决策树的根节点。此时，基于 SSS 将 34 个样本分为两部分：SSS 大于等于平均值的 20 个样本和 SSS 小于平均值的 14 个样本。

（6）在两部分数据集中重复执行（1）～（5）。其中，20 个样本的期望值为 0，且均为低密度样本，因此无须继续划分；14 个样本的期望为 0.985≠0，需要继续划分，通过计算可知，SSDO 的信息增益值最大，因此选 SSDO 作为下一个划分节点。依次递归，即可得到该实例的决策树，如图 4-37（a）所示。

3. 海月水母碟状幼体决策树的构建结果

为了更好地研究秦皇岛近海海月水母碟状体密度分布与海洋环境因子之间的关系，从海洋表层、底层和表底层特征三个方面，分别采用三种细化粒度下的离散化后的数据，基于 2020 年春季 4 月秦皇岛近海 34 个站位的全部数据，构建了 9 种情况下的 ID 3 决策树模型，如图 4-37 所示。

图 4-37 中的决策树是一种树形结构，由叶子节点、非叶子节点和分支三部分组成。每个节点中均包含三个要素，entropy 表示信息期望、samples 表示样本总数、value 表示不同类别样本的组成个数。其中，每个叶子节点对应一个类标签，非叶子节点为当前待划分的属性，分支为属性上的不同取值。

（1）基于 ID 3 决策树模型的分析

图 4-37 给出了三种离散化方法，图 4-37（a）、（b）和（c）为基于平均值的方法，简记为情况 1；图 4-37（d）、（e）和（f）为基于平均值和标准差的方法，简记为情况 2；图 4-37（g）、（h）和（i）为基于正态分布和四分位法的方法，简记为情况 3。每种方法又分别为海洋表层、底层、表底层环境因子三类情况。基于九种情况下 ID 3 决策树模型的相关分析与结论如下。

①在三种细化粒度下，决策树层数主要分为两种：图 4-37（a）、（c）和（g）为 4 层，其余为 3 层。在 4 层决策树中，存在属性离散化粒度不合理的现象。如情况 1 中图 4-37（a）的 SSpH，由于高密度区的 SSpH 介于均值左右，该离散化方法是基于均值划分的。因此，SSpH 又将高密度样本划分为两部分，从而导致决策树层数的增加，并影响模型的预测效果。与此相比，在三层决策树中，基于情况 2 构建的各种决策树模型的预测效果较好，说明情况 2 中对各种特征的细化粒度更合理。

②在三类环境因子下（图 4-37 中三列相比），基于海洋表层（第 1 列）、表

底层（第 3 列）环境因子构建的决策树中存在一个预测错误；然而，基于海洋底层（第 2 列）环境因子构建的决策树，在三种情况下，预测错误数分别为 3、1 和 2，可见该类模型误差较大，不合适选作预测模型。表层（4 个环境因子特征）、表底层（8 个环境因子特征）相比，其预测效果均较好。此时，若少量特征即可完成预测，则不需选择多的特征。因此，适合选取海洋表层环境因子构建决策树模型。

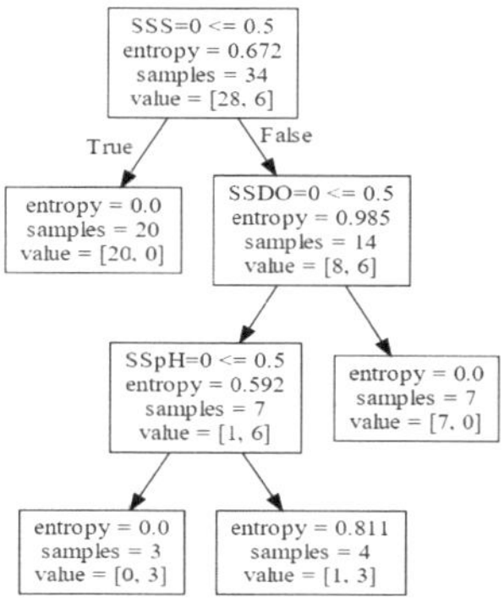

（a）情况 1 的表层

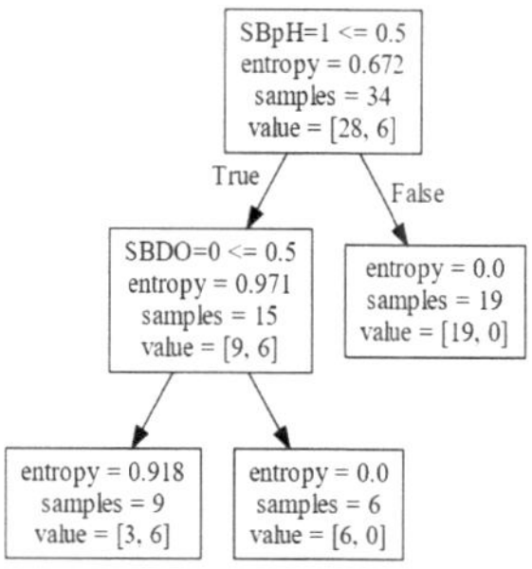

（b）情况 1 的底层

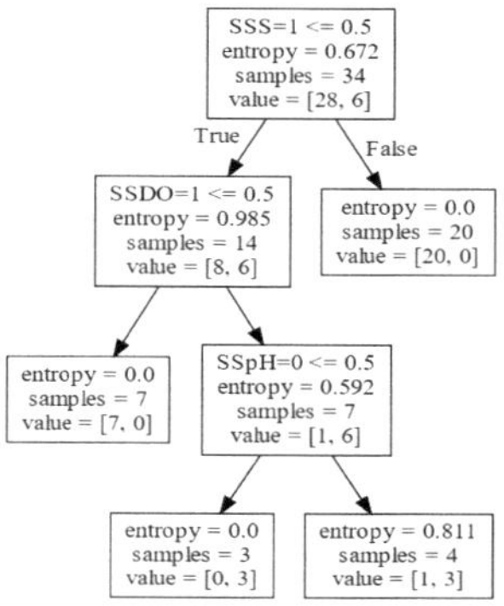

（c）情况 1 的表层与底层

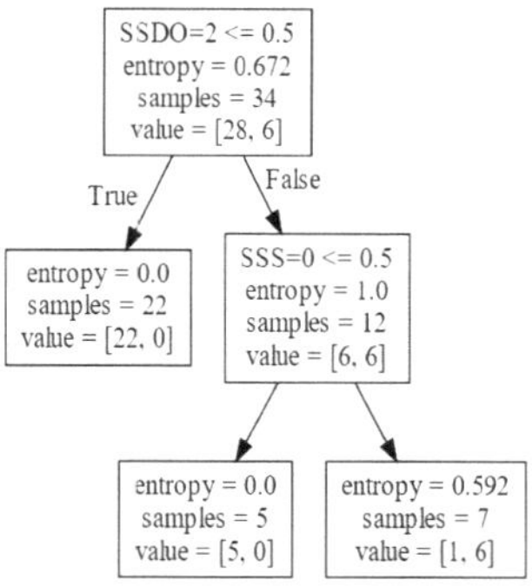

（d）情况 2 的表层

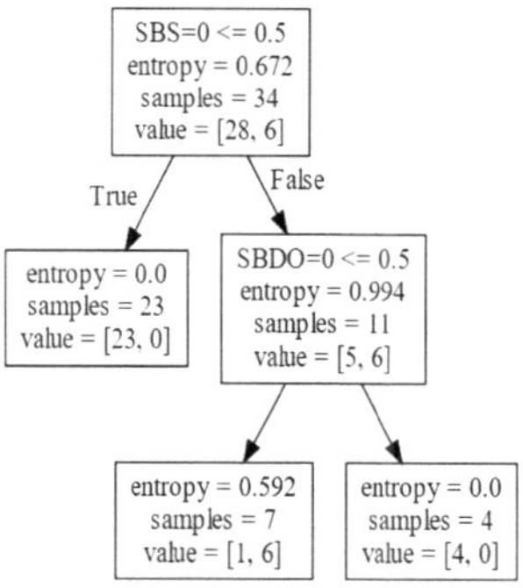

（e）情况 2 的底层

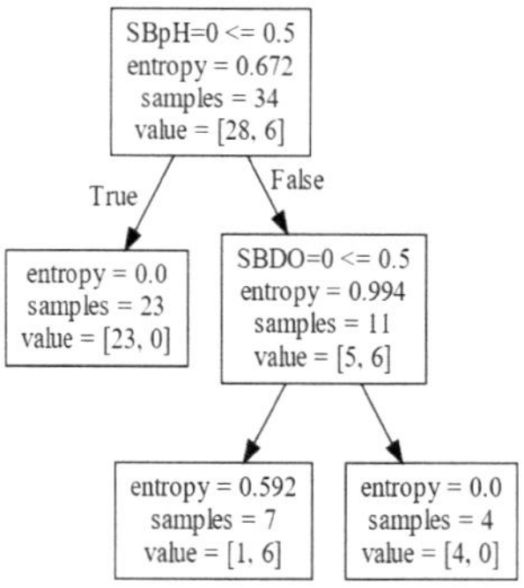

（f）情况 2 的表层与底层

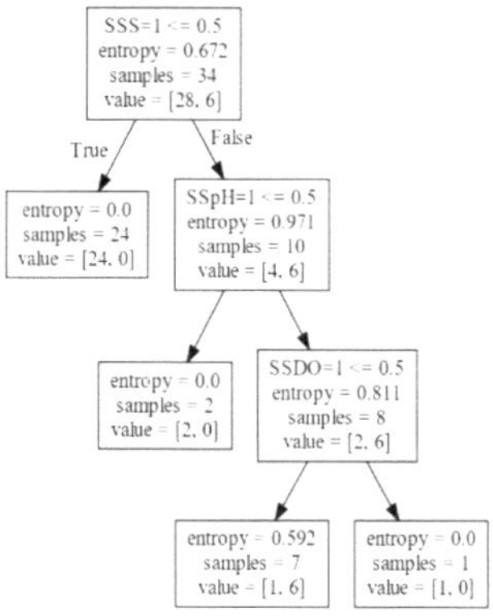

（g）情况 3 的表层

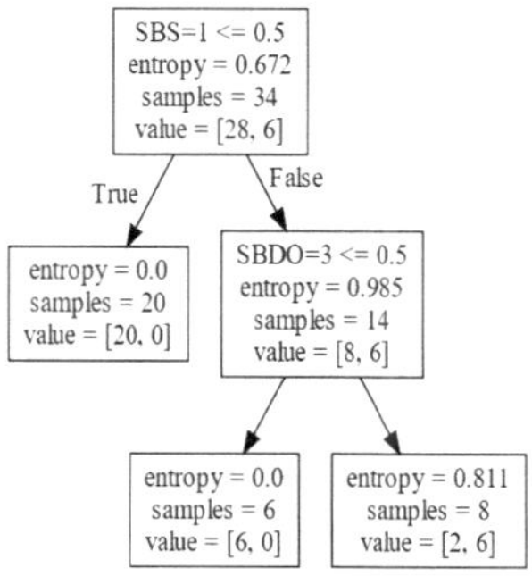

（h）情况 3 的底层

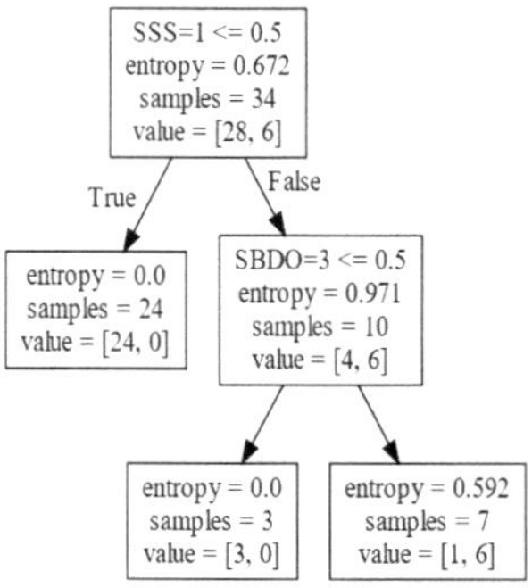

（i）情况 3 的表层与底层

图 4-37　决策树（陈晓等，2021）

③9 棵决策树中均至少存在一个预测错误，即一个负例（海月水母碟状体密度为 0 的样本）被预测为正例（海月水母碟状体密度为 1 的样本），该负例对应的站位为 5-2。站位 5-2 中 SST 为 11.3 ℃、SBT 为 11.10 ℃、SSS 为 31.78、SBS 为 31.73、SSDO 为 9.21 mg/L、SBDO 为 8.87 mg/L、SSpH 为 8.14、SBpH 为 8.21；与站位 a-1 至 a-5 和 5-1 相比，各种环境因子均在海月水母碟状体高密度站位的取值范围内，成为模型的干扰项。

④在 9 棵决策树中，由各环境因子出现的频数可见，与海月水母碟状体密度关系的紧密度由高到低依次为：盐度、溶解氧含量、pH、海温。

（2）基于评价指标的分析

实验采用 3-折交叉验证法，即先采用 2/3 的训练集构建决策树模型，再通过 1/3 测试集进行测试，最后计算三种评价指标值；重复实验 10 次，取指标的平均值作为实验结果，如图 4-38 所示。横坐标为各环境因子在三种粒度的离散化方法下与评价指标组合的 9 种情况，其中，P、R 和 F1 分别表示 Precision、Recall 和 F1-socres 三种评价指标，S 和 B 分别表示海洋表层和底层；纵坐标为评价指标的得分值。通过对图 4-38 中各种情况的分析，得到结论如下。

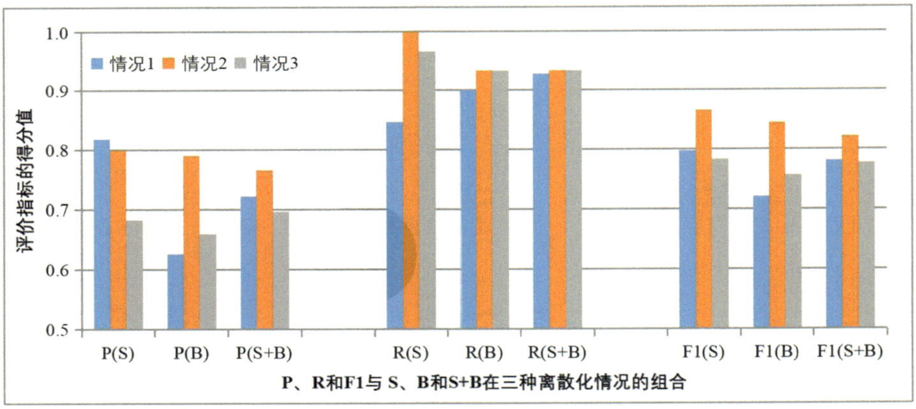

图 4-38　各种情况下评价指标的对比图（陈晓等，2021）

①从三种粒度下的离散化方面看，三种评价指标的值基本呈现出先增加后减小的趋势。说明增加离散化的粒度可以提高模型预测的效果，但过度细化会降低模型的预测效果。

②从三种海洋环境因子方面看，三种评价指标的最优值均出现在海洋表层环境

因子特征中，说明适合采用海洋表层环境因子构建决策树预测海月水母碟状体密度高低。

③从三种评价指标方面看，Recall＞F1-socres＞Precision。情况 2 的表层环境因子模型下的 Recall 指标值达到 1，说明在该模型下海月水母碟状体密度高（值为 1）的样本全部预测正确。在各种模型下的 Precision 指标值均最小，该指标统计被预测的真实正样本占预测样本总数的比例，说明存在一些海月水母碟状体密度低（值为 0）的样本被预测为密度高（值为 1）；其原因是，在离散化后，负样本与正样本的环境因子在同一范围。F1-socres 为 Recall 和 Precision 指标值的加权和，因此，F1-socres 的值介于 Recall 和 Precision 之间是合理的。综合比较各种情况，基于平均值和标准差的三分法细化粒度的情况 2 中的海洋表层环境因子的评价指标值最优。最优情况下，在 Precision、Recall 和 F1-socres 三种评价指标中，值分别为 0.80、1.00 和 0.87；分别优于其他情况 1.00%～17.33%、3.33%～15.28%和 2.15%～14.54%。

从最优情况下看，三种评价指标值虽然均超过 80%，但综合 Recall 和 Precision 的 F1-socres 指标的分数值并没有达到 95%及以上。这是由于数据集规模较小，特别是海月水母碟状体密度高（值为 1）的正样本数量非常少；同时，又采用了 3-折交叉验证法，会使训练集中包含的海月水母碟状体密度高的正样本数更少。这些均会影响决策树模型的预测效果。后期，当积累了更多的数据时，模型的预测效果会进一步提升。

4. 分析与讨论

由决策树实验可得如下结论：①基于平均值和标准差的方法对各海洋环境因子的离散化效果最佳；②适合采用海洋表层环境因子构建决策树，该决策树对海月水母碟状体密度的预测效果最佳；③基于决策树中各环境因子出现的频率得出，与海月水母碟状体密度的相关性由高到低依次为：盐度、溶解氧含量、pH、海温。

为了进一步验证上述结论的正确性和有效性，采用 Pearson 相关性对原始数据和离散化后的海洋表层环境因子与海月水母碟状体密度数据进行相关性分析，结果如图 4-39 所示。结果表明，两者的相同点为：海月水母碟状体密度均与海温、溶解氧含量正相关，与盐度、pH 负相关；均与盐度、溶解氧含量的相关性较高，与海温和 pH 的相关性较低。不同点为：与原始数据中的相关性相比，离散化后的盐度和溶解氧含量较高，且呈现 $p<0.01$ 的极显著相关性；离散化后的海温显著降低，是相关性最弱的。

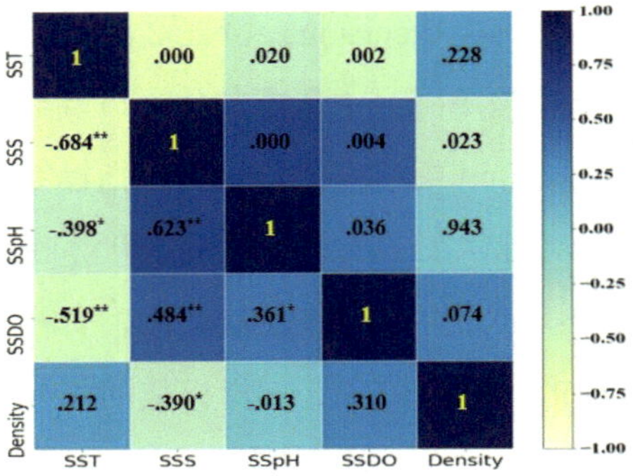

（a）原始数据相关性统计信息

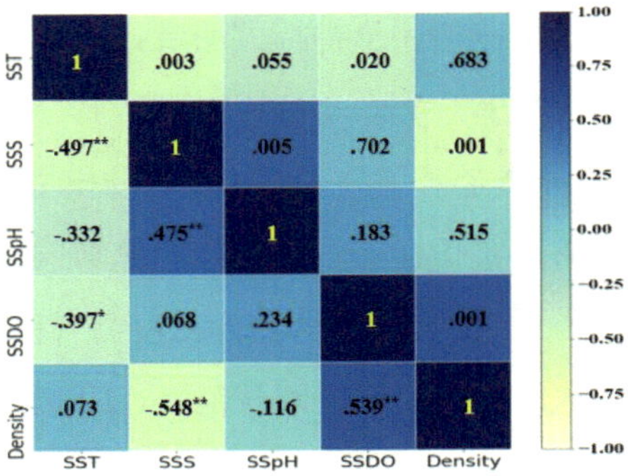

（b）离散化情况 2 相关性统计信息

注：*代表双尾检验在 0.05 水平上显著相关，**代表双尾检验在 0.01 水平上显著相关

图 4-39　Pearson 相关性分析（陈晓等，2021）

对于离散化后的数据，它基本保持了原始数据的相关性特征。虽然增加了盐度和溶解氧含量的相关性，但降低了海温的相关性，这是由于数据离散化不仅可以将连续数据进行分段，使其满足决策树算法的需求，还具有提高系统对样本预测/分类和抗噪声的能力。基于平均值和标准差离散化后构建决策树的评价指标均较高，可见该离散化方法可行且有效。

对于海洋表层环境因子，与海月水母碟状体密度的 Pearson 相关性差异显著；其中，与盐度和溶解氧含量的相关性较强，决策树也主要由这两个因子构成；可见，基于海洋表层环境因子构建的决策树对其密度分布的辨识度较高，且效果最佳。同时，郑向荣等（2014）指出，每年 4 至 5 月，随着海水温度的升高，海月水母碟状体由海洋底层向表层移动。采用的数据为 2020 年春季 4 月中下旬的数据，此时海月水母碟状体会向海洋表层移动，因此，采用海洋表层环境因子构建的决策树正确且可行。

离散化后的相关性与决策树的分析结果均显示，与海月水母碟状体密度分布关系的相关性由高到低依次为：盐度、溶解氧含量、pH 和海温。与原始数据间的相关性分析相比，主要差别为海温。

（1）海温。刘婧美等（2016）指出海水温度是海月水母水螅体横裂生殖重要影响因素。研究表明，海水温度与水母种群的分布和生物量之间存在正相关关系，随着全球变暖引起海水温度升高，暖温性水母种群的分布范围将会扩大，生物量也将相应增加（Purcell，2005；Willcox 等，2008；Holst，2012；曲长凤等，2014）。在温带海域，海月水母螅状体通常在冬末春初温度和日照量开始升高时进行横裂生殖（Lucas，2001；Liu 等，2009）。Purcell（2007）发现，在北太平洋的海月水母螅状体在 10 ℃时进行横裂生殖的数量比在 7 ℃时多 4 倍，且海水温度每升高 1 ℃，释放碟状体的数量增加 11.3%。Liu 等（2009）也认为，海月水母螅状体产生碟状体的数量随海水温度升高而增加，如 25 ℃和 30 ℃时产生碟状体的数量比 20 ℃时多一倍。万艾勇和张光涛（2012）发现，胶州湾内的海月水母碟状体通常在 4 月（海温为 11.4 ℃）开始出现，在 6 月（海温为 20.6 ℃）碟状体丰度达到最高，主要集中出现在红岛附近水域。而在日本东京湾内，海月水母碟状体主要出现在冬季 12 月至次年 3 月，在春季和夏初发育成水母体（Watanabe 和 Ishii，2001）。

室内受控实验和野外调查结果均表明，食物充足和温暖的环境有利于水母螅状体的横裂生殖过程，并产生更多的碟状体（Purcell，2007；Liu 等，2009；Lucas 等，2012）。此外，海水温度还能显著影响海月水母碟状幼体的生长速率，如东北太平洋海域的海月水母碟状体的最适生长海温范围为 12～21 ℃，而黄海北部的海月水母碟状体最适生长海温为 25 ℃（Widmer，2005；付志璐等，2011）。大量研究表明，海温是影响海月水母螅状体横裂生殖和水母幼体生长速率的关键环境因子之一，并在一定时空尺度上影响水母的丰度和分布（Lucas，2001；Lynam 等，2004；Purcell 等，2007；Treible 等，2019）。海月水母碟状幼体丰度与海水温度的相关性最低，可能是由于秦皇岛近海春季（4 月）海水温度变化不大，处于海月水母螅状体横裂生殖和碟状体生长的适宜温度范围内。

莲花岛海域海水温度平均约为（11.5±0.1）℃，有利于海月水母螅状体进行横裂生殖。然而，海月水母碟状体密度分布与海水温度关系为正相关性最低且不显著。其可能原因为：①在 2020 年春季 4 月下旬北戴河邻近海域的相关数据中，海月水母碟状体密度的高值区对应的海水温度均已超过 11 ℃，适宜海月水母幼体繁殖与生长；②海水温度年度变化梯度较大，但调查期间水温变化梯度较小。因此，决策树模型中未体现出海水温度对海月水母碟状体密度分布的影响。

（2）盐度。Lucas 等（2012）指出盐度是影响海月水母无性生殖过程的环境因子之一。Purcell 等（2007）指出海月水母螅状体发生横裂生殖的数量随盐度的降低（34～27）而增加；产生碟状体的数量也随之增加。Holst 等（2010）发现，海月水母螅状体发生横裂生殖的最适盐度为 28，此时产生碟状体的数量也最多，盐度升高或降低均会产生不利影响。但是，一些学者认为盐度对海月水母的繁殖和生长速率并无显著影响（Watanabe 等，2001；Willcox 等，2007）。但 Willcox 等（2008）认为，盐度可能与环境中营养盐输入和食物可利用率有关，而食物可利用率与钵水母的出芽生殖速率存在正相关关系。Purcell 等（2007）也指出，盐度变化可以通过影响海洋生产力进而影响水母种群的数量。金梦海湾内海水严重富营养化，而这与营养物质的增加、营养物质比率的改变密切相关，也往往导致了该海域浮游生物量的增加（Purcell 等，2007；Han 等，2019）。一般来说，海月水母种群数量与浮游动物生物量的季节变化密切相关，其种群大小取决于食物可利用率（Goldstein 等，2016）。Decker 等（2018）指出，白令海东部水域浮游动物生物量在时间序列上的峰值先于水母生物量的增加，表明食物可利用率是导致该海域水母种群波动的关键因素。在丹麦 Kertinge Nor 水域，小型水母的大量繁殖造成的食物短缺导致了海月水母最大伞径仅为几厘米，而在其他海域通常为 30 cm（Riisgård 等，2010）。调查海域内 4 月盐度整体变化不大，受河流冲淡水影响，位于汤河口附近的莲花岛海域海水盐度较低（31.71±0.05），但处于海月水母幼体生长的适宜范围内。综上所述，调查海域内海水盐度对海月水母碟状幼体的空间分布存在显著影响，莲花岛海域低盐的海水环境为海月水母碟状幼体的大量聚集提供了有利条件。

（3）溶解氧含量。调查海域内海月水母碟状幼体丰度与溶解氧含量也具有相关性。Keister 等（2000）认为底层海水溶解氧含量能够影响浮游动物在整个水柱中的丰度和深度分布，浮游动物在低氧（<2 mg/L）环境中数量稀少，而在溶解氧含量大于 2 mg/L 的环境中数量较多。研究表明，大多数水母属种生活在溶解氧含量大于 2 mg/L 的环境中，但一些属种（如 Chrysaora quinquecirrha 和 Mnemiopsis leidyi）对低氧表现出耐受性（Purcell 等，2001）。Ishii 等（2008）发现，海月水母螅状体在低氧（<2.86 mg/L）环境中能够存活并产生新的螅状体，当溶解氧含量由 2.86 mg/L 上升到 6.43 mg/L 后，螅状体开始横裂生殖并释放碟状体，但释放的碟状体数量无明显差异。一般来说，低氧环境会对浮游动物生物量和丰度产生不利影响（Keister 等，2020）。Condon 等（2001a）指出，Chrysaora quinquecirrha 螅状体进行无性生殖的比例和产生碟状体的数量随溶解氧含量降低而减少。秦皇岛近

海春季（4 月）海水溶解氧含量整体较高（>2 mg/L），有利于海月水母幼体的存活、生长和繁殖。据此认为莲花岛海域富氧的海水环境也是海月水母碟状幼体大量聚集的有利条件。

（4）pH。Spangenberg 等（1967）指出，在 pH 为 6.5～10.0 时，全部海月水母螅状体能进行横裂生殖；但当 pH 为 6 时，大部分螅状体解体。Winans 等（2010）指出海月水母碟状幼体在 pH 为 6.896 的海水中暴露 96 h 后发育畸形，在 pH 为 6.366 时停止发育。王雷等（2021）指出海洋酸化条件（pH 7.5 和 7.3）对海月水母螅状幼体和碟状幼体的生存或无性繁殖没有显著影响，但酸化海水会抑制碟状幼体平衡性发育。季轩梁等（2013）指出，当 pH 为 6～9 之间时，海月水母碟状体均可生存。该研究海域中 pH 的范围为 7.98～8.38，对海月水母碟状体密度分布无显著影响，与现有文献结论一致。因此，过度细化 pH 会干扰预测效果。

综上，基于决策树模型的定量研究表明，与海洋表层环境因子之间的定量关系为：当 SSS∈[31.49，31.79）、SSDO∈[9.18 mg/L，9.50 mg/L）、SSpH∈[8.12，8.21)和 SST∈[11.29 ℃，11.71 ℃）时，海月水母碟状体密度被预测为高。即可通过决策树，根据盐度低、溶解氧高预测出海月水母碟状体高密度区域，对应为 a-1 至 a-5 和 5-16 个站位。本次调查的高密度区域中，盐度为 31.63～31.78，溶解氧含量为 8.82～9.44 mg/L，低盐富氧的莲花岛海域为海月水母碟状幼体的大量聚集提供了有利条件。

4.5 本章小结

水母暴发的原因复杂，是世界性难题，同一海域暴发的原因在不同年份可能存在不同。本章基于已有研究成果与 2020 年和 2021 年的现场调查数据，得出如下结论：

（1）秦皇岛近海的海月水母为本地种，造成灾害暴发的主要原因是人工岛建筑。此外，海流、海水温度和盐度也在不同程度上影响了水母灾害的暴发。其中，人工岛建筑和盐度是影响碟状幼体数量和分布的主要因素；海水温度是影响水母体生长发育的主要因素之一；水动力环境对水母体的迁移聚集具有影响作用，具体在不同的年份其影响程度不同。同时，海月水母碟状幼体丰度与海水盐度呈极显著负相关性（$p<0.01$），与海水温度和溶解氧含量呈显著相关性（$p<0.05$），与海水 pH

相关性不显著。相关性分析结果表明，海月水母碟状幼体丰度的空间分布与盐度相关性最强，其次为溶解氧含量和海水温度。金梦海湾内莲花岛海域相对温暖、低盐和富氧的海水环境有利于海月水母螅状体进行横裂生殖，为海月水母碟状幼体的存活和生长提供了良好的栖息场所。

（2）秦皇岛近海的白色霞水母为外来种，造成灾害暴发的主要原因是海流，其次高盐、低溶解氧和充足的食物也在一定程度上为灾害的暴发提供了有利条件。夏季沿岸的西南向流将北部海域的白色霞水母携带至秦皇岛近域，本地提前暴发的海月水母作为饵料为白色霞水母提供了充足的食物，高盐、低溶解氧的水文特征为白色霞水母的生长提供了有利的环境。此外，海水温度是影响白色霞水母消亡的主要因素之一。

（3）秦皇岛近海的沙海蜇为外来种，造成灾害暴发的主要因素是水动力环境。

综上，现场调查数据对研究自然环境下水母灾害暴发原因具有重要作用，灾害暴发原因复杂，逐年的观测数据对分析灾害成因具有更大的意义。目前仅在 2020 至 2021 年进行了连续两年的水母专项调查，调查数据还远远不足，应继续加强对水母爆发规律和关键调控因子的深入研究，为秦皇岛近海水母暴发的监测预警和快速防控提供科学支撑。

第 5 章　秦皇岛近海水母预警模型

5.1 引言

目前，国内外学者主要利用海洋数值模式，将水母粒子化，对水母漂移路径进行溯源和追踪，以分析影响水母漂移聚集的关键动力因素。例如，Barz 等（2006）利用海洋数值模式模拟水母漂移，发现平流过程是中央波罗的海海域中钵水母分布的关键因素。Moon 等（2010）利用 ROMS 模型，未考虑潮汐运动，采取粒子示踪法对日本海水母来源进行分析，结果显示日本海暴发水母的可能源地之一为长江口，而且水母的分布受中国东海到日本海之间的风应力及沿岸流的影响较大。而罗晓凡等（2012）利用数值模式结果指出考虑以潮汐运动过程的海洋模式进行质点追踪更为可靠；基于含潮汐过程和质点垂直运动，济州岛沿岸质点大部分穿过对马海峡进入日本海，其他质点主要聚集在黄海潮汐锋区和长江口以南沿岸锋，并未进入日本海。Berline 等（2013）采用 ROMS 模式建立了法国利古里亚海高分辨率的模式，考虑水母 0～300 m 垂直运动模拟水母的漂移，并指出北向流和海面风场是水母靠岸的主要影响因素。吴玲娟等（2015）考虑了水母的自主运动，借鉴气象中的集合预报方法，基于拉格朗日粒子追踪方法，建立青岛近海大型水母的集合漂移预测模型，预测 2012 至 2013 年青岛近海水母集合漂移轨迹、速度、趋势和可能影响范围等要素。

综上可见，海流是影响水母空间分布及运动的重要因素。然而，目前对秦皇岛近海夏季海流的时空分布特征及其对水母空间运动的影响规律仍不清晰（赵骞等，2019）。因此，本章基于国际上先进的区域海洋模式 ROMS，综合考虑潮波、海面风、热盐等的综合作用，建立了秦皇岛近海高分辨率水动力环境数值模型；基于拉格朗日粒子追踪法建立了秦皇岛近海水母预警模型；在此基础上，以白色霞水母为例，对秦皇岛近海夏季海流的时空分布特征及夏季出海观测到的水母的空间运动进行了数值模拟研究。通过分析白色霞水母的空间分布特征，探讨该海域水母分布与水动力过程的关系，为该海域水母拦截打捞提供决策依据，对该海域近岸水母防治起到了重要作用。

5.2 模型与方法

5.2.1 水母预警模型

水母预警模型技术路线如图 5-1 所示。首先，建立秦皇岛近海精细化水动力数值模拟系统，为水母数值预测提供水动力背景场；其次，在此基础上，基于秦皇岛近海海上多源观测数据及室内受控实验结果，综合考虑国内外研究现状，建立模拟秦皇岛近海水母迁移扩散聚集、生长繁殖发育的生物-物理耦合模型；再次，进一步结合秦皇岛近海观测年份的历史数据，对模型进行验证；最后，通过敏感实验研究秦皇岛近海致灾水母种群的时空分布及迁移扩散聚集规律，明确秦皇岛近海水母暴发的主要影响因素。

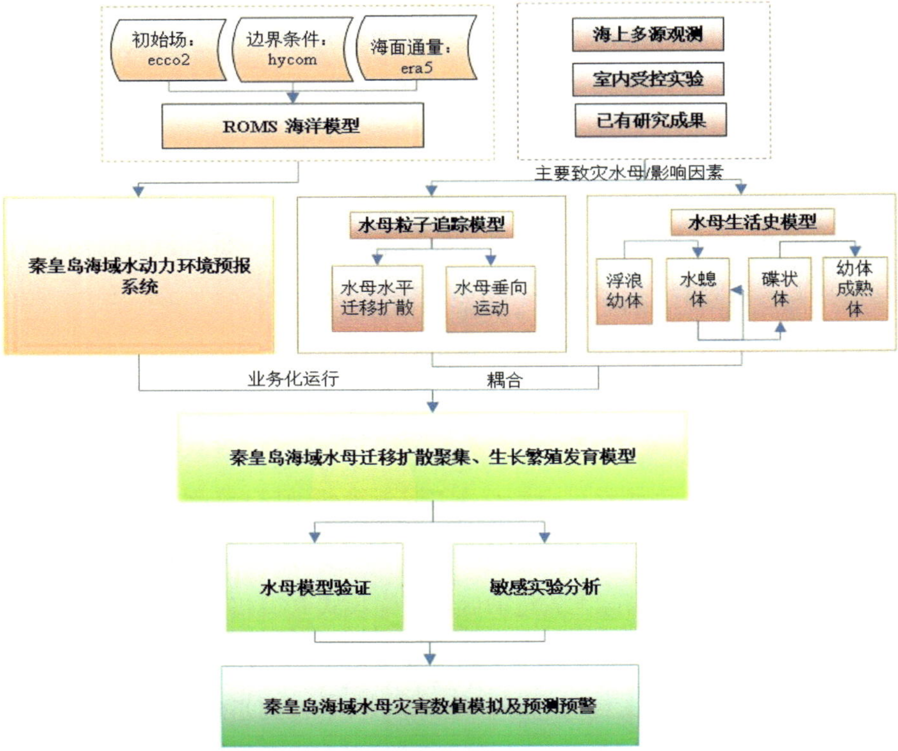

图 5-1　秦皇岛近海水母灾害预测预警技术路线

1. 秦皇岛近海水动力环境预报系统

（1）秦皇岛近海水动力环境使用 ROMS/FVCOM 海洋模型模拟，模型水平网格空间分辨率达百米量级；温盐流初始场使用 ECCO 2 数据；开边界水位使用 8 个主要分潮（M2，S2，N2，K2，K1，O1，P1，Q1）的调和常数预报，8 个主要分潮的调和常数通过潮波伴随同化模型同化渤海、黄海和东海范围内的验潮站和卫星高度计资料得到；开边界温盐流使用 Hycom 数据；海面蒸发、降水及热通量等条件使用 ERA 5 数据，海面风场使用每日自动下载的 GFS 数据。

（2）基于数据同化方法同化秦皇岛近海观测的流速、海温和盐度等数据，优化数值模拟结果，并将模拟得到的水位、流场、温盐场与观测结果进行对比验证。

（3）将水动力模型在服务器上实现业务化运行，每日自动预报未来 72 小时。

2. 水母迁移扩散聚集、生长繁殖发育模型

建立模拟秦皇岛近海水母迁移扩散聚集、生长繁殖发育的生物-物理耦合模型。以水母种群为研究对象，将水母种群粒子化，利用流体力学中的拉格朗日方法，模拟水母种群的时空演变及空间运动（水母粒子追踪模型）；利用一系列参数化方法模拟水母种群的生长繁殖发育等生物学过程和特征（水母生活史模型）。

（1）水母粒子追踪模型。在水平方向上，不考虑水母自身生态特征的情况下，可以将水母在海水中的移动过程看作质点跟随海流的物理运动，可使用拉格朗日粒子追踪法模拟。

在垂直方向上，由于不同水母或同一种水母在不同环境条件下的自主运动（垂向运动）情况不尽相同，且机理尚不十分清楚，所以借鉴气象中集合预报的方法，对水母的垂向运动进行多种假设，对水母进行多轨迹集合预测：①水母无昼夜垂向运动；②水母有昼夜垂向运动，白天（6:00—18:00）下沉至不同水深，夜晚（18:00—6:00）上浮至海面；③水母有昼夜垂向运动，夜晚（18:00—6:00）下沉至不同水深，白天（6:00—18:00）上浮至海面。

（2）水母生活史模型。针对秦皇岛近海的主要致灾水母（沙海蜇、海月水母、白色霞水母），利用参数化方法模拟不同影响因素（如海温、成长时间等）对水母种群生长繁殖发育等生物学过程和特征的影响，并与水母粒子追踪模型耦合。

在水母粒子追踪模型中，代表水母种群的粒子具有三种主要属性：源地、种类和垂向运动；在水母生活史模型中，增加生长繁殖发育阶段属性，具体包括浮浪幼体、水螅体、碟状体、幼体及成熟体 4 个阶段。其中，水螅体阶段在海底附着营底栖生活，碟状体、幼体及成熟体阶段考虑水母自主的垂向运动。

水母生活史模型的构建依赖海上观测或实验室受控实验数据，针对不同致灾水母，生长繁殖发育各阶段参数化需要的数据如表 5-1 所示。

3. 模型构建的可靠性验证

结合秦皇岛近海观测年份的历史数据（水母种类、位置、数量、生长繁殖发育阶段等），设置水母模型初始条件，模拟水母种群的空间分布和变化特征，与观测结果进行对比，验证模型对水母迁移扩散聚集（方向、轨迹、速度等）和生长繁殖发育过程（生长繁殖发育阶段、水母密度等暴发情况）模拟的可靠性。

表 5-1　水母生活史模型构建需要的观测或实验数据

浮浪幼体		水螅体						碟状体		幼体及成熟体	
		无性繁殖（平均）			横裂生殖（平均）						
海温范围	生长时间	海温条件	繁殖时间	繁殖数量	海温条件	生殖时间	生殖数量	海温范围	生长时间	海温范围	生长时间

注：海温（℃），时间（天），数量（个）。

4. 敏感实验分析

结合秦皇岛近海在不同年份、不同季节水母空间分布的观测结果及秦皇岛海域水动力环境特征等，设计三类敏感实验进行研究：（1）不同源地水母漂移扩散聚集的趋势；（2）不同区域水母灾害的溯源；（3）模拟结果对不同影响因素（如不同年份或季节流场、温盐场、水母种类等）的敏感程度。

基于敏感实验结果，进一步分析秦皇岛近海致灾水母种群的时空分布及迁移扩散聚集规律，明确秦皇岛近海水母暴发的主要影响因素。

5. 预警信息发布

基于每天业务化运行的秦皇岛近海水动力模型，一旦监测区域内发现较多水母出现，以监测到的水母种类、位置、数量、分布面积等条件为初始场，快速启动已建立的水母灾害数值预测模型，预测并分析水母迁移扩散的方向、轨迹、速度及到达敏感海域所需的时间等，根据水母预警等级和相关部门不同需求，分别发布 24 小时（1 天）、72 小时（3 天）、120 小时（5 天）预警信息。

5.2.2 ROMS 模型概述

ROMS（Regional Ocean Modeling System）是一个三维非线性斜压海洋模式，由罗格斯大学（Rutgers University）海洋与海岸科学研究所与加州大学洛杉矶分校

（UCLA）两校共同研究开发，具有开源三维区域、模块化结构、自由表面、高分辨率以及地形跟踪等特点，现今广泛应用于近海及河口地区的水动力及水环境模拟（毕聪聪，2013）。ROMS 模式包括了精确有效的数值算法（Shchepetkin 和 McWilliams，2003），同时还可以耦合大气模型、波浪模型、生物地球化学模型以及沉积物模型，并考虑河流输入进行计算（边昌伟，2012）。

ROMS 模式的框架结构如图 5-2 所示（出自 https://www.myroms.org）。在使用 ROMS 模式时，可以选择不同的计算方案，包括独立的海洋模型，也有与大气或波浪进行耦合的模型。模式框架运行协定遵循了地球系统建模框架（ESMF）的模型耦合协定，ROMS 的动态内核由四个独立的模块组成，每个动态模块可以独立计算，也可协同计算，分别为非线性模型（NLM）、切线性模型（TLM）、代表切线性模型（RPM）以及伴随模型（ADM）（郭树波，2017）。

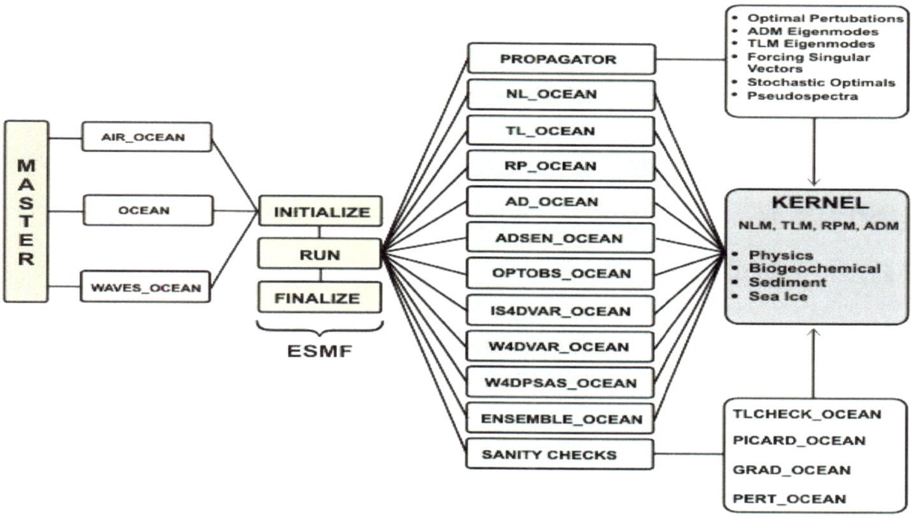

图 5-2　ROMS 模式框架

1. 基本控制方程

ROMS 控制方程由 Navier-Stokes 原始方程推导而来，在 Boussinesq（布辛尼斯克）假定、流体静力近似以及流体不可压缩假设的前提下，利用有限差分算法，近似求解 Reynolds-averaged（雷诺平均）下的 Navier-Stokes 方程（郭树波，2017）。考虑右手笛卡尔坐标系，东向为 x 轴正向，北向为 y 轴正向，垂直向上为 z 轴正向，则：

描述海水质量守恒的连续性方程，如式（5-1）所示：

$$\frac{\partial u}{\partial x}+\frac{\partial v}{\partial y}+\frac{\partial w}{\partial z}=0 \tag{5-1}$$

描述在 x 方向和 y 方向上运动的动量平衡方程，如式（5-2）和（5-3）所示：

$$\frac{\partial u}{\partial t}+v\cdot\nabla u-f_v=-\frac{\partial \Phi}{\partial x}-\frac{\partial}{\partial z}\left(\overline{u'w'}-v\frac{\partial u}{\partial z}\right)+F_u+D_u \tag{5-2}$$

$$\frac{\partial v}{\partial t}+v\cdot\nabla v-f_u=-\frac{\partial \Phi}{\partial y}-\frac{\partial}{\partial z}\left(\overline{v'w'}-v\frac{\partial v}{\partial z}\right)+F_v+D_v \tag{5-3}$$

标量浓度场（海温和盐度）的对流扩散方程，如式（5-4）和（5-5）所示：

$$\frac{\partial T}{\partial t}+v\cdot\nabla T=F_T+D_T \tag{5-4}$$

$$\frac{\partial S}{\partial t}+v\cdot\nabla S=F_S+D_S \tag{5-5}$$

海水的状态方程，如式（5-6）所示：

$$\rho=\rho\left(T,S,P\right) \tag{5-6}$$

Boussinesq 假定下，除了垂直动量方程中密度对浮力的贡献外，动量方程中的密度变化被忽略，在静压近似下，进一步假设垂直压力梯度平衡浮力。其流体的静力平衡方程，如式（5-7）所示：

$$\frac{\partial \Phi}{\partial z}=\frac{\rho g}{\rho_0} \tag{5-7}$$

式（5-1）至（5-7）中：

$v=\left(u,v,w\right)$——流速向量；

ρ——水的局地密度；

T——海水温度；

S——海水盐度；

P——海水压力；

ρ_0——水的参考密度；

f——科氏参数；

g——重力加速度；

Φ——动力压力；

(D_u, D_v, D_T, D_S)——对应变量的耗散项；

(F_u, F_v, F_T, F_S)——施加的强迫项。

（1）Boussinesq 假定：指在海洋中密度的变化值相对平均密度来说可以忽略，在此前提下，除了密度差是由重力引起的情况之外，可将密度当作一个常数参量。

（2）流体垂向静力近似：指在所研究海域的垂向（深度）尺度（D）与水平尺度（L）的比值是个小量的前提下，即$\delta=D/L\ll1$，此时可近似认为重力与垂直压强梯度力平衡，即垂向上只考虑重力和垂直压强梯度力。

（3）流体不可压缩假设：指在流体运动过程中，其体积可近似视为不变，即具有不可压缩性。

2. 网格与 S 坐标系

ROMS 在水平方向上采用 Arakawa C 网格（流速在网格的边界上，且 u、v 在不同的方向上，水位在网格的中心），垂直方向上采用交错网格。ROMS 的网格分布如图 5-3 所示。

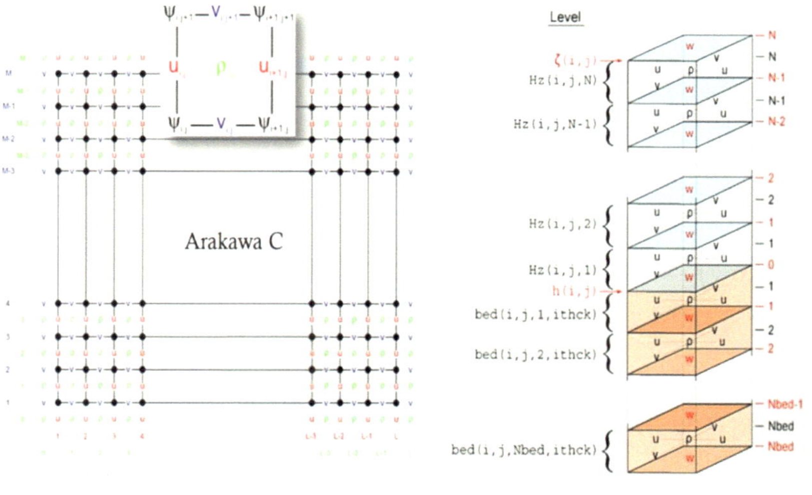

图 5-3　水平 Arakawa-C 网格与垂向交错网格

ROMS 模式采用地形跟踪 S 坐标系，它由σ坐标系改进而来。传统意义上的σ坐标系中，每个水平格点的垂向网格是均分的，这在处理一些在网格设置上有特殊需求的问题时是不适用的，特别是当需要对海洋表层或底层的网格进行加密处理时不适用。随底坐标系可以将海底地形的变化投影为简单平滑的坐标空间，同时可以自然地分辨底边界层，在陆架及近岸地区非常适用（刘晓辉，2016）。ROMS 采用

的随底 S 坐标系统，在传统随底坐标的基础上，进一步减小了海表混合层附近垂向坐标的水平梯度，使得海水表层的坐标分布更接近 Z 坐标系形式（刘晓辉，2016），其中每层的网格线随着自由表面和底地形变化。ROMS 模式采用的 S 坐标有两种变换形式：

对于 Vtransform=1，如式（5-8）和（5-9）所示：

$$z(x,y,\sigma,t)=S(x,y,\sigma)+\aleph(x,y,\sigma)\left(1+\frac{S(x,y,\sigma)}{h(x,y)}\right) \tag{5-8}$$

$$S(x,y,\sigma)=h_c\sigma+\left(h(x,y)-h_c\right)C(\sigma) \tag{5-9}$$

对于 Vtransform=2，如式（5-10）和（5-11）所示：

$$z(x,y,\sigma,t)=\aleph(x,y,t)+\left(\aleph(x,y,\sigma)+h(x,y)\right)S(x,y,\sigma) \tag{5-10}$$

$$S(x,y,\sigma)=\frac{h_c\sigma+h(x,y)C(\sigma)}{h_c+h(x,y)} \tag{5-11}$$

式（5-8）至（5-11）中：

$S(x,y,\sigma)$——垂向 S 坐标；

$\aleph(x,y,\sigma)$——随时间变化相对于平均水深的水位；

$h(x,y)$——水深；

$z=-h(x,y)$——对应于海底；

σ——分层的垂向拉伸坐标，取值范围为 $-1\leqslant\sigma\leqslant 0$；

$C(\sigma)$——无量纲、非线性的单调拉伸函数，取值范围为 $-1\leqslant C(\sigma)\leqslant 0$；

h_c——临界水深，表示控制垂向拉伸厚度的正参数。

当选择 Vtransform=1 时，$h_c=\min\left(h_{\min},T_{cline}\right)$，$h_{\min}$ 为水深 h 的最小值，T_{cline} 为用户所设置的拉伸参数。当选择 Vtransform=2 时，h_c 取任意值，不用满足小于最小水深 $h_{\min}$。

拉伸函数 $C(\sigma)$ 有 5 种不同方案（Vstretching）选择，分别对应于 Vstretching 为 1、2、3、4 和 5 的值，每种选择方案有不同的计算公式。

对于 Vstretching=1（Song 和 Haidvogel，1994），如式（5-12）所示：

$$C(\sigma)=(1-\theta_B)\frac{\sinh(\theta_S\sigma)}{\sinh\theta_S}+\theta_B\left(\frac{\tanh\left(\theta_S\left(\sigma+\frac{1}{2}\right)\right)}{2\tanh\frac{\theta_S}{2}}-\frac{1}{2}\right) \tag{5-12}$$

式中：

θ_S——表层的控制参数，且满足$1\leqslant\theta_S\leqslant 20$；

θ_B——底层的控制参数，且满足$0\leqslant\theta_B\leqslant 1$。

对于 Vstretching=2（A. Shchepetkin，2005），$C(\sigma)$为一个分段函数，如式（5-13）所示：

$$C(\sigma)=\mu C_{sur}(\sigma)+(1-\mu)C_{bot}(\sigma) \tag{5-13}$$

式中：

$$C_{sur}(\sigma)=\frac{1-\cosh(\theta_S\sigma)}{\cosh\theta_S-1}，当\theta_S>0时 \tag{5-14}$$

$$C_{bot}(\sigma)=\frac{\sinh(\theta_B(\sigma+1))}{\sinh\theta_B}-1，当\theta_B>0时 \tag{5-15}$$

$$\mu=(\sigma+1)^{\alpha}\left(1+\frac{\alpha}{\beta}\left(1-(\sigma+1)^{\beta}\right)\right) \tag{5-16}$$

Vstretching=2 时的$C(\sigma)$函数和 Vstretching=1 时的很相似，只是$C_{sur}(\sigma)$函数是 cosh 而不是 sinh，且当$\sigma\to 0$时，$\frac{\partial C}{\partial\sigma}\to 0$。

对于 Vstretching=3（R. Geyer 函数），$C(\sigma)$为分段函数，如式（5-17）所示：

$$C(\sigma)=\mu C_{bot}(\sigma)+(1-\mu)C_{sur}(\sigma) \tag{5-17}$$

式中：

$$C_{sur}(\sigma)=-\frac{\log(\cosh(rabs(\sigma)\theta_S))}{\log(\cosh(\gamma))} \tag{5-18}$$

$$C_{bot}(\sigma)=\frac{\log(\cosh(\gamma(\sigma+1)\theta_B))}{\log(\cosh(\gamma))}-1 \tag{5-19}$$

$$\mu = \tfrac{1}{2}\left(1 - \tanh\left(\gamma\left(\sigma + \tfrac{1}{2}\right)\right)\right) \tag{5-20}$$

式（5-18）和式（5-19）中的幂指数 θ_S 和 θ_B 是 ROMS 输入文件中指定的表面和底部控制参数，而γ是所有双曲线函数的尺度因子。在当前，$\gamma = 3$。

对于 Vstretching=4（A. Shchepetkin，2010），$C(\sigma)$ 被定义为一个连续的双拉伸函数：

表面控制函数，如式（5-21）和式（5-22）所示：

$$C(\sigma) = \frac{1 - \cosh(\theta_S \sigma)}{\cosh(\theta_S \sigma) - 1}，\ 当\ \theta_S > 0\ 时 \tag{5-21}$$

$$C(\sigma) = -\sigma^2，\ 当\ \theta_S \leqslant 0\ 时 \tag{5-22}$$

底部控制函数，如式（5-23）所示：

$$C(\sigma) = \frac{\exp(\theta_B C(\sigma)) - 1}{1 - \exp(-\theta_B)}，\ 当\ \theta_B > 0\ 时 \tag{5-23}$$

需要注意的是，这里的底部控制函数是在表面控制函数进行拉伸之后的二次拉伸函数，当 θ_S 和 θ_B 的值趋于 0 时，得到的拉伸函数是连续的。θ_S 和 θ_B 的有效范围分别为 $0 \leqslant \theta_S \leqslant 10$，$0 \leqslant \theta_B \leqslant 4$。

在 Vstretching=4 时的 $C(\sigma)$ 函数里面，用户需要注意底部附近的极端 r 因子值。考虑到 ROMS 模式的功能和属性，Vtransform=2 和 Vstretching=4 是 ROMS 模式推荐默认的选择。

对于 Vstretching=5（Souza 等，2015），二次拉伸函数可以在近表面获得更高的分辨率。

拉伸垂直坐标分量 σ 被重新定义为如下形式：

当网格处在 ω 点位置时，如式（5-24）所示：

$$\sigma(k) = -\frac{k^2 - 2kN + k + N^2 - N}{N^2 - N} - \frac{1}{100}\frac{k^2 - kN}{1 - N} \tag{5-24}$$

式中，$k = 1, \cdots, N$。

当网格处在 ρ 点位置时，如式（5-25）所示：

$$\sigma(k) = -\frac{(k - 0.5)^2 - 2(k - 0.5)N + (k - 0.5) + N^2 - N}{N^2 - N} - \frac{1}{100}\frac{(k - 0.5)^2 - (k - 0.5)N}{1 - N}$$

（5-25）

式中，$k=1,\cdots,N$。

与 Vstretching=4 时一样，$C(\sigma)$ 定义为一个连续的双拉伸函数：

表面控制函数，如式（5-26）和式（5-27）所示：

$$C(\sigma)=\frac{1-\cosh(\theta_S\sigma)}{\cosh(\theta_S\sigma)-1}\text{，当 }\theta_S>0\text{ 时}\tag{5-26}$$

$$C(\sigma)=-\sigma^2\text{，当 }\theta_S\leqslant 0\text{ 时}\tag{5-27}$$

底部控制函数，如式（5-28）所示：

$$C(\sigma)=\frac{\exp(\theta_B C(\sigma))-1}{1-\exp(-\theta_B)}\text{，当 }\theta_B>0\text{ 时}\tag{5-28}$$

需要注意的是，这里的底部控制函数是在表面控制函数进行拉伸之后的二次拉伸函数，当 θ_S 和 θ_B 的值趋于 0 时，得到的拉伸函数是连续的。θ_S 和 θ_B 的有效范围分别为 $0\leqslant\theta_S\leqslant 10$，$0\leqslant\theta_B\leqslant 4$。

与 Vstretching=4 时不同的是，用户需要关注底部分辨率的流失。

上述所有垂直拉伸函数 $C(\sigma)$ 都具有以下特征：

（1）θ_S 越大，从海表到 h_c 的垂向分辨率就越高，对上层海洋的加密程度越明显。θ_S =0 时，S 坐标不进行加密，这时 S 坐标与 σ 坐标等价。

（2）θ_B 表示底层加密与表层加密的比例关系，当 θ_B =0 时，底层不加密。通过选择 θ_S 和 θ_B 不同的值，可以根据不同用户对关注问题的不同需求，来调整表层和底层的加密程度，进而完成模式计算量的分配。

S 坐标系统的一个主要缺点是计算过程中会出现 HPGE，这主要是 S 层的网格线和等密度线不重合导致的，误差大小与地形的坡度呈正相关关系，因此对地形作适当的平滑处理会更好。

3. 边界条件

ROMS 模式提供了很多种水平边界条件，包括开边界、闭边界和周期性边界；边界中包含各种计算方案选择，主要有 Gradient 边界条件、Wall 边界条件、Clamped 边界条件、Flather 边界条件、Chapman 边界条件、Radiation 边界条件以及 Mixed radiation-nudging 边界条件，不同的边界计算方案，适应不同的设置环境。

（1）Gradient 边界条件：指假定一个场在边界处的梯度为零，即将这个场外部的点与其最近的内部的点设置成相等的值，如式（5-29）所示：

$$\frac{\partial \phi}{\partial y} = 0 \tag{5-29}$$

（2）Wall 边界条件：指在没有选择其他边界条件的情况下，ROMS 会默认选择 Wall 边界条件。在这个条件下，对于法向流量、水位和示踪剂而言，ROMS 都是设定为零梯度条件，而对于切向流速，根据用户选择的 gamma 2 的值，可选择性设定为无平滑或自由平滑 Wall 边界条件。

（3）Clamped 边界条件：指在大多数情况下，都将边界值简单设定为一个已知的外部值，如式（5-30）所示：

$$\phi = \phi^{ext} \tag{5-30}$$

（4）Flather 边界条件：指对于正压流速的法向分量而言，其中一种选择是通过外部重力波的相位速度值来调节内外速度的偏差，以维持计算的稳定，如式（5-31）所示：

$$\bar{u} = \bar{u}^{ext} - \sqrt{\frac{g}{D}}\left(\aleph - \aleph^{ext}\right) \tag{5-31}$$

Flather 边界条件外部的值常由正压模式的潮边界条件提供。然而，很多情况下，只有潮位是已知的，这样$\bar{u}^{ext}$的值是通过物理量的衰减估算得出的。

（5）Chapman 边界条件：指假定所有的外出流流速为浅水波速度 $\sqrt{gD}$，那么将 Flather 边界条件应用到二维动量方程时，如下假设成立，如式（5-32）所示：

$$\frac{\partial \aleph}{\partial t} = \pm\sqrt{gD}\frac{\partial \aleph}{\partial \varepsilon} \tag{5-32}$$

这里的时间求导式可以作显式或隐式处理。

（6）Radiation 边界条件：Orlanski 在 1976 年首次提出了辐射边界条件方案，Raymond 和 Kuo 在 1984 年又对此提出了优化方案，使得从三个方向靠近边界的水波都能计算。在 ROMS 中，使用推荐的 RADIATION_2D 选项时，只需考虑两个水平方向，如式（5-33）所示：

$$\frac{\partial \phi}{\partial t} = -\left(\phi x \frac{\partial \phi}{\partial x} + \phi y \frac{\partial \phi}{\partial y}\right) \tag{5-33}$$

式中：

$$\phi x = \frac{F\dfrac{\partial \phi}{\partial x}}{\left(\dfrac{\partial \phi}{\partial x}\right)^2 + \left(\dfrac{\partial \phi}{\partial y}\right)^2} \tag{5-34}$$

$$\phi y = \frac{F\dfrac{\partial \phi}{\partial y}}{\left(\dfrac{\partial \phi}{\partial x}\right)^2 + \left(\dfrac{\partial \phi}{\partial y}\right)^2} \tag{5-35}$$

$$F = \frac{\partial \phi}{\partial t} \tag{5-36}$$

这种方案仅适用于水波向计算区域外部传播，在计算过程中，会检查该时刻是属于输入流还是输出流，若属于输入流，则为 Gradient 边界条件。

（7）Mixed radiation-nudging 边界条件：是在 Radiation 边界条件的基础上改进而来的，这样在属于输出流时，ROMS 为模型提供 Radiation 边界条件，而在输入流时，则使用 Nudging 强迫逼近边界条件，使得模型的边界值向外部提供的边界值逼近。这种方案需要两种时间尺度：输入流和输出流逼近时间尺度，这两种时间尺度由 ROMS 的输入文件提供。

ROMS 模式中的垂向边界条件能用如下的方程描述：

在海表面 $z = \aleph(x,y,t)$ 处，有：

动力学边界条件，如式（5-37）和式（5-38）所示：

$$K_m \frac{\partial u}{\partial z} = \tau_S^x(x,y,t) \tag{5-37}$$

$$K_m \frac{\partial v}{\partial z} = \tau_S^y(x,y,t) \tag{5-38}$$

式（5-37）和式（5-38）中：

τ_S^x, τ_S^y——海面风应力；

K_m——湍流黏性系数。

热力学边界条件，如式（5-39）和式（5-40）所示：

$$K_T \frac{\partial T}{\partial z} = \frac{Q_T}{\rho_0 C_p} + \frac{1}{\rho_0 C_p} \frac{\mathrm{d}Q_T}{\mathrm{d}T}\left(T - T_{ref}\right) \tag{5-39}$$

$$K_S \frac{\partial S}{\partial z} = \frac{\left(E - P\right)S}{\rho_0} \tag{5-40}$$

式（5-39）和式（5-40）中：

K_T——海温的扩散系数；

K_S——盐度的扩散系数；

Q_T——海表面热通量；

$E - P$——淡水通量；

T_{ref}——海面参考温度。

海表面垂向运动的边界条件，如式（5-41）所示：

$$\omega = \frac{\partial \aleph}{\partial t} \tag{5-41}$$

在海底 $z = -h\left(x, y\right)$ 处，有：

动力学边界条件，如式（5-42）和式（5-43）所示：

$$K_m \frac{\partial u}{\partial z} = \tau_b^x\left(x, y, t\right) \tag{5-42}$$

$$K_m \frac{\partial v}{\partial z} = \tau_b^y\left(x, y, t\right) \tag{5-43}$$

式（5-42）和式（5-43）中：

τ_b^x, τ_b^y——海底风应力；

K_m——湍流黏性系数。

热力学边界条件，如式（5-44）和式（5-45）所示：

$$K_T \frac{\partial T}{\partial z} = 0 \tag{5-44}$$

$$K_S \frac{\partial S}{\partial z} = 0 \tag{5-45}$$

海底垂向运动的边界条件，如式（5-46）所示：

$$-\omega + \vec{v} \cdot \nabla h = 0 \tag{5-46}$$

5.2.3 拉格朗日质点追踪模型

幼虫运输拉格朗日模型（LTRANS）是一种离线粒子跟踪模型，它与三维水动力模型，特别是区域海洋模拟系统（ROMS）的存储预测一起运行。虽然 LTRANS 是用来模拟牡蛎幼虫的，但它可以很容易地用来模拟被动粒子和其他海洋生物。LTRANS 是用 Fortran 90 编写的，用于跟踪三维粒子的运动轨迹。它包括颗粒对流的四阶龙格-库塔格式和垂直湍流颗粒运动的随机位移模型。反射边界条件，幼虫的行为，并解决例行程序也包括在内。虽然 ROMS 模式具有自带的轨迹模拟模块，但该模块每模拟一次粒子轨迹需要运行一次模式，相对于离线幼虫运输拉格朗日模型模拟轨迹所用时长较长，所以采用幼虫运输拉格朗日模型节省了时间，提高了效率（Lett，2008；Laurent，2020）。

1. 模型结构

LTRANS 模型是根据平流、湍流和幼虫行为来预测颗粒运动的，如图 5-4 所示。它有一个外部和内部的时间步长和边界条件算法，防止粒子离开模型域。外部时间步长是水动力模型输出的时间步长，内部时间步长是计算粒子运动的时间间隔。内部时间步长小于外部时间步长，因此粒子不会以较大的跳跃运动，这可能导致流体动力学模型和粒子跟踪模型的预测不一致。在幼虫运输模型的每个内部时间步，粒子运动被计算为由平流、湍流和幼虫行为引起的运动的总和。幼虫运输模型包含了每个组成部分的子模型。可以关闭“湍流”和“行为”例程，以便粒子运动完全基于平流。LTRANS 还包括边界条件和结算沉降的子模型以及特别设计的搜索算法，这些算法显著提高了模型计算的速度。

LTRANS 模型的设计保持了流体力学模型预测的保真度。所有插值都是从 *u*、*v* 和 *rho* 网格点的原始交错网格直接发生到粒子位置。此外，在水深变化的区域，水平插补沿着 *s* 级进行，遵循水动力模型的结构。适合地区水深复杂、存在水平和垂直的水流剪切。

2. 插值方案

由于水动力模型的预测结果在时间和空间上相对拉格朗日追踪模型的尺度较大，如果不进行插值会出现粒子在相邻时刻出现较大的跳跃运动，所以对水动力模型预测结果在空间和时间上均进行插值。

（1）空间插值：流体动力学模型文件被读入并在空间和时间内插值到粒子位

置。将水的性质，如盐度、流速、海面高度以及垂直和水平扩散率等，插值到粒子位置过程中的第一步是确定粒子所在的网格单元。为此，使用“交叉点”多边形方法结合搜索算法来提高计算效率。一旦粒子位于栅格单元中，水特性将在空间中插值到粒子位置。所有的水属性都是从原生的 ROMS 网格点插值的（即，*u* 网格点用于计算粒子位置的 *u* 速度，*v* 网格点用于 *v* 速度，*rho* 网格点用于计算海面高度、*w* 速度、盐度和扩散率）。对于二维水属性，即海面高度、水深，使用双线性插值，如图 5-4 所示。对于三维水特性，即流速、扩散系数、盐度，采用水柱剖面方案。在该方案中，沿每个 *s* 层插值，以在 *x-y* 粒子位置创建值的垂直剖面，如图 5-5 所示。然后将张力样条曲线拟合到垂直剖面，并用于估计粒子位置处的水特性。插值格式简化以提高计算速度，并增强以处理具有不规则底部和非矩形网格几何的模型域。

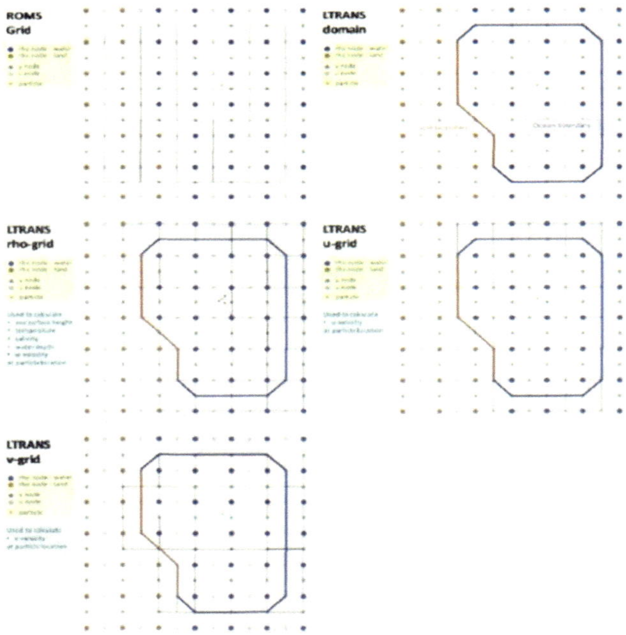

图 5-4　ROMS 网格、LTRANS 边界及其 *rho*、*u*、*v* 网格

LTRANS 模型使用复杂的张力样条曲线拟合例程方法来插值到粒子位置，其相较于三次和简单拉伸样条曲线插值而言不会导致“分支”。在三次和简单拉伸样条插值中，当插值线不保持原始数据的单调性和凹性时，就会产生分支。LTRANS 最初是用张力样条曲线拟合软件包（TSPACK）开发的。TSPACK 将张力样条曲线拟合到数据中，以保持数据的凹陷性和单调性。TSPACK 具有高度的表达能力，可以生成平滑的剖面，尽管它们在计算上可能有一定的要求，因为每个剖面段都设定了一个单独的张力系数。用 TSPACK 进行了垂直亚网格尺度湍流随机位移模型的试验，罕见的情况下曲线拟合方法无法收敛，此时使用简单的垂直剖面线性插值来避免程序暂停。

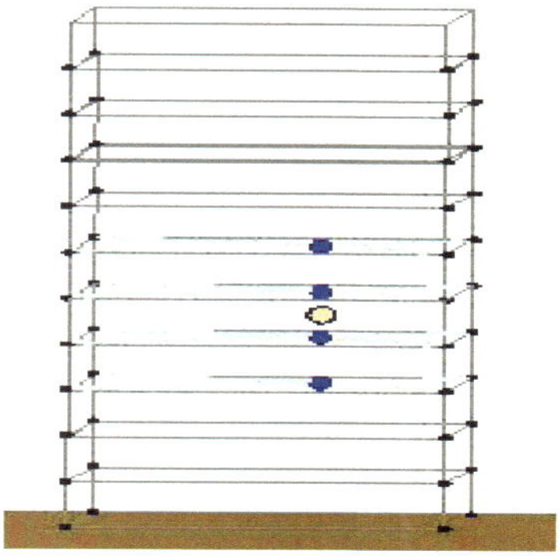

图 5-5　ROMS 模型网格和水柱插值方案示意图

（2）时间插值：因为流体动力学模型连续输出之间的持续时间（即外部时间步长）比粒子运动的时间步长（即内部时间步长）更长，因此有必要在时间和空间上进行插值。为此，在与流体动力学模型输出相对应的三个时间点（即在外部时间步长的每个内部时长的间隔处）粒子位置的水属性。然后用多项式曲线拟合三个时间点的水属性，计算颗粒运动时的水属性（即内部时间步长）。平流、湍流和行为子模型结合了这些空间和时间插值技术。

（3）平流子模型：平流会对粒子的运动过程产生影响，其改变的粒子运动在时间和空间上均采用四阶龙格-库塔积分方案，如式（5-47）所示：

$$y_{n+1} = y_n + (h/6) \times (k_{n1} + 2k_{n2} + 2k_{n3} + k_{n4}) \tag{5-47}$$

式中：

$$k_{n1} = f(t_n, y_n) \tag{5-48}$$

$$k_{n2} = f\left(t_n + \frac{h}{2}, y_n + \frac{h}{2} \times k_{n1}\right) \tag{5-49}$$

$$k_{n3} = f\left(t_n + \frac{h}{2}, y_n + \frac{h}{2} \times k_{n2}\right) \tag{5-50}$$

$$k_{n4} = f\left(t_n + h, y_n + h \times k_{n3}\right) \tag{5-51}$$

将 x、y、z 方向的流速分别乘以时间步长（δt）计算不同方向的粒子位移，将其与原始位置（X_n，Y_n，Z_n）相加即得到粒子的新位置（X_{n+1}，Y_{n+1}，Z_{n+1}）：

$$X_{n+1} = X_n + u\delta t \tag{5-52}$$

$$Y_{n+1} = Y_n + v\delta t \tag{5-53}$$

$$Z_{n+1} = Z_n + \omega\delta t \tag{5-54}$$

（4）湍流子模型：水平湍流流体动力学模型不模拟小于模型网格分辨率尺度下的湍流运动。然而，在粒子跟踪模型中，粒子以毫米到厘米的步长移动，远小于流体动力学模型的网格比例。因此，有必要在粒子运动中加入一个随机分量，以再现在粒子运动尺度上发生的湍流扩散，如式（5-55）所示：

$$X_{n+1} = X_n + R\left[2r^{-1}k\delta t\right]^{\frac{1}{2}} \tag{5-55}$$

式中：

K——X_n 处的水平扩散率，常值 1 m^2/s；

R——随机偏差的标准差。

垂直湍流流体动力学模型也无法模拟小于模型网格分辨率尺度下的湍流运动，仍有必要在粒子运动中加入一个随机分量，以再现在粒子运动尺度上发生的湍流扩散。如果没有湍流颗粒运动，颗粒跟踪模型就不能再现示踪物浓度扩散的流体动力学模型预测。在 LTRANS 中，采用随机位移模型来模拟亚网格尺度下垂直 z 方向的湍流颗粒运动。由于扩散率存在垂直梯度，因此使用随机位移模型代替简单的随机游走模型，以避免低扩散率区域内粒子的人为聚集，如式（5-56）所示：

$$Z_{n+1} = Z_n + k_v'\delta t + R\left[2r^{-1}k_v\delta t\right]^{\frac{1}{2}} \tag{5-56}$$

式中：

Z_n——初始颗粒位置；

k_v——$Z_n + k_v'\delta t$ 处计算的垂直扩散率的值；

$k_v' = \partial k_v / \partial z$——在 z 处计算的值；

R——一个随机数生成器，均值为 0，标准偏差 r=1。

3. 边界条件

在粒子沉降或消亡之前（即在粒子释放和停止移动之间），每个内部时间步都会测试每个粒子的位置，以确保其保持在模型边界内。如果粒子的运动导致其超出边界，则将粒子放置在模型域中。

通过将海面高度和海底深度插值到粒子的 *x-y* 位置，为每个粒子指定垂直边界（表面和底部）。如果粒子由于湍流或垂直平流而通过表面或底部边界，则粒子将以等于粒子超出边界的距离（即垂直反射的距离）放回模型域。如果粒子由于粒子行为而通过表面或底部，则粒子将放置在表面正下方或底部正上方，即它在边界附近停止。

反射的水平边界条件的作用是使粒子保持在模型域内，如图 5-6 所示。对于 ROMS 模式边界是水和陆地网格点之间的中间主要陆地/海洋边界和每个单独岛屿的边界点按顺序创建闭合多边形。多边形中的“交叉点”方法用于确定粒子是在模型边界内还是在模型边界外。如果粒子在陆地或岛屿上，则粒子将以与接近边界的角度相等的反射角从边界反射出去。粒子被反射的距离等于粒子超出边界的距离。水平边界条件例程允许在一个时间步长内进行多次反射。

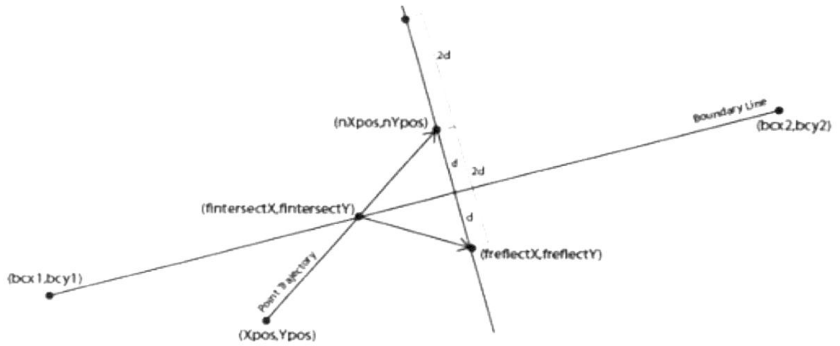

图 5-6　反射水平边界

5.2.4　模型在秦皇岛近海的适用性

秦皇岛位于河北省东北部，南临渤海，海岸线北起山海关金丝河口，南止昌黎滦河口，总长度约为 162.7 km，所辖海域水深 0～20 m，海域面积共 6238 平方海里，适宜养殖的浅海面积达 533 km^2（李雪冬，2020）。秦皇岛近海整体上坡度较缓，近岸处坡度相对较陡，特别是金山嘴附近海域水深较深、地形较陡，其他海域则地形平缓，总体上自西北向东南缓倾分布（吴彤，2015）。受西风带和副热带高压的影响，秦皇岛近海夏季盛行偏南风，冬季盛行偏北风，秋季偏北风逐渐增多增强（王梦佳，2016）。海域内的水动力过程主要受潮汐、季风、地形等因素的影响，其中潮汐是影响海域水位分布的主要因素，潮流是海流的重要组成部分。秦皇岛近海靠近无潮点，属于规则全日潮区，整体潮差较小，潮流主要表现为半日潮流，沿岸潮流总体特征表现为顺岸的往复流，海区整体流速较小（王中起等，2010）。

ROMS 模式是当前国际流行的海洋模型系统，模式在垂向上采用跟踪地形 *S* 坐标，同时使用水深非等比例分层方法，能够有效拟合海底地形的起伏，更好地解决海岸地形多变的问题（蒋星亮，2017；王悦，2019），已在中国陆架浅海水动力过程取得了较好的结果（杨德周，2011；崔可夫，2014；Xing 等，2018）。对于秦皇岛近海而言，ROMS 模式能很好地避免因地形变化等导致的模拟误差，能模拟潮汐、季风等驱动下的海洋运动，并得到较接近真实海洋的水动力环境。ROMS 模式还可以研究海洋生物、海洋沉积物等海洋领域的变化过程，对研究秦皇岛近海各个领域的运动有很大的帮助。

LTRANS 模型最初适用于研究牡蛎幼虫的运动，它包含平流、湍流和生物自身行为模块，能够完成水母路径研究的工作，并且 LTRANS 模型为离线模型，简单小巧，能短时间内多次对不同条件下的漂移扩散路径进行模拟，完成数值实验相较于 ROMS 模式中自带的追踪模块更节省时间成本。

综上所述，ROMS 模式和 LTRANS 模型适用于秦皇岛近海的数值模拟研究。

5.3 数据与模型的配置和验证

5.3.1 白色霞水母观测数据

根据渤海海域水母的暴发历史发现，2004 年辽东湾海域的白色霞水母出现暴发现象，暴发区域的海水表层盐度高达 33～35；对于辽东湾海域的白色霞水母，通过水母空间分布和温盐等特征的角度分析发现，在调查中出现白色霞水母的站位相比于其他站位盐度偏高（王彬等，2014）。在 2020 年的海洋调查中发现，相比于历年的调查结果，秦皇岛近海春、夏两季白色霞水母的数量偏多、体型偏大；鉴于白色霞水母在辽东湾海域已经有过致灾现象，提出应该对秦皇岛近海白色霞水母的监测和研究工作给予重视的建议（袁晓博等，2021）。为了保障滨海城市近海安全，探究水母的漂移路径和聚集暴发过程，明晰水母漂移扩散与水动力的关系，成为解决水母灾害的重要途径。

通过对秦皇岛近海的现场观察发现，2020 年 3 月到 6 月期间，在观测区域并未发现白色霞水母；2020 年 7 月 21 日至 22 日连续两天，在观测区域（其中 6 断面、5-4、5-5 站位缺测）发现了白色霞水母，发现的水母个体较大，均在 200 mm 以上，未发现幼水母和碟状幼体。2020 年 7 月下旬白色霞水母的空间分布情况如图 5-7 所示。

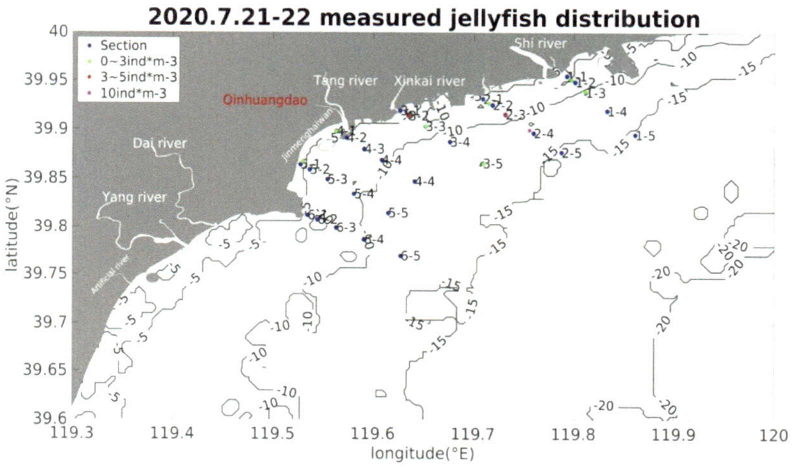

图 5-7　2020 年 7 月 21 日至 22 日白色霞水母的空间分布情况

由图 5-7 可见，发现白色霞水母的站位分别为 1-2、1-3、2-2、2-3、2-4、3-2、3-3、3-5、4-1 和 5-1 站位。在 2 断面 2-4 站位观测的水母数量达到在所观测水母所有位置中的峰值，水母分布丰度约 10 ind./m³。在该海域观测到的白色霞水母在海域东北部偏多，西南方向数目较少。水母空间分布呈带状分布，在 1-1、2-2、3-2、4-1、5-1 站位为一条分布水母较多的条形区域带；在 1-3、2-4、3-5 站位形成一条离岸的水母出现频繁的条形区域带。

5.3.2 ROMS 模型配置

基于区域海洋数值模式 ROMS 建立了秦皇岛近海高分辨率水动力环境数值模型，为水母数值预测预警提供水动力背景场。由于秦皇岛近海区域范围较小，地形复杂且地处近岸区域，在模型构建时将计算范围扩大至整个渤海（117.544°E～

122.183°E，37.0938°N～40.95°N），并对秦皇岛近海（119.2°E～120.797°E，39.45°N～40.697°N）进行了局部加密处理。

计算区域及水平网格设置，如图 5-8 所示。其中，网格的最低分辨率为（1/60）×（1/60），最高分辨率为（1/300）×（1/300），计算模型的网格数为 738×558（横向×纵向），垂向分为 10 个 S 层，垂向坐标表面拉伸参数θ_s=1.0，底部拉伸参数θ_B=0.4。

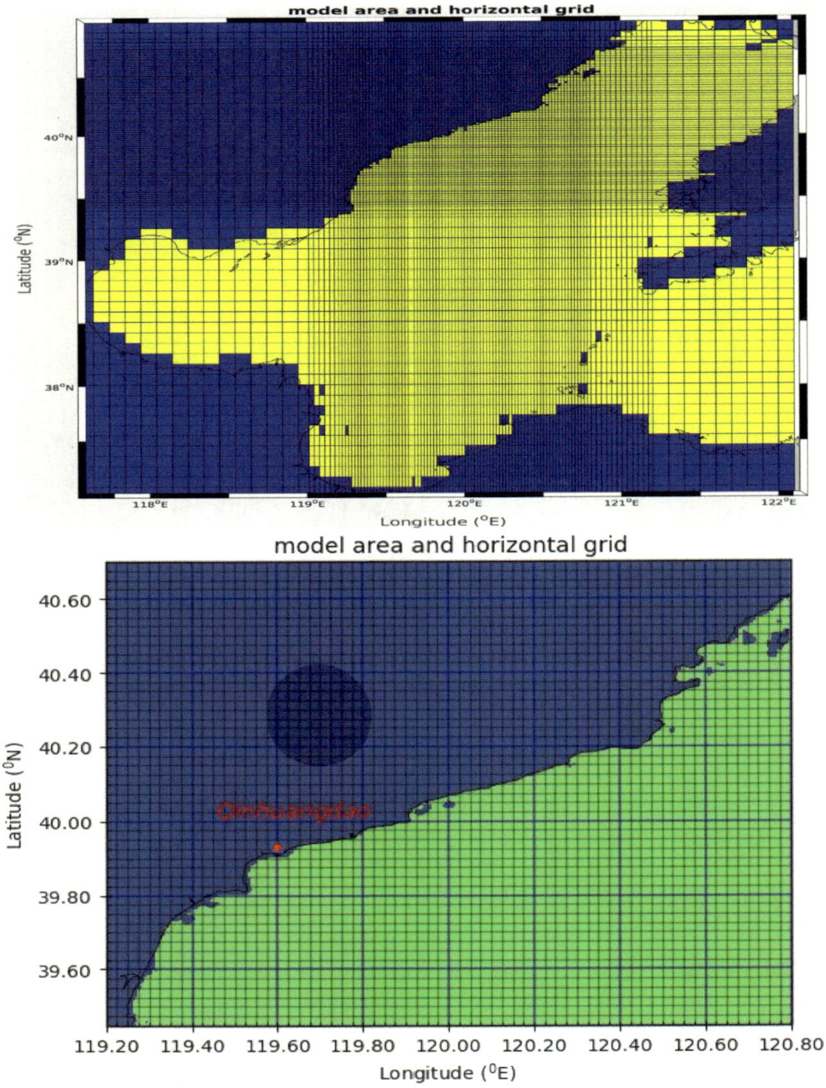

图 5-8　渤海及秦皇岛近海计算网格

模型采用的水深地形数据取自全球海陆地形数据库（GEBCO），数据水平分辨率为 15 弧秒（约 460 m），渤海及秦皇岛近海水深地形分布，如图 5-9 所示。

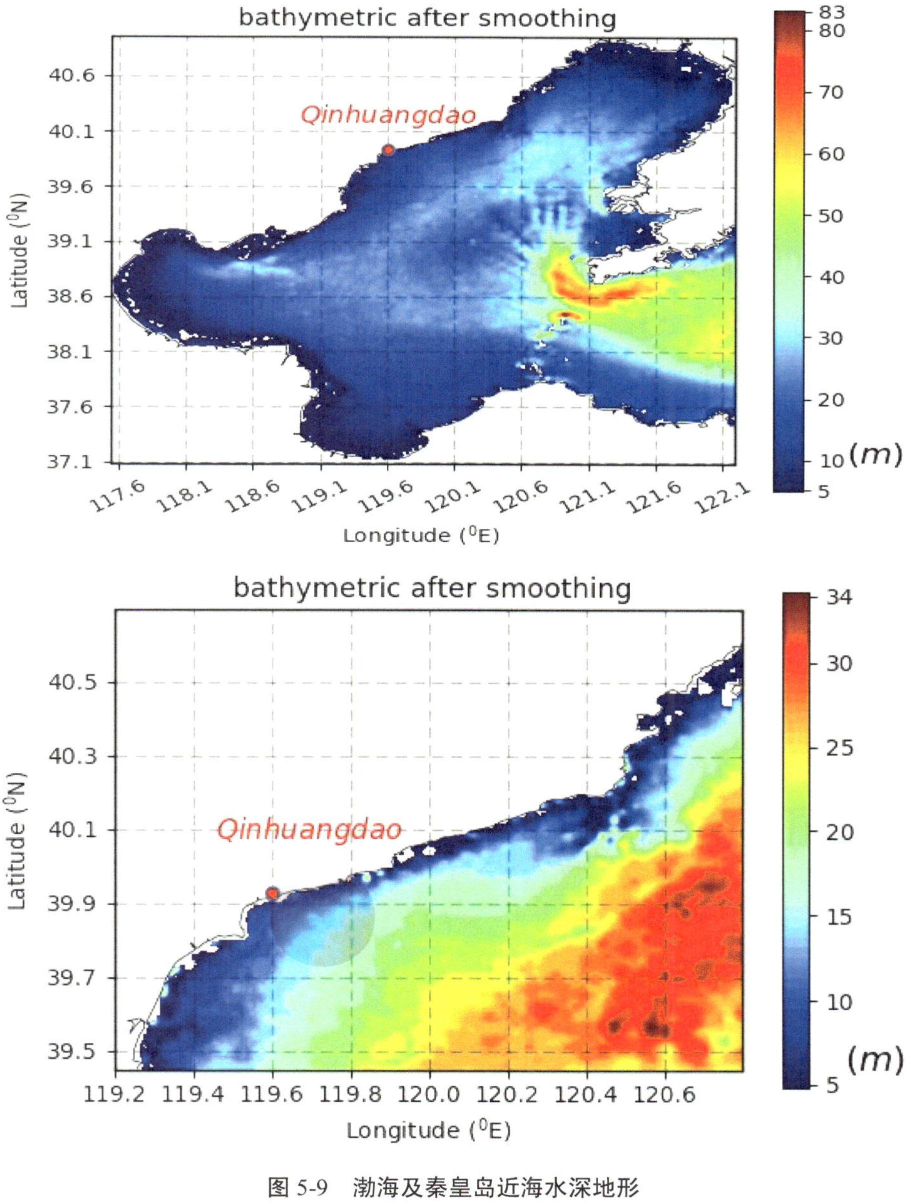

图 5-9　渤海及秦皇岛近海水深地形

5.3.3 模型验证结果

1. 潮汐潮流验证

潮流模拟时，模型初始的海温和盐度分别取为 15 ℃和 30，流速和水位皆设置为零。将模拟得到的 8 个主要分潮的振幅、迟角与英国潮汐表实测值和方国洪教授潮汐表实测值进行了对比分析，结果表明在渤海海域内，潮汐模拟结果的误差均较小，模型的整体精度较高。模拟得到的渤海 M2、K1 分潮同潮图，如图 5-10 所示；模拟得到的渤海 M2、K1 分潮潮流椭圆，如图 5-11 所示；模拟得到的渤海垂向平均潮余流，如图 5-12 所示。

潮波从黄海进入渤海后，受到辽东湾和渤海湾的反射形成了反射波，入射波和反射波在一定相互作用下形成驻波，在科氏力的作用下，驻波的波节线消失，最终形成波峰线绕无潮点旋转的潮波系统。由图 5-10 可见，M2 分潮在渤海占优势，M2 分潮有两个逆时针旋转的潮波系统，存在 2 个无潮点，分别位于秦皇岛外海和老黄河口附近。全日分潮在渤海有一个逆时针旋转系统，存在 1 个无潮点，位于烟台外海。

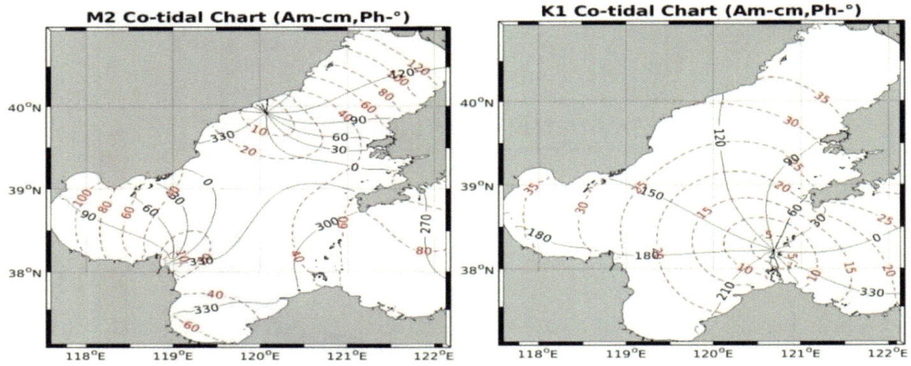

图 5-10　渤海 M2、K1 分潮等振幅线和等迟角线

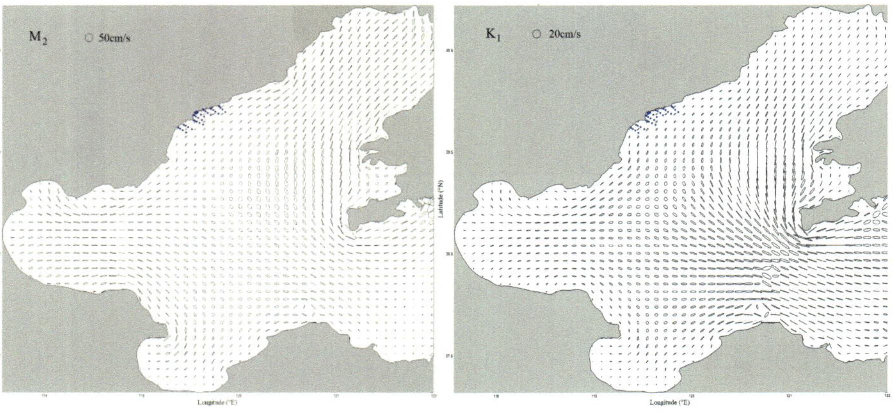

图 5-11　渤海 M2、K1 分潮潮流椭圆

以上结果与《渤海黄海东海海洋图集：水文》基本一致，与图集相比，M2 分潮振幅的误差在 2 cm 左右，M2 分潮迟角的误差在 5°以内；K1 分潮振幅相差 3 cm 左右，K1 分潮迟角相差 5°左右。由图 5-12 可见，潮余流在渤海中部形成顺时针环流，在秦皇岛近海附近主要流向为东北方向。以上模拟结果与前人研究结果基本一致，表明建立的模型能够较好地模拟渤海潮波特征，可进一步应用于秦皇岛近海环流的模拟研究。

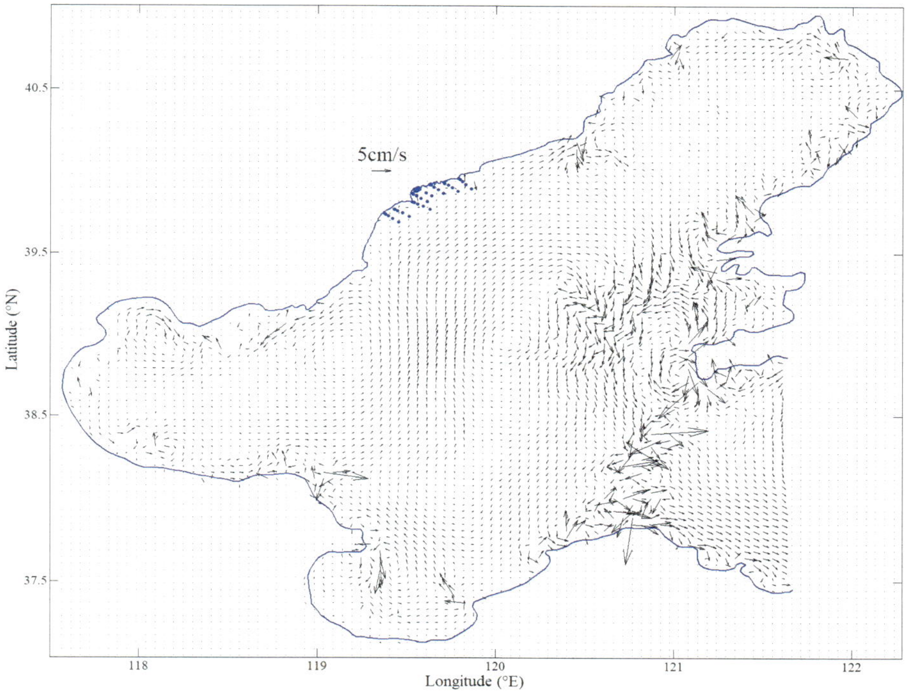

图 5-12　渤海潮余流分布（垂向平均）

2. 环流验证

秦皇岛近海水母灾害暴发主要发生在每年夏季的 6 月至 8 月，现有研究普遍认为海流是影响水母空间分布的重要因素。因此，需要对渤海和秦皇岛近海夏季环流进行高分辨率数值模拟，综合考虑潮波、海面风及热盐作用，得到 2021 年夏季渤海和秦皇岛近海夏季环流分布。夏季渤海、秦皇岛近海垂向平均环流分布分别如图 5-13 和 5-14 所示，夏季秦皇岛近海表层和底层环流分布分别如图 5-15 和 5-16 所示。

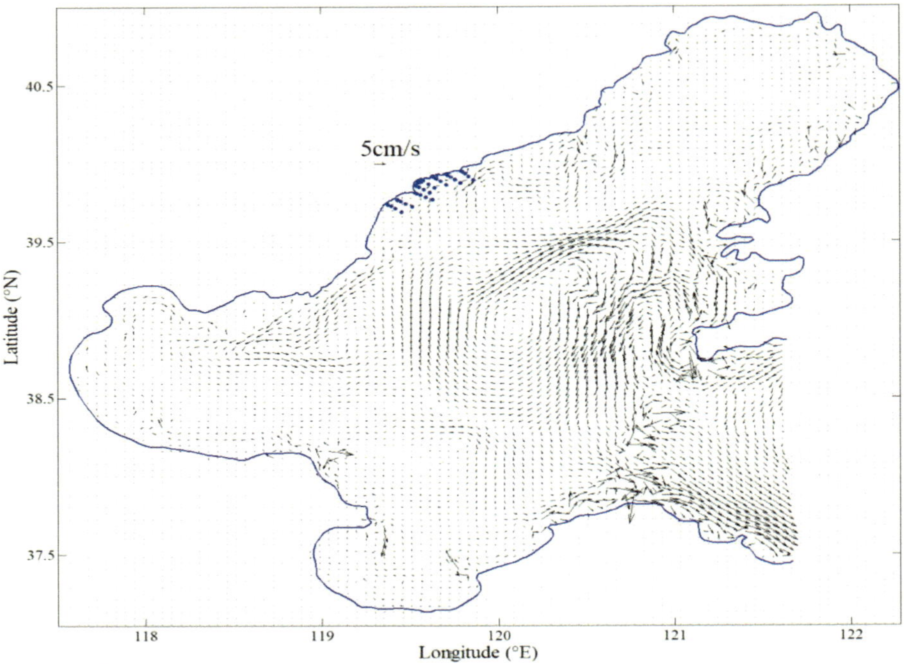

图 5-13　渤海夏季环流分布（垂向平均，2021 年 6 月至 8 月）

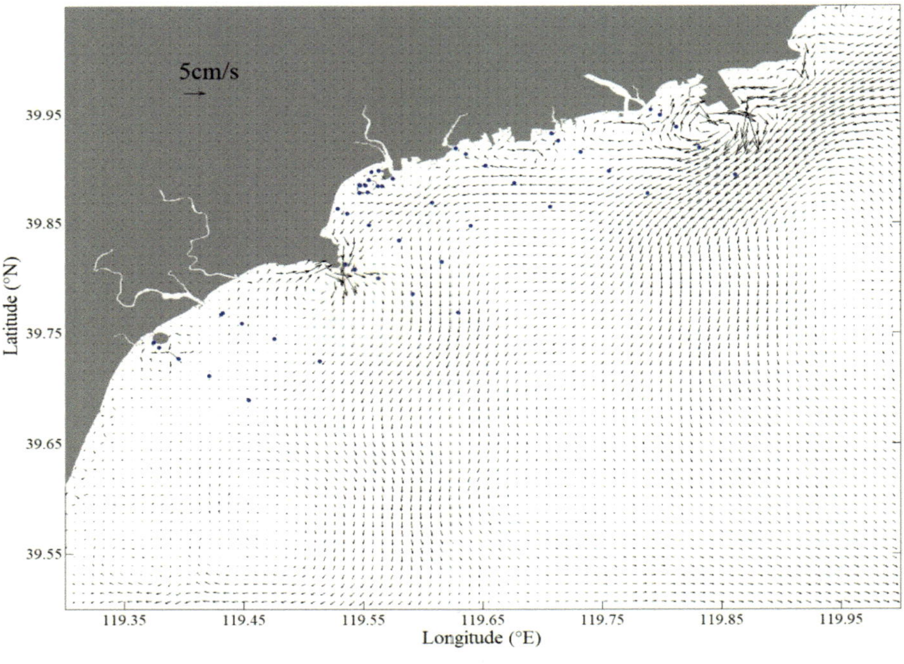

图 5-14　秦皇岛近海夏季环流分布（垂向平均，2021 年 6 月至 8 月）

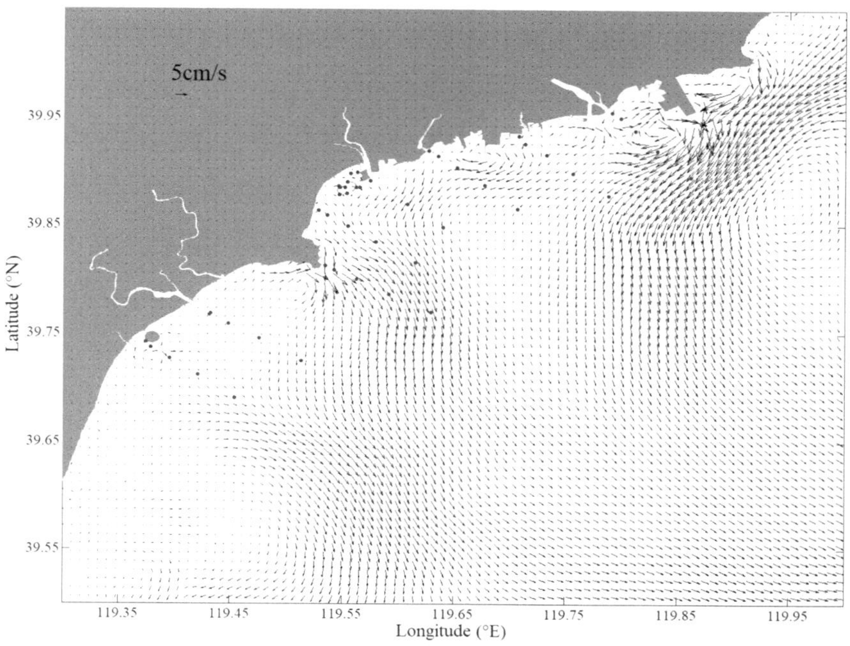

图 5-15　秦皇岛近海夏季环流分布（表层，2021 年 6 月至 8 月）

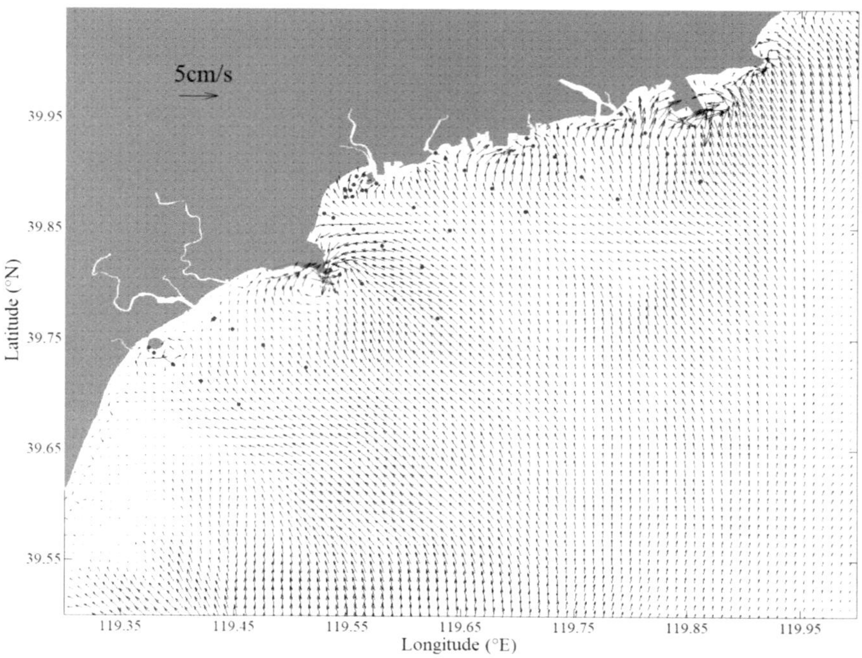

图 5-16　秦皇岛近海夏季环流分布（底层，2021 年 6 月至 8 月）

由模拟结果可见，夏季，渤海海峡北部入流在海峡西北口产生分支，一支西行，另一支沿辽东湾东岸北上，与辽东湾沿岸流相接，在湾内形成逆时针环流后，沿湾西岸南下，在 120.4°E、40.1°N 附近形成一较强的顺时针涡旋，南下的海流进入秦皇岛近海附近后，在金山嘴东南方向产生分支，一支继续沿西南方向南下，另一支转东南方向。海流在渤海中部形成顺时针环流，在辽东湾口附近形成一椭圆状逆时针环流，在秦皇岛近海存在涡旋结构和向岸流动，如图 5-15 所示；在秦皇岛近海底层普遍存在向岸流动，如图 5-16 所示。

3. 海流验证

秦皇岛近海布设的浮标（六米综合浮标，经纬度分别为 119.59222°E 和 39.68139°N），如图 5-17 所示；基于该浮标的观测数据，对模拟得到的流速、流向进行了对比验证，如图 5-18 所示。由验证结果可见，模拟与实测值吻合较好，表明建立的水动力模型较好地反映了秦皇岛近海流速和流向的变化规律。

图 5-17　浮标位置

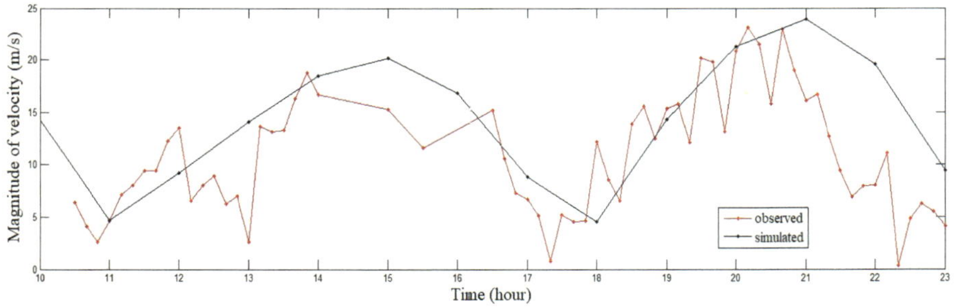

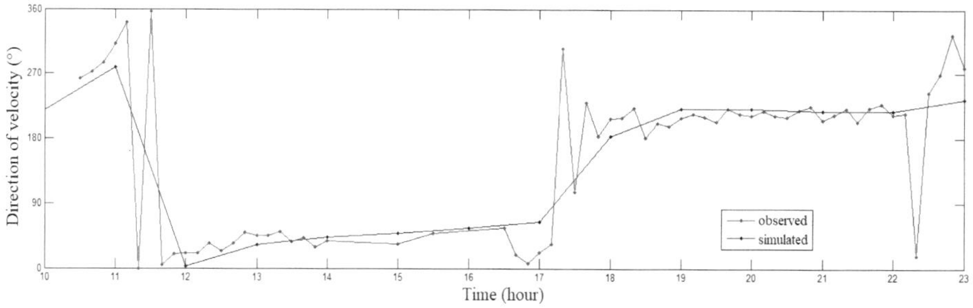

图 5-18　模拟流速、流向与浮标观测值对比（2021-04-26 水下 10 m）

5.4 白色霞水母漂移扩散的数值模拟

5.4.1 水母漂移路径实验设置

采用逐时输出的 ROMS 水动力输出数据模拟结果来驱动水母质点追踪模型，对秦皇岛近海的白色霞水母漂移扩散和聚集进行研究。水母的运动方式包括被动运动和主动运动。其中，水母的主动运动较弱，游泳能力对抗海水流动力量悬殊，故在研究中暂不考虑。为了提高计算速度，避免漂移轨迹过度往复，LTRANS 跟踪模型将外部时间间隔设置为 3600 s，内部时间间隔设置为 120 s，每小时输出一次粒子的瞬时位置。由于水母被视为随水流运动的被动粒子，暂且不考虑水母自主运动引起的水平和垂直位移，因此关闭行为模块和粒子沉降模块，粒子仅在平流运输和湍流影响下漂移扩散。粒子在跟踪过程中碰到边界时返回。换句话说，粒子被拉回其先前的瞬时位置并漂离海岸边界。如果流场在下一时刻适合粒子运动，粒子将继续移动，直到跟踪完成。

ROMS 提供的海洋水文数据包括海面高度、水平流速、温盐、扩散系数、水深等，时间分辨率为 1 h，时间跨度为 2020 年 7 月 6 日至 2020 年 7 月 21 日。

由余流场分析可知，假设水母均由外部海域输入，最可能来自秦皇岛近海东北部，因此必经观测站位 1-1、1-2、1-3、1-4、1-5 所在的断面（即 1 断面），由此设计以下实验。

实验一：以 1 断面的各个站位作为质点释放初始位置，时间从 2020 年 7 月 6 日 00：00 开始每隔 10 min 释放一次粒子，延迟释放 15 天，运行到 2020 年 7 月 21 日结束，释放水深为－0.5 m 处，释放粒子并模拟漂移扩散轨迹。

实验二：以 1 断面的各个站位作为质点释放初始位置，时间从 2020 年 7 月 6 日 00：00 开始每隔 10 min 释放一次粒子，延迟释放 9 天，运行到 2020 年 7 月 21 日结束，释放水深为－0.5 m 处，释放粒子并模拟漂移扩散轨迹。

5.4.2 水母漂移扩散模拟结果与分析

1. 水母漂移路径

根据数值实验结果，对水母漂移路径进行分析，实验一中水母漂移扩散路径模拟结果如图 5-19 至 5-23 所示。每幅图中的左图为水母经过 *N* 天后的位置分布图，右图为水母分布位置数量占比图，该图将经度 0.02°N、纬度 0.035°E 作为划分格点单位，进行网格划分，统计每个格点的水母数量，占比由第 *N* 天所在格点水母数量/累计释放的水母总数计算所得到。

1-1 站位水母漂移的模拟结果如图 5-19 所示。由图 5-19 a1.1 和 b1.1 可见，由于潮汐的作用作往复运动，且 1-1 站位距离石河口较近，3 天内水母由 1-1 站位随海流漂移到石河口外，且形成峰值；大部分水母向西南方向运动，但 3 天内尚未抵达观测 2 断面。由于 1-1 站位东北部有气涡旋，故少部分水母向东北部漂移。继续漂移 3 天后，如图 5-19 a1.2 和 b1.2 所示，向西南漂移最远到达 3 断面附近，水母峰值同第 3 天处大致不变，距离 1-2 站位近。随时间推移，第 9 天时水母分布初见雏形，如图 5-19 a1.3 和 b1.3 所示，呈现两条带状分布，一条随沿岸流向西南方向移动，水母分布在沿岸占绝大部分；另一条是向东北漂移的水母经过气涡旋后，离海岸向西南方向漂移。在第 12 天，如图 5-19 a1.4 和 b1.4 所示，水母漂移形成两条明显的带状路径，沿岸带水母沿 5 m 等深线向西南方向漂移，离岸水母最远漂移接近 20 m 等深线。在第 15 天延续 12 天的漂移趋势，水母数目分布峰值向西南方向在 1-1 站位与 1-2 站位连线正中。由 1-1 站位所释放的水母经过 15 天的漂移，绝大部分均在 10 m 等深线内，水母数量在所在位置占比高达 20%。

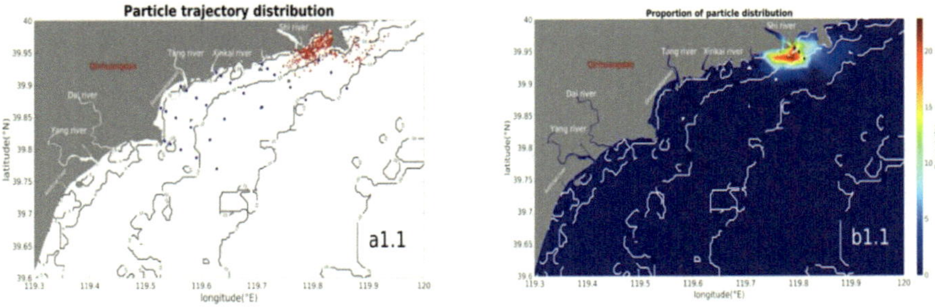

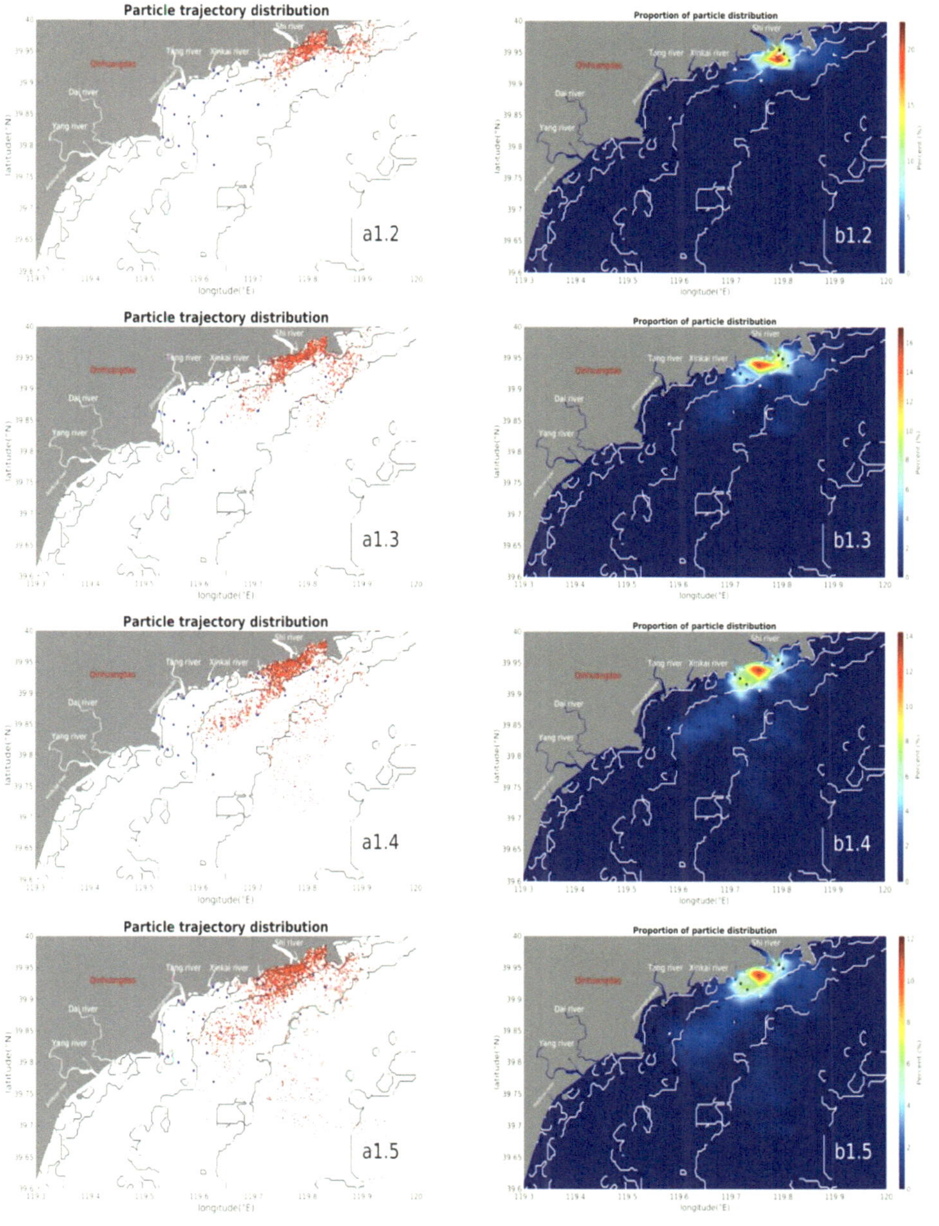

图 5-19　水母从 1-1 站位释放每间隔 3 天质点分布轨迹与质点分布占比统计

1-2 站位水母漂移的模拟结果如图 5-20 所示。在 1-2 站位 3 天的漂移位置如图 5-20 a2.1 和 b2.1 所示，一部分沿西南方向近岸漂移，另一小部分由于潮汐作用向东北方向气涡旋漂移，在气涡旋漂移的水母主要分布在 10 m 等深线内。在第 6 天，如图 5-20 a2.2 和 b2.2 所示，水母的漂移分布范围沿第 3 天水母范围边缘扩大。在第 9 天，如图 5-20 a2.3 和 b2.3 所示，受气涡旋影响的水母顺海流向西南方漂移，初步形成两条水母漂移条形带，一条沿岸向西南方向漂移，大部分水母在 10 m 等深线内，沿 10 m 等深线向西南推进；另一条离岸向西南方向漂移，向 15 m 等深线处推进。在第 15 天，如图 5-20 a2.5 和 b2.5 所示，水母数量的分布峰值在 1-2 站位与 2-2 站位之间。

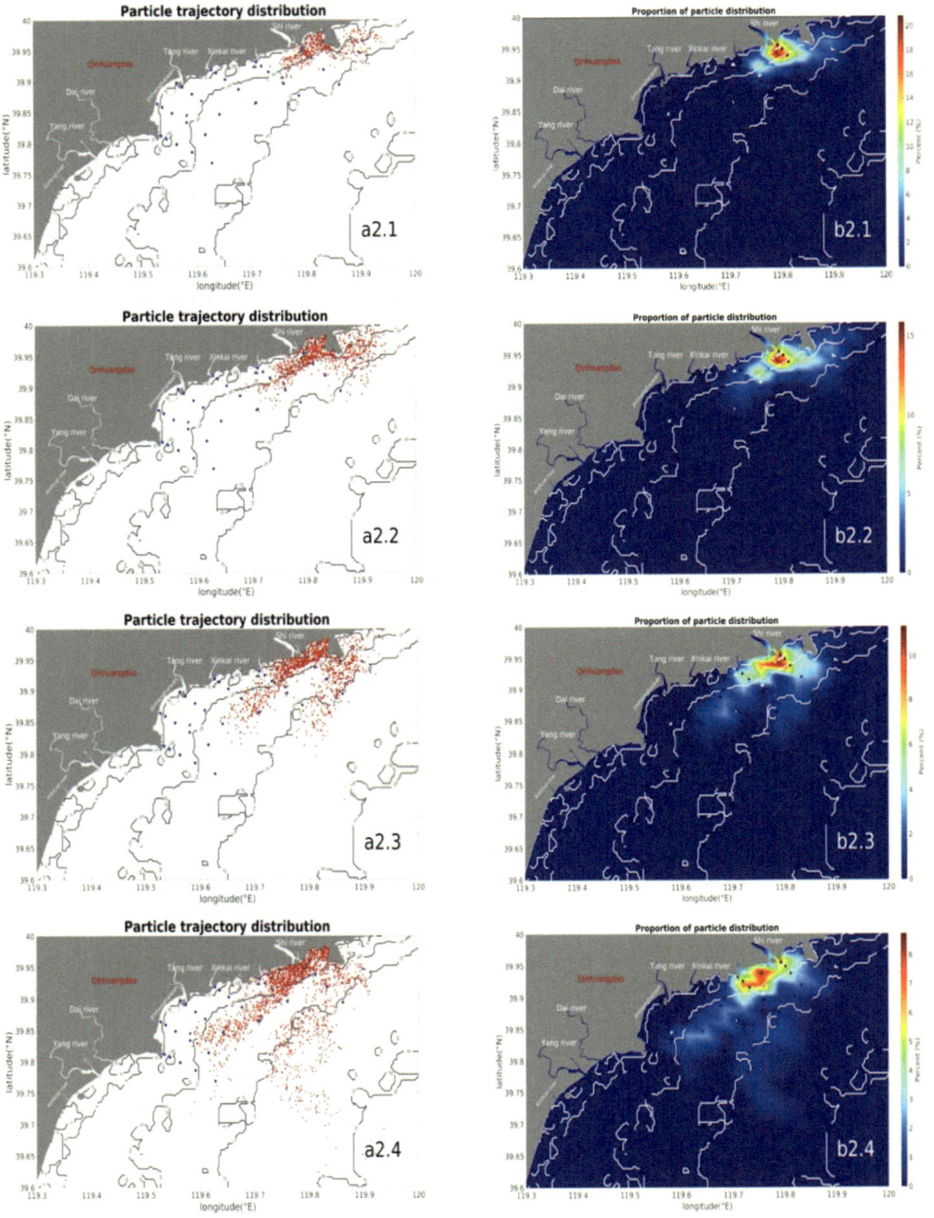

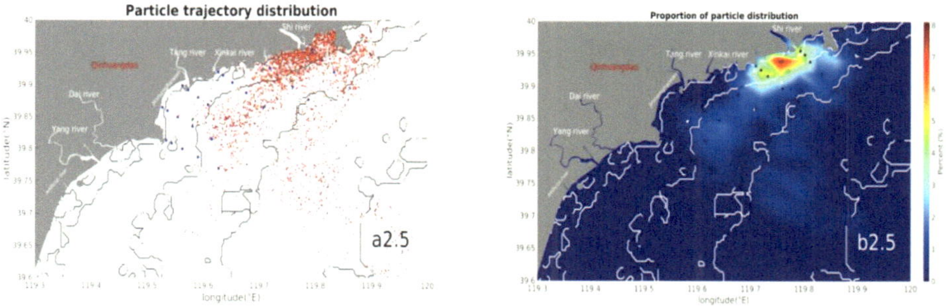

图 5-20　水母从 1-2 站位释放每间隔 3 天质点分布轨迹与质点分布占比统计

1-3 站位水母漂移的模拟结果如图 5-21 所示。在 1-3 站位 3 天的水母漂移运动后结果，如图 5-21 a3.1 和 b3.1 所示，水母漂移运动分两支，一部分向 2 断面靠近，经 3 天的漂移运动后，部分水母抵达 2 断面。另一部分释放后受潮汐作用作往复运动，在 1-3 站位东北部被卷入气涡旋，在气涡旋周围作漂移运动。在第 6 天时，如图 5-21 a3.2 和 b3.2 所示，水母向西南方向漂移，一支最远到 3 断面 3-5 站位附近；另一支在水母第 3 天所处位置向离岸方向涌动。第 9 天，形成明显的两条漂移条形带，如图 5-21 a3.3 和 b3.3 所示，一条沿 10 m 等深线向西南方向运动，途经站位 3-4、4-5；另一条经站位 1-4、1-5、2-5 沿 15 m 等深线向西南方向移动，有向 15 m 等深线之外的内海方向移动趋势。在第 12 天和第 15 天，分别如图 5-21 a3.4、b3.4 和图 5-21 a3.5、b3.5 所示，运动方向与第 9 天一致，水母的数量峰值在 1、2 断面之间。

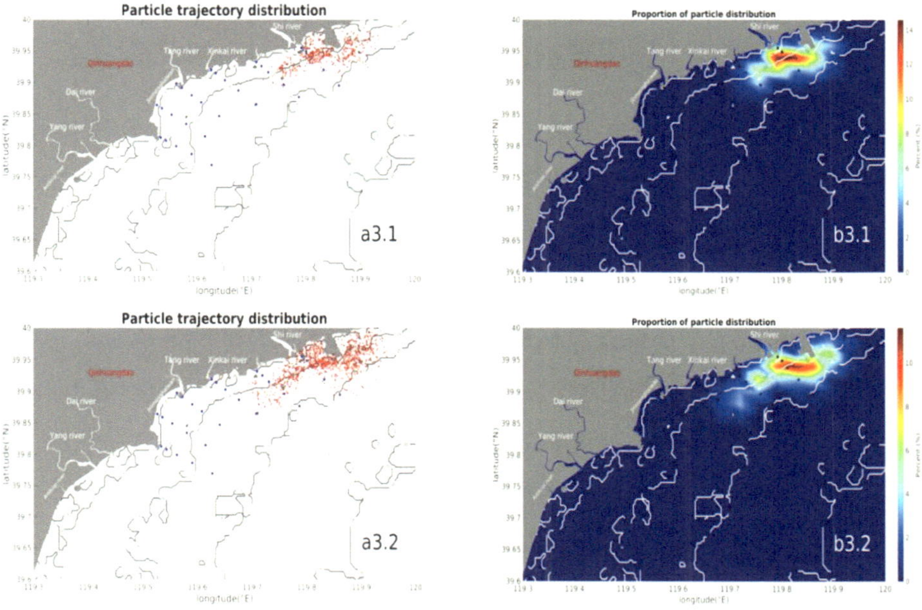

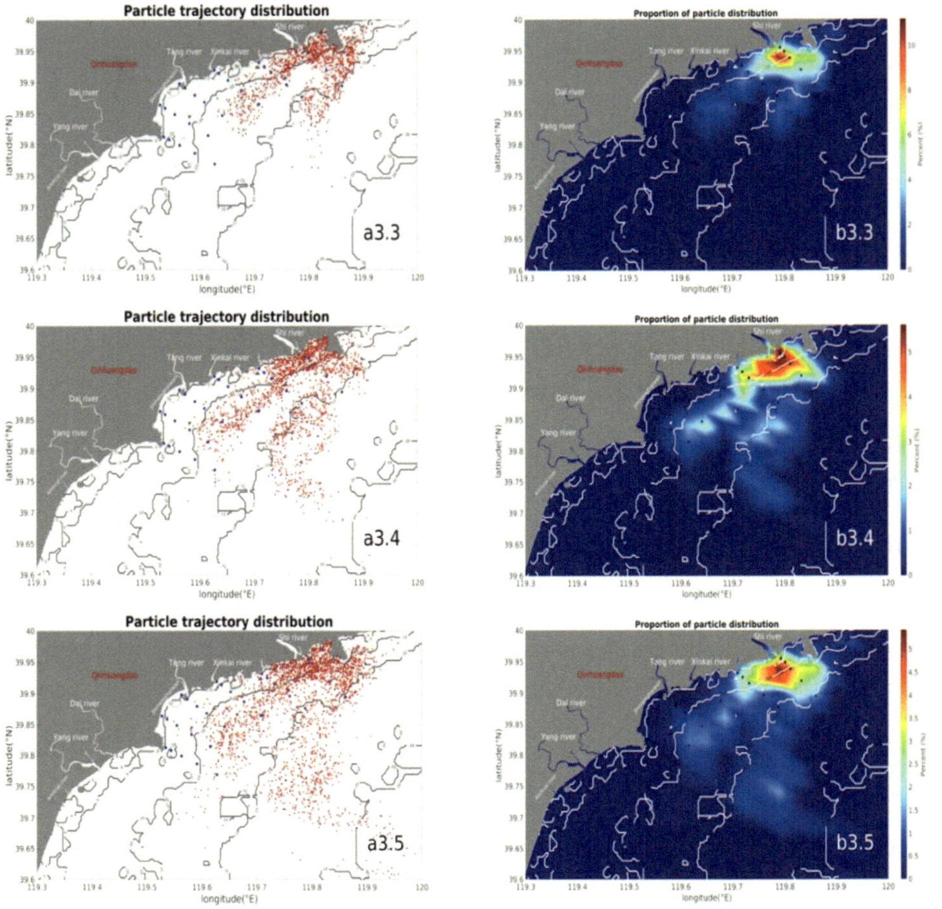

图 5-21　水母从 1-3 站位释放每间隔 3 天质点分布轨迹与质点分布占比统计

1-4 站位水母漂移的模拟结果如图 5-22 所示。1-4 站位在 10 m 等深线和 15 m 等深线之间，由 1-4 站位释放的水母，第 3 天所处位置如图 5-22 a4.1 和 b4.1 所示，大部分水母漂移呈现向岸趋势，向西南方向漂移。第 6 天的水母分布延续第 3 天的趋势，如图 5-22 a4.2 和 b4.2 所示，但大部分水母处在 10 m 等深线与 15 m 等深线之间。第 9 天形成明显的两条漂移条形带，如图 5-22 a4.3 和 b4.3 所示，一条包裹在站位 2-3、3-4、5-5 连成的曲线与站位 2-4、3-5 连成的曲线之间区域向西南方向运动；另一条一断面东北部水母经站位 1-4 沿 15 m 等深线向西南方向移动，有向 15 m 等深线之外的内海方向移动趋势。在第 12 天和第 15 天，分别如图 5-22 a4.4、b4.4 和图 5-20 a4.5、b4.5 所示，运动方向与第 9 天一致，水母的数量峰值在 1、2 断面之间。水母数量峰值在 1、2 断面与 10 m、15 m 等深线所围成的区域内。

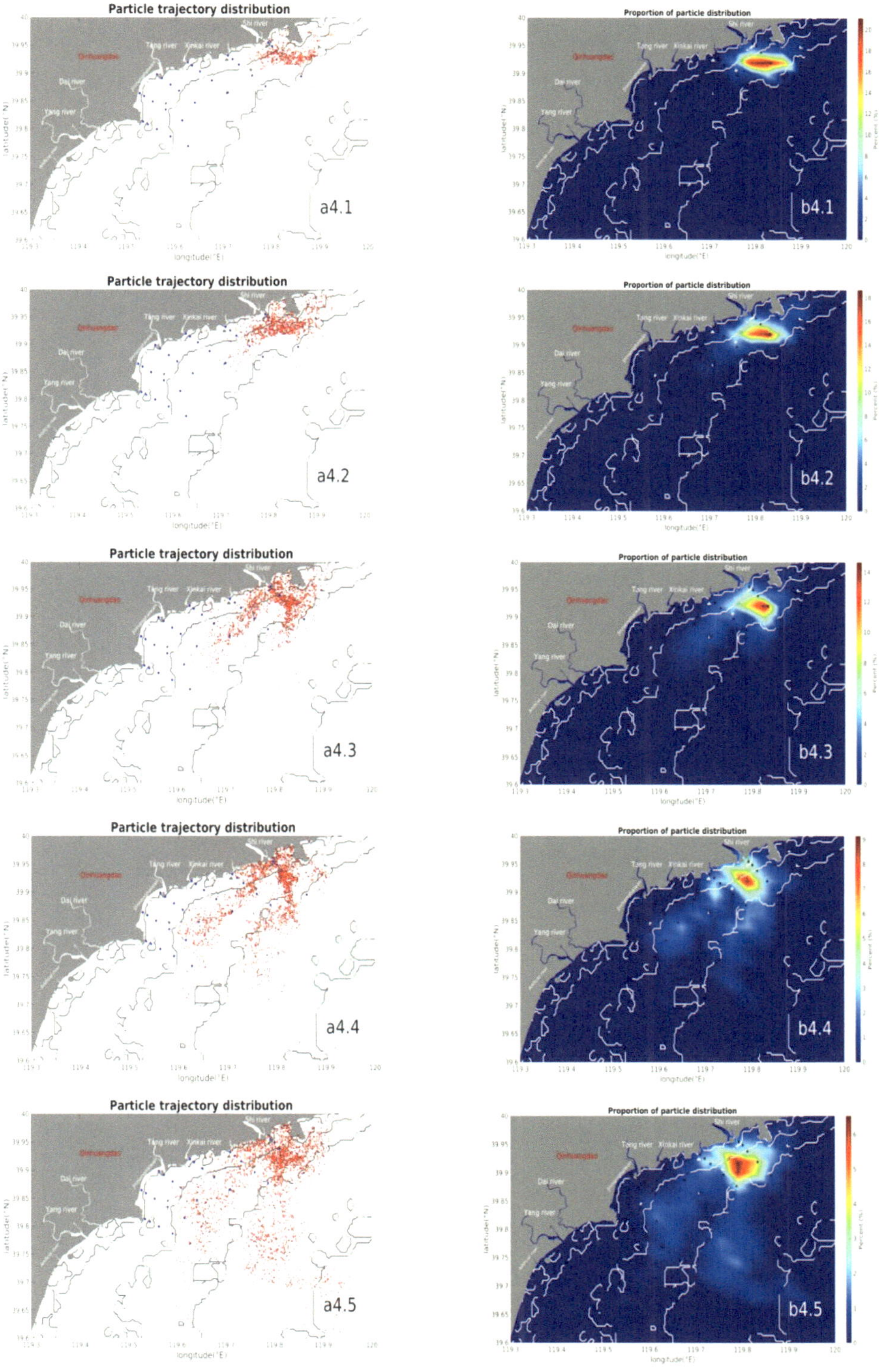

图 5-22　水母从 1-4 站位释放每间隔 3 天质点分布轨迹与质点分布占比统计

1-5 站位水母漂移的模拟结果如图 5-23 所示。由 1-5 站位释放水母模拟的 15 天漂移运动主要沿 15 m 等深线向离岸方向的内海区域移动，同时受到西南方向海流影响，向西南方向偏移一段距离后，转向东南。根据模拟结果看出第 3 天、第 6 天水母主要聚集在 1、2 断面和 15 m 等深线交界范围，在第 9 天、第 12 天和第 15 天的水母主要聚集地沿 15 m 等深线向西南方向移动。

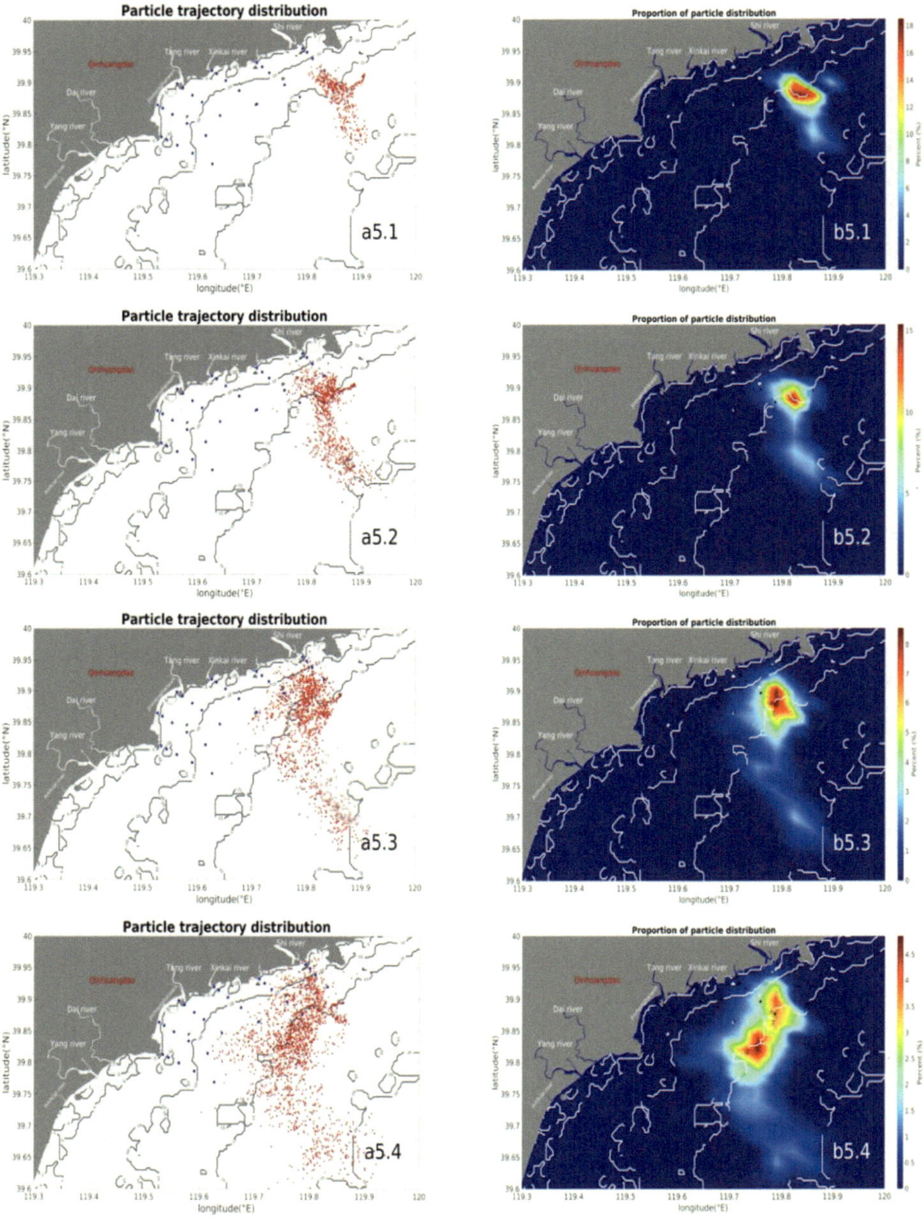

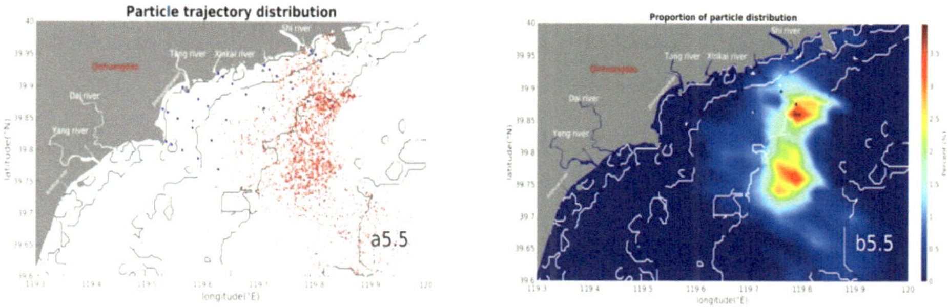

图 5-23　水母从 1-5 站位释放每间隔 3 天质点分布轨迹与质点分布占比统计

2. 水母漂移的影响因素

根据模拟结果与实测调查进行对比，设计数值实验的结束时间与实际观测时间一致，模拟结果能反映观测到的实际情况：首先，在 2020 年 7 月 21 日实际观测中站位 1-2、2-2、2-3、3-3、3-2、2-4、3-5 所处位置的水母来自站位 1-1、1-2、1-3、1-4 的水母沿西南方向的沿岸流分支漂移而来。其次，站位 4-1、5-1 发现水母在 1-1 站位模拟的结果中可以看出有水母进入金梦海湾区域，但由于在模拟中金梦海湾附近海流较慢，水循环较弱，大量水母没有进入湾内，而直接向西南方向沿 10 m 等深线移动，如图 5-24 所示。

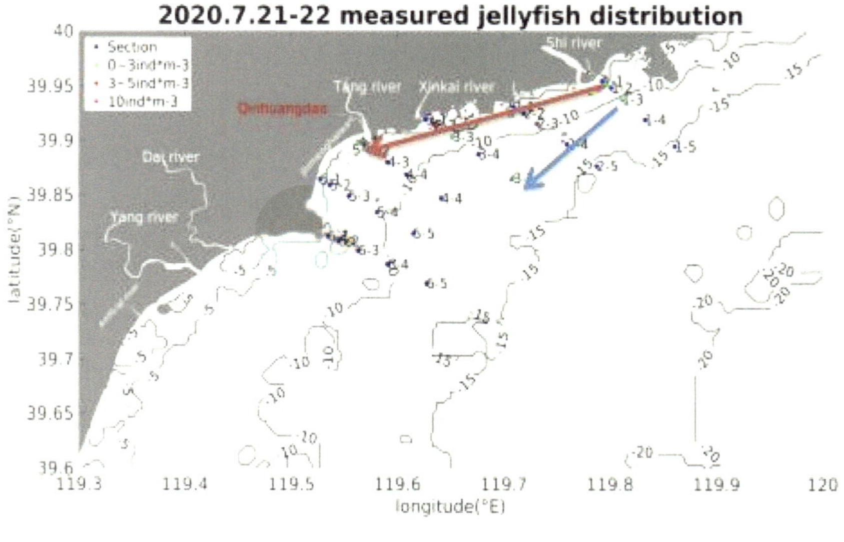

图 5-24　白色霞水母 2020 年 7 月空间分布图

秦皇岛近海水深较浅，周期性潮流、季节性风吹流和热盐效应产生密度流，由密度流所引起的余环流在变化的外力作用下复杂易变；另外，在金梦海湾内有人工建筑岛屿阻挡，水交换能力很弱。因夏季高温多雨，降水量大，海水的温度和盐度同时也受到入海径流的影响。

秦皇岛近海的余流分两支，一支由秦皇岛近海东北部流入，沿岸向西南方向流动，在金山嘴处又向东南方向转向，另一支从该海域东北部进入后先向西南流动后转向东南方向。根据模拟流场的分布特征和实测水母分布结合，未发现完整的白色霞水母生活史，因此推测秦皇岛近海内所发现的白色霞水母由外界海域漂移而来。根据 2020 年 7 月下旬第一次发现水母的分布可知，大部分水母由秦皇岛近海的东北部经过 1 断面向西南方向迁移。将模拟和实际观测结果相结合分析可知白色霞水母的时空分布特征为：水母由该海域东北部进入，水母漂移扩散路径分两支，一支沿海岸方向向西南方向漂移扩散，另一支向东北部漂移陷入涡旋，后向离岸的西南方向漂移扩散。

3. 白色霞水母的聚集区域

对于秦皇岛近海的白色霞水母，观测调查期间在第二个断面聚集严重，结合实验一的模拟结果，为减弱释放源不断释放水母带来的空间分布差异，设计数值实验二，水母漂移扩散分布模拟结果如图 5-25 所示。由于实验二在各站点前 9 天的模拟结果占比情况与实验一一致，故不在此赘述。

由图 5-25 可见，在 1-1 站位释放的水母在第 12 天和第 15 天的漂移扩散数量占比统计中，在 2-2 站位形成水母数量峰值，水母数量以 2-2 站位为中心向四周缓慢减少；在 1-2 站位释放的水母在第 12 天和第 15 天进行漂移扩散数量占比统计，在 2-2 站位与 2-3 站位之间形成数量峰值，水母数量向四周逐渐减少；在 1-3 站位释放的水母在第 12 天进行漂移扩散数量占比统计，在 1、2 断面之间形成数量峰值，水母在 1 断面和 2 断面上分布数量较多，在第 15 天的占比统计中，水母数量在 2-2 站位与 2-3 站位之间形成峰值，并且水母数量向四周逐渐减少；在 1-4 站位释放的水母在第 12 天和第 15 天进行漂移扩散数量占比统计，在 2-2 站位与 2-3 站位之间形成数量峰值，水母数量向四周逐渐减少；在 1-5 站位释放的水母在第 12 天和第 15 天进行漂移扩散数量占比统计，在 10 m 等深线形成数量峰值，由于 1-5 站位离岸较远，海流流速相对沿岸较大，水母的空间分布较为分散，大部分水母 15 天后向离岸东南方向漂移扩散。由此可见，在 2 断面各站位（除 1-5 站位外）所释放的水母经过 15 天的漂移扩散运动后均在 2 断面形成聚集区域，对比实际观测同一天的水母调查空间分布，发现 2 断面水母数量较多，数值模拟结果与实际观测结果相一致，说明 7 月 21 日实际观测水母很可能是 7 月 6 日左右在 1 断面所释放的水母。

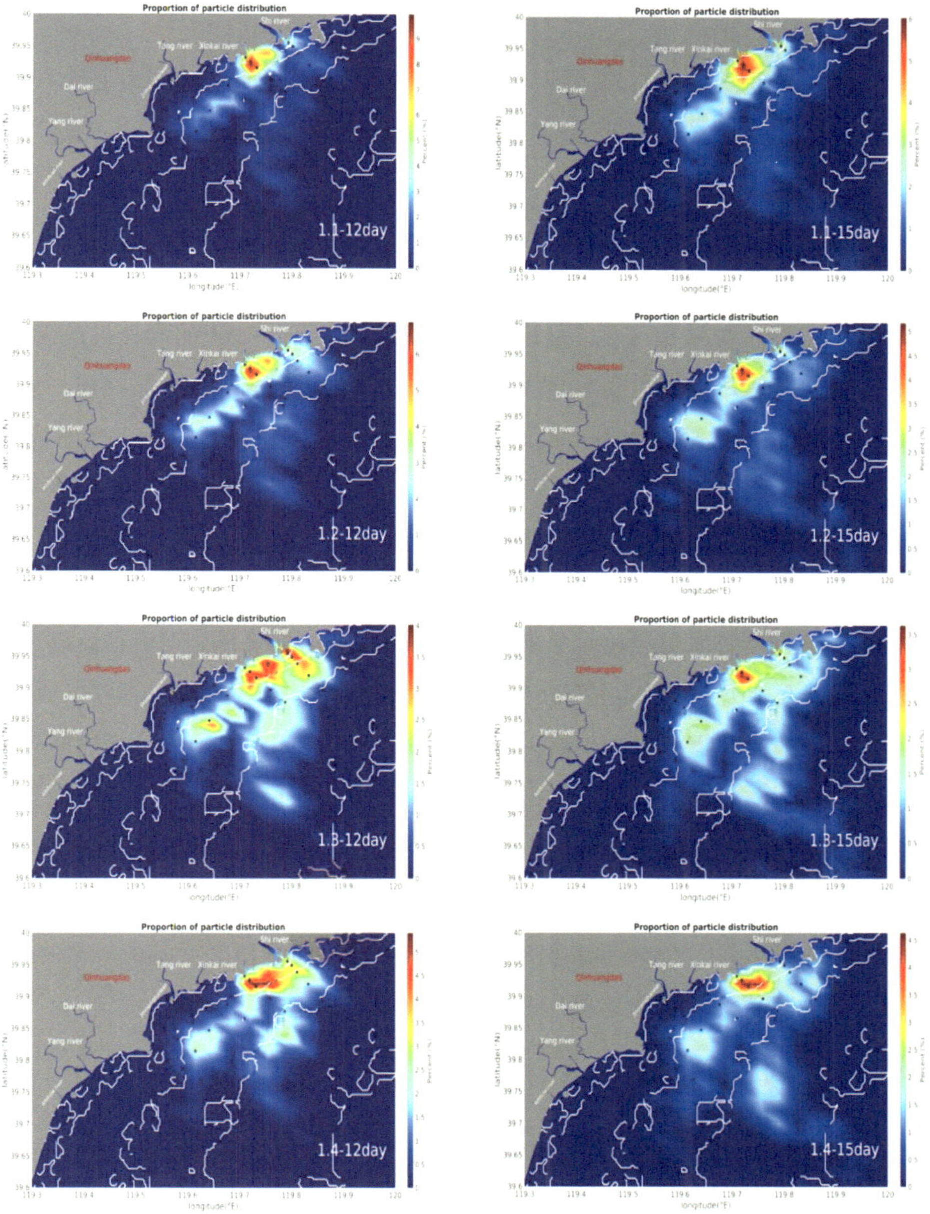

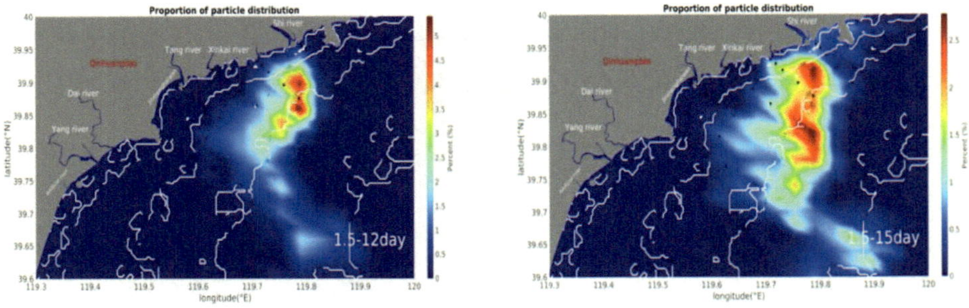

图 5-25　模拟结果水母分布占比图

4. 白色霞水母聚集区域的动力过程

由实验二的模拟结果可见，从 1 断面释放的水母经过 15 天的漂移扩散运动后，除 1-5 站释放的水母外，其余站位释放水母均在 2 断面形成水母分布峰值，水母数量总体比例高。在实际观测中，由船只航行调查对断面进行观测，未观测到 1、2 断面之间的水母分布情况。对比 7 月海流流场分析，海流方向为西南向，并且沿岸水流速较弱，水母在 2 断面周围可以形成聚集区域。

不同海域产生的水螅体和碟状体能否被输运至秦皇岛近海附近是由物理过程控制的。海流是影响水母漂移聚集最直接的动力因素，而风场、河流径流等通过改变环流结构，间接决定水母的空间分布，进一步影响该海域水母源地与漂移扩散路径。

除此之外，白色霞水母的生活史极其复杂，有性世代水母水螅体通过横裂生殖方式得到碟状体，然后发育成幼水母，幼水母经历 1 至 3 个月的时间生长成为水母体。但在 2020 年和 2021 年实际出海观测调查中，并未发现白色霞水母的完整生活史，而是一经发现就是个体较小的幼水母，因此 7 月在秦皇岛近海聚集的水母，是渤海不同海域出现的碟状体不断发育，通过海流输运在秦皇岛近海内汇聚的结果，与 6 月至 8 月的渤海环流输运紧密相关。

5.4.3 敏感性实验结果与分析

1. 敏感性实验设置

（1）敏感性实验 1：由于 2020 年调查发现白色霞水母时间较晚，在 7 月下旬，6 月下旬调查未发现白色霞水母，时间间隔一个月，所以在 2021 年出海观测中，对 7 月调查观测时间进行加密，2021 年 7 月 6 日为最早发现白色霞水母的日期。

控制实验组：选取 1-1 站位作为质点释放初始位置，从 2020 年 7 月 3 日 00：00

开始每隔 10 min 释放一次粒子，延迟 24 h 结束，释放水深为－0.5 m。

对照实验组 1：质点释放时间为 2020 年 7 月 4 日，水动力数据采取相应时间数据，其他条件保持不变。

对照实验组 2：质点释放时间为 2020 年 7 月 5 日，水动力数据采取相应时间数据，其他条件保持不变。

对照实验组 3：质点释放时间为 2020 年 7 月 6 日，水动力数据采取相应时间数据，其他条件保持不变。

（2）敏感性实验 2：为排除数值实验二中粒子释放时间时长不一致可能对实验结果产生干扰，设计不同时间段释放粒子实验作为对比。

控制实验组：选取 1-2 站位作为质点释放初始位置，从 2020 年 7 月 3 日 00：00 开始每隔 10 min 释放一次粒子，释放粒子 9 天后结束粒子释放，模型运行时间 15 天，释放水深为－0.5 m。

对照实验组 1：由质点位置每隔 10 min 释放一次粒子，释放 3 天停止粒子释放，水动力数据采取相应时间数据，其他条件保持不变。

对照实验组 2：由质点位置每隔 10 min 释放一次粒子，释放 6 天停止粒子释放，水动力数据采取相应时间数据，其他条件保持不变。

对照实验组 3：由质点位置每隔 10 min 释放一次粒子，释放 12 天停止粒子释放，水动力数据采取相应时间数据，其他条件保持不变。

2. 敏感性试验结果

（1）敏感性实验 1 的模拟结果如图 5-26 所示。

实验结果表明，对比控制实验组和对照实验组 1 结果，在 7 月 3 日与 7 月 4 日粒子释放 24 小时的最终分布情况基本相似，漂移距离大部分在 10 m 等深线内，围绕 1-1 站位和石河口为中心沿岸呈现条形分布区域。对比对照实验组 1 与对照实验组 2 结果，即 7 月 4 日与 7 月 5 日粒子释放 24 小时的最终分布情况基本相似。对比对照实验组 2 与对照实验组 3 结果，在 7 月 5 日与 7 月 6 日粒子释放 24 小时的最终分布情况基本相似。

在实际出海调查中，2020 年 6 月下旬未发现白色霞水母，在 2020 年 7 月下旬调查发现白色霞水母，进而在 2021 年 7 月对水母观测时间进行加密，设置两次出海调查航程，2021 年 7 月 6 日是白色霞水母最早发现时间，故在数值实验中应取时间在 6 月底与 7 月初之间的时间进行实验。由上述对照实验得到的结果可知，在 7 月 3 日到 7 月 6 日之间选取任一天均不影响实验结果。

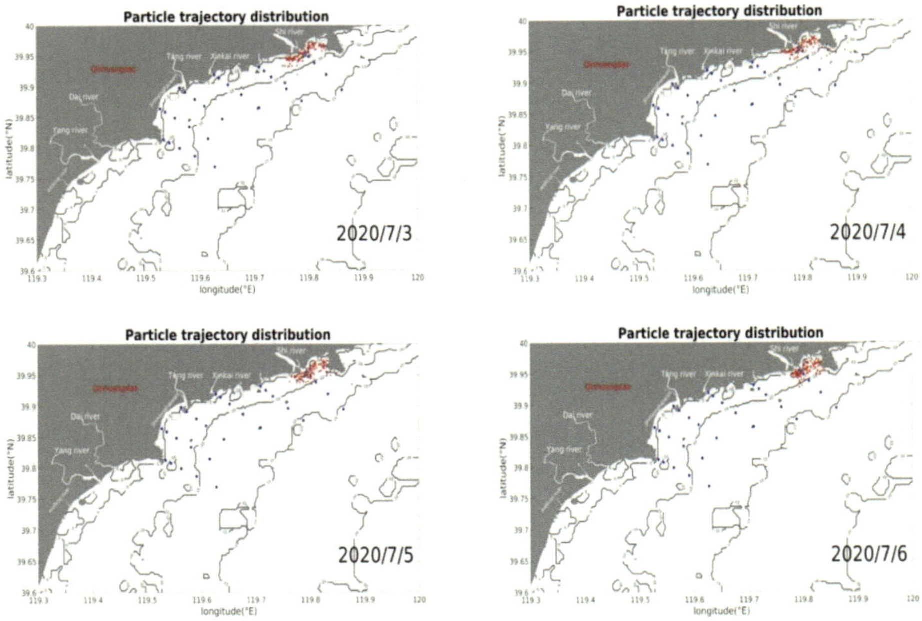

图 5-26　不同日期在 1-1 站位粒子释放 24 小时分布

（2）敏感性实验 2 的模拟结果如图 5-27 所示。

实验结果表明：对照实验组 1 对应图 b，由于粒子释放时间较短，粒子释放数量较少，模拟结果水母分布峰值向四断面靠近。对照试验组 2 对应图 c、对照实验组 3 对应图 d，两图中水母的聚集区域均在 2 断面，与控制实验组聚集区域一致，故证明粒子释放时间时长不一致对水母的聚集区域模拟未产生干扰。

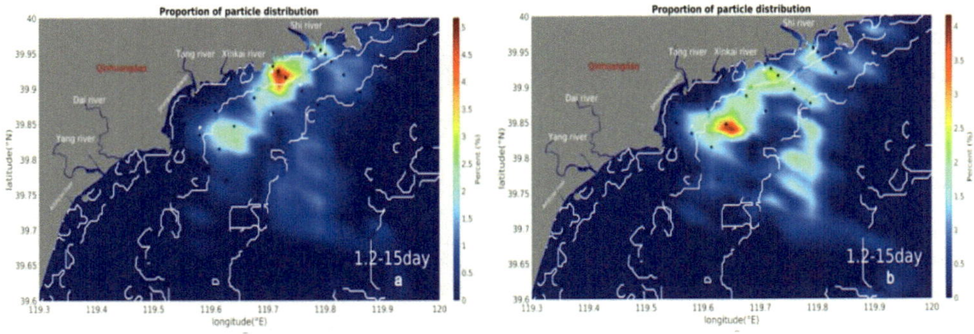

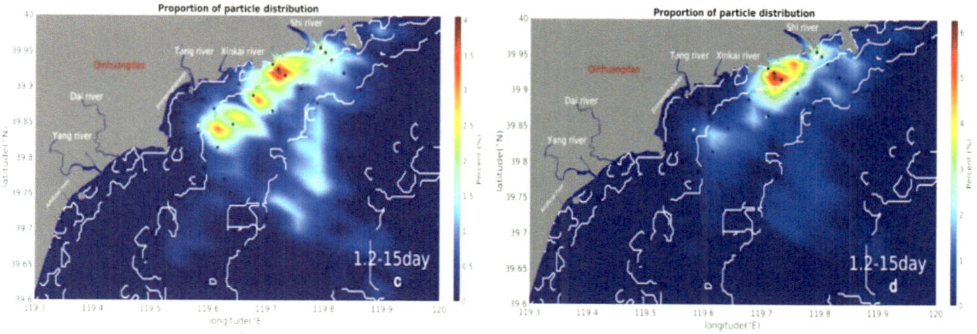

图 5-27　粒子释放不同时长模拟漂移扩散 15 天后空间分布

5.5 本章小结

2020 年秦皇岛近海观测的白色霞水母空间呈两条带状分布，且在 2 断面发现水母数量较多的特征，同时结合了 ROMS 模拟的夏季 7 月余流的北进南出态势，设计数值模拟实验来模拟水母的漂移扩散路径。研究结果表明：

（1）基于 ROMS 海洋模式，建立了秦皇岛近海高分辨率水动力环境数值模型。由数值模拟结果可见：夏季，渤海海峡北部的入流在海峡西北口产生分支，其中一支向西行，另一支沿辽东湾东岸北上，与辽东湾沿岸流相接，在湾内形成逆时针环流后，沿湾西岸南下，南下的海流进入秦皇岛近海附近后，在金山嘴东南方向产生分支，一支继续沿西南方向南下，另一支转东南方向。因此，海流在秦皇岛近海存在涡旋结构和向岸流动，在秦皇岛近海底层普遍存在向岸流动。

（2）基于秦皇岛近海水动力模拟结果，以水母种群为研究对象，采用粒子追踪模型，以 2021 年 7 月出海观测到的水母位置为模型初始位置，对水母空间运动进行了数值模拟，模拟结果与实际观测结果基本一致。

（3）秦皇岛近海经过 1 断面白色霞水母会向三个方向漂移：①沿海岸直接向西南方向漂移；②从 1 断面初始位置漂移后，受潮汐和海流作用被带到 1 断面东北部涡旋处作漂移运动，之后离开涡旋向西南方向漂移；③将 1 断面离海岸最远站位作为水母的初始位置，水母先向西南方向漂移，后离岸转向东南方向运动。结合实际观测结果，白色霞水母空间分布符合①②两方向的漂移特征，对于第③方向由于初始位置未调查到水母，无法与实测进行对比。另外，观测到秦皇岛近海的白色霞水母在2断面聚集严重，并且在数值模拟中得到相应的聚集区域。

此外，为了更加深入地研究近海大型水母漂移扩散以及影响机制，建立完善的水母监测预警体系，还需在以下几方面进行探究：

（1）应进一步考虑水母的自身运动，如昼夜垂向迁移等，把水母看作随水流运动的被动粒子，对其进行漂移扩散路径模拟；通过对水母进行种类划分并进行室内培养和海上调查观测，掌握水母自身的运动特征，确定水母物理和生态学参数，创立水母物理与生态耦合模型。

（2）基于2020年的水母观测数据，设计数值实验模拟分析了影响水母漂移扩散路径的动力因素，并通过敏感性实验，去除干扰因素对实验的影响，数值模拟实验中仅考虑了海流对漂移扩散路径的影响，由于海洋环境复杂，未考虑其他因素如温盐、附着基、溶解氧等对水母漂移扩散和区域聚集的影响，还有待于进一步研究。

第 6 章　秦皇岛近海水母灾害监测技术及防控措施

6.1 引言

秦皇岛近海的大型水母暴发已经成为海洋生态灾害的突出问题，并对当地的工业、渔业和旅游业等造成了严重的影响。因此，本章基于 2020 年至 2021 年期间秦皇岛近海现场调查数据的分析与研究，借鉴 ROMS 模式在水母漂移扩散的数值模拟结果，构建秦皇岛近海水母灾害预警监测及防控措施。本章首先介绍了水母灾害常用的观测技术；其次，详细阐述了秦皇岛近海水母的监测方案和处置方法；最后，提出了秦皇岛近海水母暴发的防治对策。以期为预防秦皇岛近海的水母灾害，减少水母暴发引起的海洋灾害性事件，进一步为旅游业和渔业服务等提供理论依据。

6.2 水母灾害常用的监测技术

水母大面跟踪监测主要有拖网法、目测法、航空监测三种方法，水母在线监测主要有光学摄像、水下声呐两种方法，各方法适用条件如表 6-1 所示。

1. 水母拖网监测

在水母跟踪监测时，使用水母拖网监测，进行水母样品的定量采集与分析。

①小型水母监测：采样网均为浮游动物浅水Ⅰ型网。拖网方式有两种：第一种为单船水平拖网，第二种为底-表垂直拖网。

②大型水母监测：拖网采样网具主要包括大型浮游生物网、单船有翼单囊拖网和双船有翼单囊拖网，也可采用相近样式的其他渔业拖网。

2. 水母目测法监测

在水母跟踪监测的走航过程中可开展水母目测法监测，作为拖网采样的补充。在水母密度较低、分布海域较大的情况下，适宜用目测法进行水母监测。由于受观测面积和深度的限制，目测法仅可作为拖网监测的补充，用于粗略定量监测水母密度。该方法仅适用于大型水母观测。

表 6-1　水母灾害监测技术及其适用条件

监测方法			监测内容	适用海域特征	适合灾害特征
大面监测（跟踪监测）	拖网	浮游生物网	种类、数量	任何海域	水母幼体期监测
		单船拖网	种类、数量	内湾、河口等半封闭的小海域	水母分布范围小、密度高、个体小
		双船拖网	种类、数量	开阔海域	水母分布范围大、密度低、个体大
	目测法		种类、数量	任何海域	水母分布于表层
	航空监测（无人机）		分布面积	大面积开阔海域	水母分布范围大、个体大
在线监测（浮标或潜标监测）	光学摄像		种类、数量	任何海域	水母成像清晰
	水下声呐		种类、数量	任何海域	成体期水母灾害，适合各种特征

3. 水母航空监测

航空遥感观测通过飞机携带各种传感器进行水母观测，再利用航空遥感图像处理软件计算出水母分布区的像元点数，或利用航空遥感图像叠加在海图上，划分出水母分布区域，利用海图计算水母分布总面积。在空中可大范围监测水母灾害分布面积，适用于个体大、颜色深、分布范围广的水母灾害观测。

4. 水母水上摄像监测

水上摄像设备既可以固定在浮标上，开展水母在线监测，也可在水母走航中与目测监测同步进行。走航观测时，水上摄像的监测方法、数据处理方法与目测法类似，通过清点视频中的水母数量，以及估算摄像头的视野范围，计算水母密度。

5. 水母水下声呐监测

水下声呐既可以固定在浮标或水下潜标上，开展水母在线监测，也可以固定在船舶下方，开展水母大面监测。

①在线监测：声呐固定于海洋浮标上，探测方向垂直向下；或固定于水下潜标上，探测方向垂直向上。保存扫描信息，并同步记录监测时间和经纬度信息。

②走航拖曳监测：监测过程中，声呐使用架子固定在船舷外，深度放置于海面下，放置方向垂直于船舶航行方向，以保证声呐在航行过程中可以探测到从海面到

海底的区域。

水母监测的同时，记录水母灾害发生处周边的功能区分布和位置，记录水母对周边功能区的影响。针对易受水母灾害影响的滨海电厂，宜咨询沿海电厂，记录取水口的位置、内径大小、高度等。针对易受水母灾害影响的海水浴场，宜咨询海水浴场管理处，记录浴场每日接纳游客数量；咨询海水浴场医务室，记录浴场每日被水母蜇伤的游客数量以及伤势情况。针对易受水母灾害影响的渔业捕捞区，宜咨询渔民和渔业管理部门，记录水母捕获量和水母暴发导致的渔业损失。

6.3 秦皇岛近海水母的监测和处置方法

6.3.1 秦皇岛近海大面监测站位布设

根据历史资料和连续两年的现场调查结果，秦皇岛市洋河口以北至山海关以南的近海为海月水母、白色霞水母和沙海蜇的多发区，多发区内滨海浴场较多，如图 6-1 所示。因此，设置水母监测站位需要综合考虑水母多发区域和对周边敏感功能区（海水浴场、工业区）的可能影响。

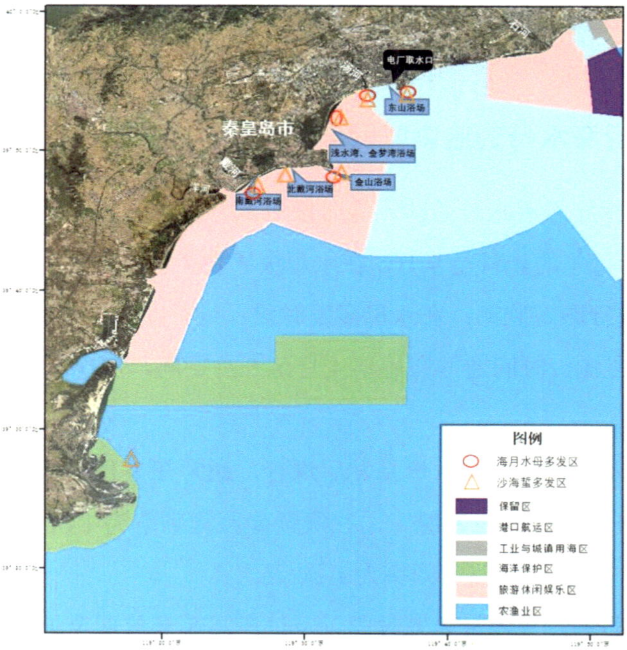

图 6-1　秦皇岛近海海月水母和沙海蜇多发区及周边敏感功能区

调查显示，秦皇岛近海海月水母是本地生活种群，而白色霞水母和沙海蜇主要由秦皇岛北侧海域漂流而来。秦皇岛重点海域夏季安全保障防范水母措施的重点关注区域应由秦皇岛南侧海域转向山海关以北海域。因此，该海域的水母监测范围需覆盖北起山海关南至洋河口海域，至少设立4条断面，每条断面设置4～5个监测站位，如图6-2所示。

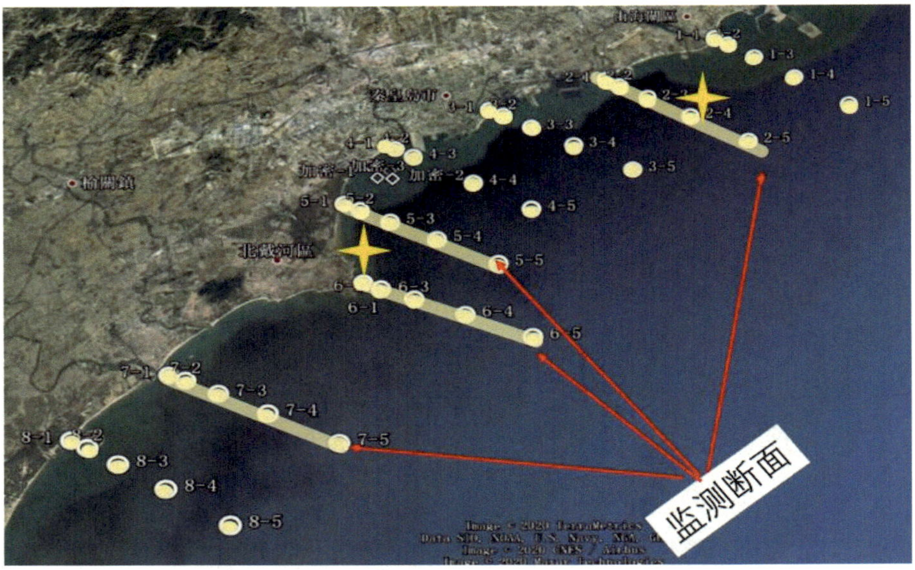

图6-2　监测断面设置

6.3.2 秦皇岛近海水母的监测时间和频率

在秦皇岛近海，有害水母监测预警时段应从有害水母幼体期开始持续至有害水母消失，通常为每年的4月至9月。在水母灾害发生前期，进行常规监测；在水母灾害发生后，进行跟踪监测；在水母多发时段，进行在线监测。

（1）常规监测：时间通常在每年4月至5月期间，常规监测频率为2次/月至1次/月。

（2）跟踪监测：在发现水母暴发后进行，通常在6月至9月期间，监测频率视水母灾害等级而定。一般情况下，三级预警监测频率为1次/周，二级预警监测频率为2次/周，一级预警监测频率为1次/天。

（3）在线监测：在水母多发时段以及滨海浴场开放期全程开展在线监测，监测时间为6月至9月。一般情况下，三级预警时监测数据每3 h传输上报1次；二级预警时，监测数据每 2 h 传输上报 1 次；一级预警时，监测数据每 1 h 传输上报 1 次。

6.3.3 水母灾害船舶大面监测项目

水母早期常规监测项目应覆盖水文气象、水质、生物、功能区等所有监测项目，主要为获取水母数量、伞径、运动轨迹数据和海洋环境要素数据（包括海温、盐度、海流、风速、溶解氧、pH、透明度、浊度、叶绿素浓度、光强和浮游动物量等）。

水母灾害暴发后，跟踪监测项目需包括水母灾害情况和水文气象要素。其中，水母灾害情况主要为水母灾害位置与范围，水母的种类、密度、伞径和重量；环境要素主要为海温、风速和风向等海况；此外，还需关注周边功能区的位置、面积和所受影响等情况。

6.3.4 秦皇岛水母灾害的处置方法

目前，国内外针对水母灾害的处置方法主要包括拦截、打捞、绞碎、气泡分离收集，以及化学药物杀灭等。科学界普遍认为自然海区水母暴发通过物理处置方法比较妥当，对生态环境影响较小。其中，最主要的两种处置方式为：一种是网具拦截和打捞后食用或陆域掩埋处理，另一种是在水母体性成熟之前将其机械绞碎（性成熟之后不可盲目绞碎，否则会刺激水母大量排卵使其翌年暴发）。下面分别对这两种常用的处置方式进行介绍。

（1）网具拦截和打捞

水母网具拦截和打捞方式适合在近岸浅海作业，操作灵活、安全高效、造价低廉、牢靠耐用。通过对传统海蜇捕捞网具的调查研究，作者认为适合采用船舷拖网、双船单片拖网、手抄网、海水浴场防蜇防鲨网等对秦皇岛近海海水浴场和工业取水口外的水母进行拦截和打捞。

拦截打捞后的水母应该带到岸上处置，进行掩埋处理，切不可将死水母扔回海中，因为即便水母已经死去，或是触须与身体分离，断裂的触须仍然会蜇伤人；而且，濒临死亡的水母体会释放精子和卵子，促进其有性繁殖，进而导致翌年水母暴发。

（2）水母绞碎

在海上现场使用水母绞碎装置必须在水母体性成熟之前。因为水母性成熟之后，绞碎水母会刺激水母释放精子和卵子，促进其有性繁殖而导致翌年水母暴发。

水母绞碎装置（图 6-3）主要是袋装拖网，网底设置有网环，网环内部设置有自圆心向外辐射状排列的钢丝；网口沿边缘设置有两个侧纲，每个端部均分别连有缆绳；缆绳上固定有两个使用时能使拖网张开的网板，网板能够分解海水对网口的冲击力，同时能借助海水的冲击力使网口张开，起到导流的作用。将袋装拖网置系于船尾，拖网时网板将随海水卷入拖网中的大量水母收集，并聚集在网后端，水母体被位于网底的网环上的钢丝割碎，破裂后挤出网外。通过此种方法可对大型灾害水母进行有效的应急处置，减少其繁殖率，降低生态危害，对急速暴发的水母灾害可起到快速、高效、便捷的处理效果。

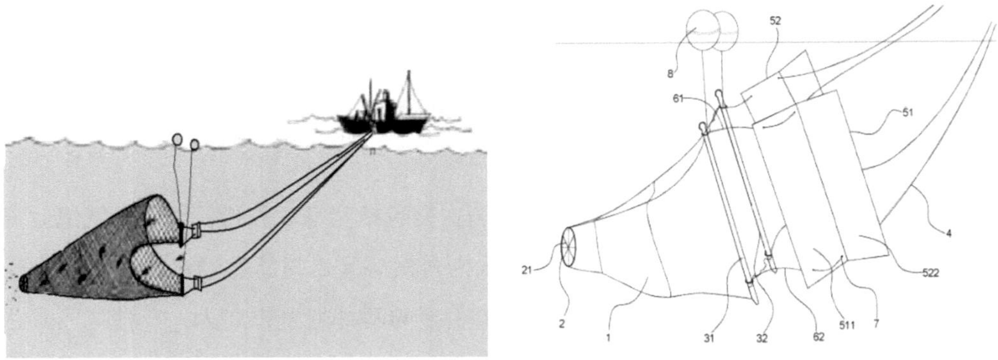

1—拖网；2—网环；21—钢丝；3—侧纲；31—侧纲I；32—侧纲II；4—缆绳；5—网板；51—网板I；52—网板II；511—固定板；512—导流板；61—上纲；62—下纲；7—固定孔；8—浮球

图 6-3　水母绞碎装置示意图

6.4 秦皇岛近海大型水母灾害防控策略

6.4.1 水母灾害防控策略的科学依据

秦皇岛近海主要致灾的大型水母是海月水母、白色霞水母和沙海蜇，根据搜集到的历史数据和课题组于 2020 年至 2021 年现场观测数据的分析，基本可以得到如下结论：

（1）秦皇岛近海的海月水母主要是本地生长型，海月水母螅状体生存的主要区域是海螺岛、莲花岛和葡萄岛等人工建筑周边海域，5 月以后随着海温升高，在洋河口以北至山海关以南沿岸海域快速暴发，其暴发的主要控制因素是海温、海流。

（2）白色霞水母主要由山海关以北海域漂流而来，其漂移扩散路径与当地海流结构比较吻合，7 月初开始在秦皇岛近海从北向南快速暴发，在沿海各浴场均有分布，金梦海湾和沙河口外分布最多，其暴发的主要控制因素是海流、海温和饵料（如海月水母数量）。

（3）沙海蜇由于采样量较少，其来源和漂移路径尚不能完全确定。但是，调查中未在秦皇岛近海发现其碟状幼体，因此推断秦皇岛近海的沙海蜇为外来种群的可能性较大，其暴发的主要控制因素是海流、海温。沙海蜇漂移扩散路径尚不清楚，根据前人研究结果，其从山海关以北和洋河口以南漂来的可能性都不能排除。

根据秦皇岛近海大型致灾水母的暴发特征，基于 ROMS 海洋水动力模型，笔者所在课题组建立了秦皇岛近海水母预警模型。其中，水动力模型在河北科技师范学院海洋科学研究中心的超级计算机服务器上运行，每日自主下载和处理风场等数据，自动预报未来 72 小时的结果。水母预警模型每日自动下载秦皇岛近海水动力模型计算结果，并处理为水母预警模型所需格式的输入数据，在对模拟时间起点、模拟时长、水母初始场等进行设置后即可启动水母预警模型开始计算。在水母预警模型自动运行期间，一旦监测区域内有致灾水母出现，以监测到的水母位置、数量、分布面积等条件作为输入场，利用模型的模拟结果预测、分析并可视化水母迁移扩散的方向、轨迹、速度及分布范围等数据，根据政府及相关部门的需求，及时发布预警信息。

秦皇岛近海水母预警模型以水母种群为模拟对象，如图 6-4 所示，将水母种群粒子化，利用流体力学中的拉格朗日方法，采用粒子追踪模型模拟水母种群的空间运动。其中，以 2021 年 7 月 7 日出海观测到的水母位置为粒子模型初始位置，如图 6-4（a）所示；将 2021 年 7 月 21 日和 22 日出海观测到的水母观测位置作为终止位置，如图 6-4（b）所示；分别从 0.5 m、5 m 和 10 m 层对水母空间运动进行了数值模拟，模拟结果如图 6-5 所示。由模拟结果可见，经过大约 15 天，水母粒子均漂移至 5 和 6 断面，与实际观测结果基本一致。这些模拟结果可为秦皇岛近海的大型水母防控提供策略依据。

6.4.2 秦皇岛近海水母灾害的防控策略

基于 2020 年至 2021 年期间的出海实测数据及 ROMS 模式在秦皇岛近海水母漂移扩散的数值模拟结果，针对秦皇岛近海海月水母、白色霞水母和沙海蜇这三种主要致灾水母的暴发特征，并本着对预防水母灾害采取先预防后治理的原则，对水母的治理建议从途中拦截、聚集区域清除、监测预警等方面展开阐述，期待为秦皇岛近海环境安全提供科技支撑，为近海水母灾害预防提供保障。

1. *海月水母*

针对海月水母，可以采用聚集区清除、捕捞和粉碎的措施，具体如下：

（1）每年 3 月至 4 月，可以在海螺岛、莲花岛、葡萄岛和仙螺岛等海月螅状体可能生存的海域开展高压水枪清除海底螅状体试验，最大限度地减少海月水母碟状幼体数量。

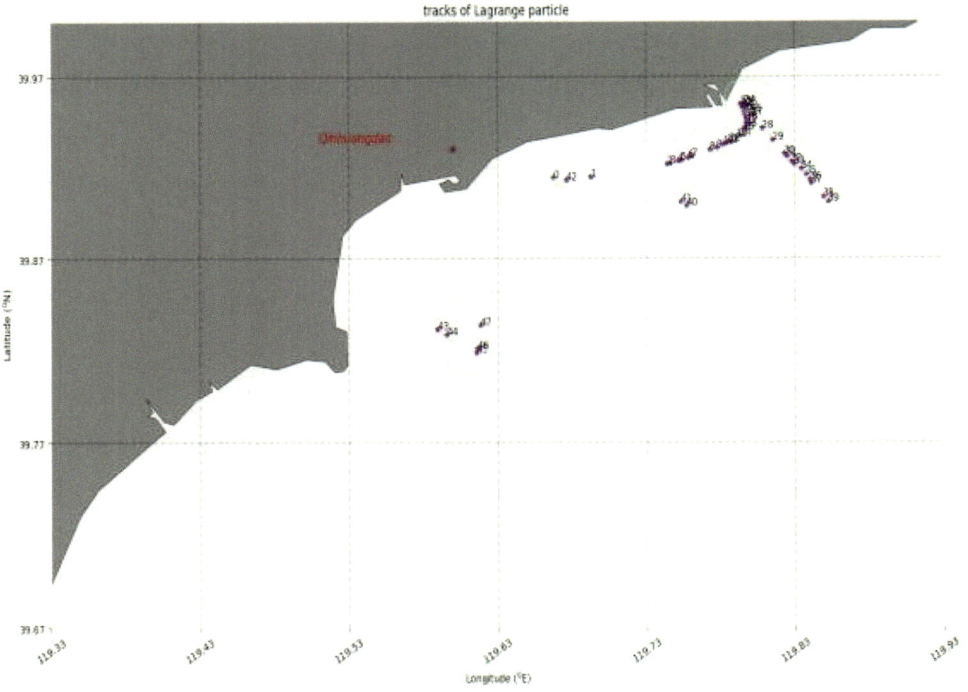

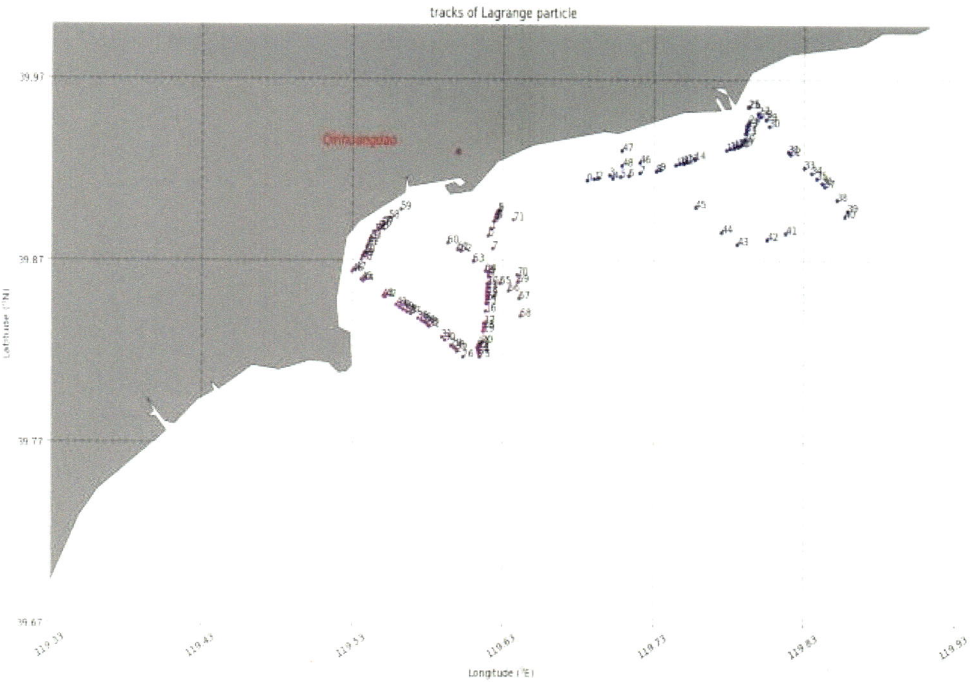

注：7-7（上图）及 7-21（下图蓝点）、7-22（下图红点）

图 6-4　2021 年实测水母位置分布

（2）海月水母暴发后，最好于 5 月至 6 月开展针对海月水母的捕捞和粉碎，既可以抑制海月水母的有性繁殖，也可以抑制 7 月白色霞水母的猎食。

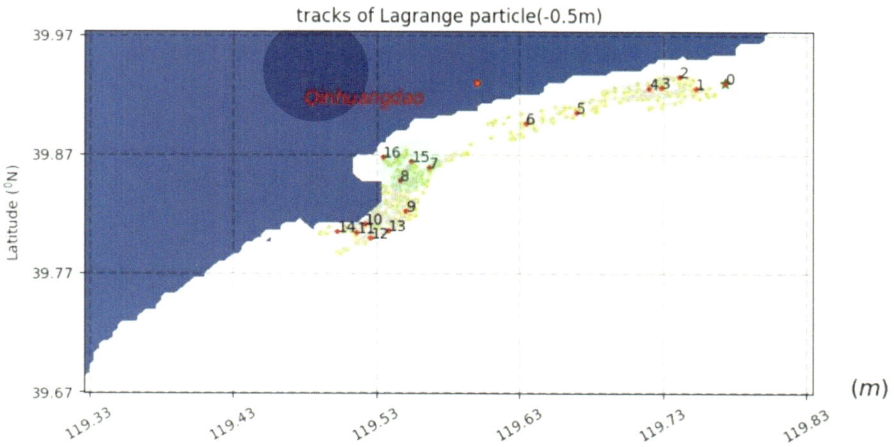

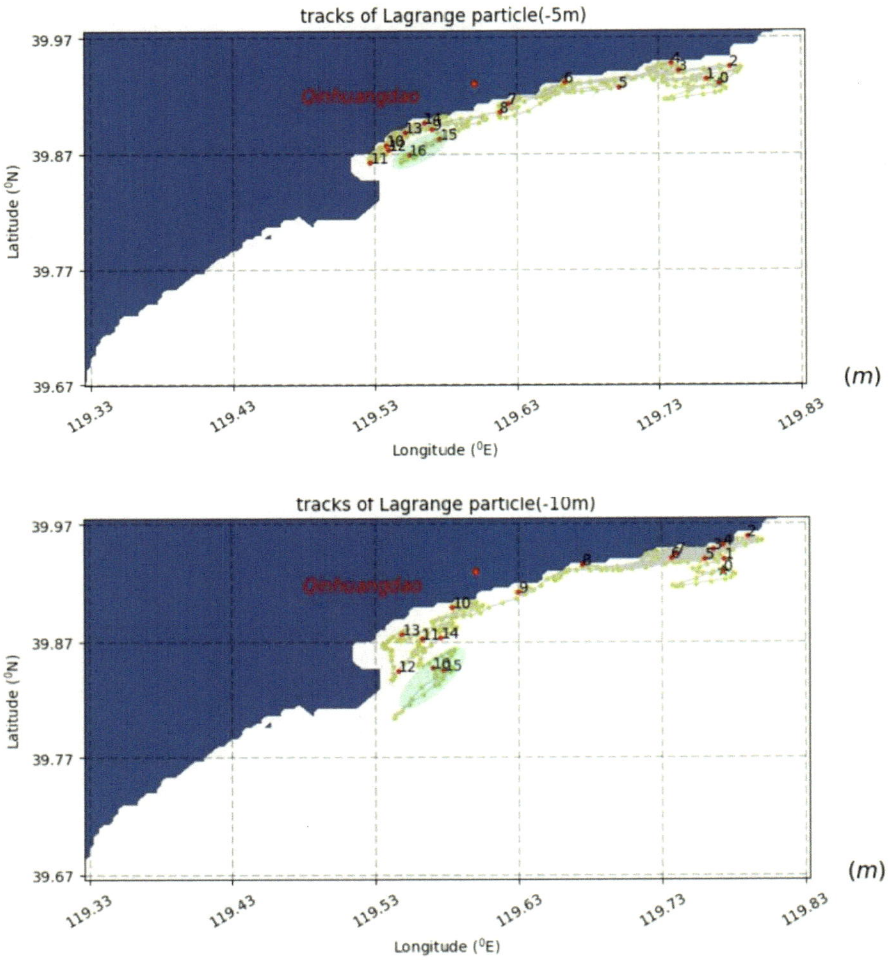

图 6-5　秦皇岛近海水母模型模拟结果（2021 年 7 月）

2. 白色霞水母

针对白色霞水母，可以采用途中拦截、聚集区域清除和监测预警等措施，具体如下：

（1）在每年 6 月底或 7 月初组织渔船在山海关外侧海域或沙河口外侧海域的 119°49′以西海域，如图 6-6 所示，即将 1 断面的 1-4、1-3、1-2 和 1-1 站位作为船只进行拦截打捞水母的标准线，减小水母进入秦皇岛近海西部的概率，降低水母入侵的风险。

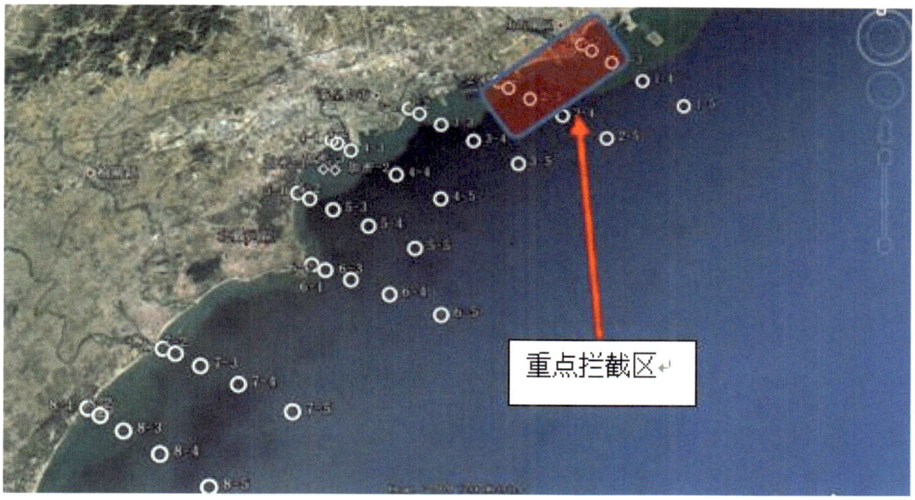

图 6-6　白色霞水母重点拦截区位置

（2）针对秦皇岛近海内的白色霞水母聚集区域进行定时的水母清理工作。例如，在 2020 年的调查中，大量水母在 2 断面出现，同时数值模拟 15 天从 1 断面释放的水母漂移运动后的水母位置分布，在 2 断面出现水母数量峰值，并且 1 断面到 2 断面水母漂移时间在 3 至 5 天。因此为防治水母进一步向近海岸漂移，在 1 断面拦截，一旦发现水母后间隔 3 至 5 天对 2 断面进行水母打捞工作，为防治水母建立第二道防线。

（3）根据水母的主要迁移路径，建议在 2-2、2-3 站位建立监测站位，施放水母自动监测系统，对水母进行区域实时监测，以掌握水母聚集区域的生物量。在每年 6 月下旬至 8 月中旬，每隔 5 天对指定地点进行拖网调查。当水母生物量过多时，可增加相应的调查时段。通过船只拖网调查，便于了解水母在主要漂移通道中的分布情况，预测水母到海岸附近的时间和风险等级。

（4）实施跨部门、跨学科、跨领域的结合，整合科技优势，共同制定发展规划；白色霞水母作为自然资源的可能途径被利用；分析白色霞水母的营养成分和药用价值及可开发利用产值情况。研究白色霞水母被收购的可行性，调动渔民的捕捞生产积极性，以保证捕捞白色霞水母的死亡率超过其自然增长率。同时，研究不损害渔业资源，能有效进行水母捕捞的特殊渔具和捕捞方法。积极采取增殖放流手段，特别是那些对白色霞水母等品种的生长具有显著抑制作用的海洋生物品种，如鲳鱼多的海域白色霞水母相对较少，并加大释放和跟踪力度，监测和研究品种释放的繁殖效果及其对白色霞水母的不良影响。

3. 沙海蜇

沙海蜇由于采样量太少，目前无法确定其漂移扩散路径，只能在重点海域周边组织船舶定期巡查，并采用单船拖网或手抄网捕捞上岸掩埋处理。另外，建议针对沙海蜇开展更大区域的现场调查和分析，特别是需要针对山海关以北辽东湾海域沙海蜇的生长状况、漂移扩散特征进行系统研究。

此外，仍需通过加强科普宣传、浴场安装海蜇防护网、设置警示标志和完善医疗救助等措施防治水母灾害，具体如下：

（1）充分利用电视、报纸、网络、广播等媒体，大力普及海洋环境保护及水母防治知识，树立公众对水母的正确认知，提高防范意识。

（2）在旅游旺季，各海滨浴场设立大屏幕播放预防水母蜇伤宣传短片，或在浴场入口等显著位置设置警示标志，提醒游客注意防范大型水母。

（3）设置浴场临时医疗救治站，配备专业的医护人员和完备的医疗设施，针对游人被水母蜇伤、溺水、创伤等进行及时救治，切实保障秦皇岛近海海滨浴场游客人身安全。

6.5 本章小结

本章根据秦皇岛近海水母暴发规律和目前常用的水母观测技术，构建了适合秦皇岛近海水母灾害的监测方案和处置方法；基于秦皇岛近海水动力环境和水母预警模型，针对三类大型水母提出了聚集区域监测和打捞频率等防御措施，为秦皇岛近海水母灾害预防和治理提供了理论支撑。然而，在海洋调查中水母水螅体很难被观测到，同时，现实海岸的情况复杂多变，船舶走航大面观测又会受天气等不可抗力自然因素的影响。因此，接下来如何将船舶大面观测、浮标定点观测、海底观测系统和航空观测相结合，建立更加健全的水母实时立体监测系统，服务于国家和地方的水母灾害监测和预警，以期最大限度地减少水母灾害对海洋生态环境、人类生命安全和经济发展等的影响，是需要进一步研究的问题。

参考文献

[1] Algueró-Muniz M, Meunier C L, Holst S, et al. Withstanding multiple stressors: ephyrae of the moon jellyfish (Aurelia aurita, Scyphozoa) in a high-temperature, high-CO_2 and low-oxygen environment[J]. Marine Biology, 2016, 163(9): 185.

[2] Angel M V, Hargreaves P, Kirkpatrick P, et al. Low variability in Planktonic and Micronektonic Populations at 1 000m Depth in the Vicinity of 42°N, 17°W: evidence against diel migratory behavior in the majority of species[J]. Biological Oceanography, 1982, 1(3): 287-319.

[3] Arai M N. Active and passive factors affecting aggregations of hydromedusae: a review[J]. Aspects of Hydrozoan Biology, 1992, 56(2/3): 99-108.

[4] Arai M N. The potential importance of podocysts to the formation of scyphozoan blooms: a review[J]. Hydrobiologia, 2009, 616: 241-46.

[5] Ashjian C J, Davis C S, Gallager S M, et al. Distribution of plankton, particles, and hydrographic features across Georges Bank described using the Video Plankton Recorder[J]. Deep Sea Research Part II: Topical Studies in Oceanography, 2001, 48(1/2/3): 245-282.

[6] Attrill, Martin J, Wright, et al. Climate-related increases in jellyfish frequency suggest a more gelatinous future for the North Sea[J]. Limnology & Oceanography, 2007, 52: 480-485.

[7] Barz K, Hinrichsen H H, Hirche H J. Scyphozoa in the Bornholm basin, (central Baltic Sea)-the role of advection[J]. Journal of Marine Systems, 2006, 60(1/2): 67-176.

[8] Berline L, Zakardjian B, Molcard A, et al. Modeling jellyfish Pelagia noctilucal transport and stranding in the Ligurian Sea[J]. Marine Pollution Bulletin, 2013, 70(1/2): 90-99.

[9] Bi H S, Cook S, Yu H, et al. Deployment of an imaging system to investigate fine-scale spatial distribution of early life stages of the ctenophore Mnemiopsis leidyi in Chesapeake Bay[J]. Journal of Plankton Research, 2013, 35(2): 270-280.

[10] Blackett M, Lucas C H, Cook K, et al. Occurrence of the siphonophore Muggiaea atlantica in Scottish coastal waters: source or sink?[J]. Journal of Plankton Research, 2017, 39(1): 122-137.

[11] Bosch-Belmar M, Milisenda G, Basso L, et al. Jellyfish Impacts on Marine Aquaculture and Fisheries[J]. Reviews in Fisheries Science & Aquaculture, 2020, 3: 1-18.

[12] Brodeur R D, Sugisaki H, Hunt G L Jr. Increases in jellyfish biomass in the Bering Sea: implications for the ecosystem[J]. Marine Ecology Progress Series, 2002, 233: 89-103.

[13] Brodeur R D, Wilson M T, Napp J M, et al. Distribution of juvenile Pollock relative to frontal structure near the Pribilof Islands, Bering Sea[C]// Forage Fishes in Marine Ecosystems, American Fisheries Society. Lowell Wakefield Fisheries Symposium Series, 1997, 14: 573-589.

[14] Brotz L, Cheung W W L, Kleisner K, et al. Increasing jellyfish populations: trends in Large Marine Ecosystems[J]. Hydrobiologia, 2012, 690(1): 3-20.

[15] Célia Laurent, Stefano Querin, Cosimo Solidoro, et al. Modelling marine particle dynamics with LTRANS-Zlev: implementation and validation[J]. Environmental Modelling and Software, 2020, 125: 1-12.

[16] Xing C X, Zhao Q, Hu Z M, et al. Direct observations and modeling of summertime coastal circulation patterns in the western Bohai Sea[J]. Journal of Coastal Research, 2018, 34(2): 373-382.

[17] Chuard P J C, Johnson M D, Frédéric Guichard. Ocean acidification causes mortality in the medusa stage of the cubozoan Carybdea xaymacana[J]. Scientific Reports, 2019, 9(1): 5622.

[18] Colin S P, Kremer P. Population maintenance of the scyphozoan Cyanea sp. settled planulae and the distribution of medusae in the Niantic River, Connecticut, USA[J]. Estuaries, 2002, 25: 70-75.

[19] Condon R H, Steinberg D K, Giorgio P A D, et al. Jellyfish blooms result in a major microbial respiratory sink of carbon in marine systems[C]// Proceedings of

the National Academy of Sciences of the United States of America, 2011, 108(25): 10225-10230.

[20] Condon R H, Decker M B, Purcell J E. Effects of low dissolved oxygen on survival and asexual reproduction of scyphozoan polyps (Chrysaora quinquecirrha)[J]. Hydrobiologi, 2001a, 451: 89-95.

[21] Condon R H, Duarte C M, Pitt K A, et al. Recurrent jellyfish blooms are a consequence of global oscillations[J]. Proceedings of the National Academy of Science, 2013, 110(3): 1000-1005.

[22] Conley K, Uye S I. Effects of hyposalinity on survival and settlement of moon jellyfish (Aurelia aurita) planulae[J]. Journal of Experimental Marine Biology and Ecology, 2015, 462: 14-19.

[23] Decker M B, Robinson K L, Dorji S, et al. Jellyfish and forage fish spatial overlap on the eastern Bering Sea shelf during periods of high and low jellyfish biomass[J]. Marine Ecology Progress, 2018, 591: 57-69.

[24] Dong J, Sun M, Purcell J E, et al. Effect of salinity and light intensity on somatic growth and podocyst production in polyps of the giant jellyfish Nemopilema nomurai (Scyphozoa: Rhizostomeae)[J]. Hydrobiologia, 2015, 754(1): 75-83.

[25] Dong Z J, Liu D Y, Keesing J K. Jellyfish blooms in China: dominant species, causes and consequences[J]. Marine Pollution Bulletin, 2010, 60(7): 954-963.

[26] Dong Z J, Sun T T. Combined effects of ocean acidification and temperature on planula larvae of the moon jellyfish Aurelia coerulea[J]. Marine Environmental Research, 2018, 139(1): 144.

[27] Dong Z J, Wang L, Liu Q Q, et al. Effects of salinity and temperature on the recruitment of Aurelia coerulea planulae[J]. Marine Biology Research, 2018, 14(5): 1-8.

[28] Doyle T K, Houghton J D R, Buckley S M, et al. The broad-scale distribution of five jellyfish species across a temperate coastal environment[J]. Hydrobiologia, 2007, 579(1): 29-39.

[29] Duarte C, Pitt K, Lucas C, et al. Is global ocean sprawl a trojan horse for jellyfish

blooms?[J] Frontiers in Ecology and the Environment, 2012, 10(7): 91-97.

[30] Frolova A, Miglietta M P. Insights on bloom forming jellyfish (Class: Scyphozoa) in the Gulf of Mexico: environmental tolerance ranges and limits suggest differences in habitat preference and resistance to climate change among congeners[J]. Frontiers in Marine Science, 2020, 7: 93-105.

[31] Goldstein J, Riisgård H U. Population dynamics and factors controlling somatic degrowth of the common jellyfish, Aurelia aurita, in a temperate semi-enclosed cove (Kertinge Nor, Denmark)[J]. Marine Biology, 2016, 163: 33.

[32] Graham W M, Fransesc Pagès, Hamner W M. A physical context for gelatinous zooplankton aggregations: a review[J]. Hydrobiologia, 2001, 451(1/2/3): 199-212.

[33] Graham W M, Martin D L, Martin J C. In situ quantification and analysis of large jellyfish using a novel video profiler[J]. Marine Ecology Progress Series, 2003, 254: 129-140.

[34] Hall-Spencer J M, Allen R. Research and reports in biodiversity studies the impact of CO_2 emissions on "nuisance" marine species[J]. Research and Reports in Biodiversity Studies, 2015, 4: 33-46.

[35] Hamner W M, Hamner P P, Strand S W. Sun-compass migration by Aurelia aurita (Scyphozoa): population retention and reproduction in Saanich Inlet, British Columbia[J]. Marine Biology, 1994, 119(3): 347-356.

[36] Han C H, Chae J, Jin J, et al. Estimation of the minimum food requirement using the respiration rate of medusa of Aurelia aurita in Sihwa Lake[J]. Ocean Science Journal, 2012, 47(2): 155-160.

[37] Han C H, Uye S I. Quantification of the abundance and distribution of the common jellyfish Aurelia aurita s.l. with a Dual-frequency Identification SONar (DIDSON)[J]. Journal of Plankton Research, 2009, 31(8): 805-814.

[38] Han H B, Song W, Wang Z L, et al. Distribution of green algae micro-propagules and their function in the formation of the green tides in the coast of Qinhuangdao, the Bohai Sea, China[J]. Acta Oceanologica Sinica, 2019, 38(8): 72-77.

[39] Haslob H, Clemmesen C, Schaber M, et al. Invading Mnemiopsis leidyi as a

potential threat to Baltic fish[J]. Marine Ecology Progress Series, 2007, 349: 303-306.

[40] Heim-Ballew H, Olsen Z. Salinity and temperature influence on Scyphozoan jellyfish abundance in the Western Gulf of Mexico[J]. Hydrobiologia, 2019, 827(1): 247-262.

[41] Helm R R. Evolution and development of scyphozoan jellyfish[J]. Biological Reviews, 2018, 93(2): 1228-1250.

[42] Herrmann B, Keister J E. Species composition and distribution of jellyfish in a Seasonally Hypoxic Estuary, Hood Canal, Washington[J]. Diversity, 2020, 12(2): 53.

[43] Holst S, Jarms G. Effects of low salinity on settlement and strobilation of Scyphozoa (Cnidaria): Is the lion's mane Cyanea capillata (L.) able to reproduce in the brackish Baltic Sea?[J]. Hydrobiologia, 2010, 645: 53-68.

[44] Holst S. Effects of climate warming on strobilation and ephyra production of North Sea scyphozoan jellyfish[J]. Hydrobiologia, 2012, 690: 127-140.

[45] Houghton J D R, Doyle T K, Davenport J, et al. Developing a simple, rapid method for identifying and monitoring jellyfish aggregations from the air[J]. Marine Ecology Progress Series, 2006, 314: 159-170.

[46] Ishii H, Katsukoshi K. Seasonal and vertical distribution of Aurelia aurita polyps on a pylon in the innermost part of Tokyo Bay[J]. Journal of Oceanography, 2010, 66(3): 329-336.

[47] Ishii H, Ogawa C. Survivorship of Aurelia aurita throughout their life cycle in Tokyo Bay[J]. Bulletin of the Plankton Society of Japan, 2005, 52(2): 77-81.

[48] Ishii H, Ohba T, Kobayashi T. Effects of low dissolved oxygen on planula settlement, polyp growth and asexual reproduction of *Aurelia aurita*[J]. Plankton and Benthos Research, 2008, 3(Supplement): 107-113.

[49] Jae-Hong Moon, et al. Behavior of the giant jellyfish Nemopilema nomurai in the East China Sea and East/Japan Sea during the summer of 2005: a numerical model approach using a particle-tracking experiment[J]. Journal of Marine Systems, 2009,

80(1): 101-114.

[50] Javidpour J, Cipriano-Maack A N, Mittermayr A, et al. Temporal dietary shift in jellyfish revealed by stable isotope analysis[J]. Marine biology, 2016, 163: 112.

[51] Kang D, Park J, Jung S K, et al. Estimates of acoustic target strength for giant jellyfish Nemopilema nomurai Kishinouye in the coastal Northwest Pacific[J]. ICES Journal of Marine Science, 2014, 71(3): 597-603.

[52] Keister J E, Winans A K, Herrmann B. Zooplankton community response to seasonal hypoxia: a test of three hypotheses[J]. Diversity, 2020, 12(1): 21.

[53] Keister J, Houde E D, Breitburg D L. Effects of bottom-layer hypoxia on abundances and depth distributions of organisms in Patuxent River, Chesapeake Bay[J]. Marine Ecology Progress Series, 2000, 205: 43-59.

[54] Lee K, Bae B S, Kim I K, et al. Measurement of swimming speed of giant jellyfish Nemopilema nomurai using acoustics and visualization analysis[J]. Fisheries Science, 2010, 76(6): 893-899.

[55] Lett C, Verley P, Mullon C, et al. A lagrangian tool for modelling ichthyoplankton dynamics[J]. Environmental Modelling & Software, 2008, 23(9): 1210-1214.

[56] Liu W C, Lo W T, Purcell J E, et al. Effects of temperature and light intensity on asexual reproduction of the scyphozoan, Aurelia aurita (L.) in Taiwan[J]. Hydrobiologia, 2009, 616: 247-258.

[57] Lucas C H, Graham W M, Widmer C. Jellyfish life histories: role of polyps in forming and maintaining scyphomedusa populations[J]. Advances in Marine Biology, 2012, 63: 133-196.

[58] Lucas C H. Reproduction and life history strategies of the common jellyfish, Aurelia aurita, in relation to its ambient environment[J]. Hydrobiologia, 2001, 451: 229-246.

[59] Lüskow F. Importance of environmental monitoring: long-term record of jellyfish (Aurelia aurita) biomass in a shallow semi-enclosed cove (Kertinge Nor, Denmark)[J]. Regional Studies in Marine Science, 2020, 34: 100998.

[60] Lynam C P, Hay S J, Brierley A S. Interannual variability in abundance of North

Sea jellyfish and links to the North Atlantic Oscillation[J]. Limnology and Oceanography, 2004, 49(3): 637-643.

[61] Madin L P, Bollens S M, Horgan E, et al. Voracious planktonic hydroids: unexpected predatory impact on a coastal marine ecosystem[J]. Deep Sea Research Part II: Topical Studies in Oceanography, 1996, 43(7/8): 1823-1829.

[62] Makabe R, Furukawa R, Takao M, et al. Marine artificial structures as amplifiers of Aurelia aurita s.l. blooms: a case study of a newly installed floating pier[J]. Journal of Oceanography, 2014, 70(5): 447-455.

[63] Makabe R, Kurihara T, Uye S I. Spatio-temporal distribution and seasonal population dynamics of the jellyfish Aurelia aurita sl studied with Dual-frequency Identification SONar (DIDSON)[J]. Journal of Plankton Research, 2012, 34(11): 936-950.

[64] Man Jiang, Chongguang Pang, Zhiliang Liu, et al. Impact of sea ice on the hydrodynamics and suspended sediment concentration in the coastal waters of Qinhuangdao, China[J]. Water, 2020, 12(2).

[65] Man Jiang, Chongguang Pang, Zhiliang Liu, et al. Sediment resuspension in winter in an exceptional low suspended sediment concentration area off Qinhuangdao in the Bohai Sea[J]. Estuarine, Coastal and Shelf Science, 2020, 245: 1-16.

[66] Mchenry M J, Jed J. The ontogenetic scaling of hydrodynamics and swimming performance in jellyfish (Aurelia aurita)[J]. Journal of Experimental Biology, 2003, 206(22): 4125-4137.

[67] MILLS C E. Jellyfish blooms: are populations increasing globally in response to changing ocean conditions?[J]. Hydrobiologia, 2001, 451: 55-68.

[68] Moon J H, Pang I C, Yang J Y, et al. Behavior of the giant jellyfish Nemopilema nomurai in the East China Sea and East/Japan Sea during the summer of 2005: a numerical model approach using a particle-tracking experiment[J]. Journal of Marine Systems. 2010, 80: 101-114.

[69] Moriarty P E, Andrews K S, Harvey C J, et al. Vertical and horizontal movement patterns of scyphozoan jellyfish in a fjord-like estuary[J]. Marine Ecology Progress

Series, 2012, 455: 1-12.

[70] Mutlu E. Distribution and abundance of moon jellyfish (Aurelia aurita) and its zooplankton food in the Black Sea[J]. Marine Biology, 2001, 138: 329-339.

[71] Negri A P, Marshall P A, Heyward A J. Differing effects of thermal stress oncoral fertilization and early embryogenesis in four Indo Pacific species[J]. Coral Reefs, 2007, 26: 759-763.

[72] Pauly D, Christensen V, Gue′nette S, et al. Towards sustainability in world fisheries[J]. Nature, 2002, 418: 686-695.

[73] Pawlowicz R, Beardsley B, Lentz S. Classical tidal harmonic analysis including error estimates in MATLAB using T_TIDE[J]. Computers and Geosciences, 2002, 28: 929-937.

[74] Prieto L, Astorga D, Navarro G, et al. Environmental control of phase transition and polyp survival of a massive-outbreaker jellyfish[J]. PLoS One, 2010, 5(11): 1-10.

[75] Purcell J E, Arai M N. Interactions of pelagic cnidarians and ctenophores with fish: a review[J]. Hydrobiologia, 2001a, 451: 27-44.

[76] Purcell J E, Breitburg D L, Decker M B, et al. Pelagic cnidarians and ctenophores in low dissolved xxygen environments: a review[C]// In: Rabalais N N & R E Turner (eds). Coastal hypoxia: consequences for living resources and ecosystems. American Geophysical Union, Washington, DC, Coastal & Estuarine Studies, 2001b, 58: 77-100.

[77] Purcell J E, Uye S I, Lo W T. Anthropogenic causes of jellyfish blooms and their direct consequences for humans: a review[J]. Marine Ecology-Progress Series, 2007, 350: 153-174.

[78] Purcell J E, White J R, Nemazie D A, et al. Temperature, salinity and food effects on asexual reproduction and abundance of the scyphozoan Chrysaora quinquecirrha[J]. Marine Ecology Progress Series, 1999, 180: 187-196.

[79] Purcell J E. Climate effects on formation of jellyfish and ctenophore blooms: a review[J]. Journal of the Marine Biological Association of the United Kingdom,

2005, 85: 461-476.

[80] Purcell J E. Environmental effects on asexual reproduction rates of the scyphozoan Aurelia labiata[J]. Marine Ecology Progress Series, 2007, 348: 183-196.

[81] Purcell J E. Jellyfish and ctenophore blooms coincide with human proliferations and environmental perturbations[J]. Annual Review of Marine Science, 2012, 4(1): 209-235.

[82] Richardson A J, Gibbons M J. Are jellyfish increasing in response to ocean acidification?[J]. Limnology & Oceanography, 2008, 53(5): 2040-2045.

[83] Riisgård H U, Andersen P, Hoffmann E. From fish to jellyfish in the eutrophicated limfjorden (Denmark)[J]. Estuaries and Coasts, 2012, 35(3): 701-713.

[84] Riisgård H U, Barth-Jensen C, Madsen C V. High abundance of the jellyfish *Aurelia aurita* excludes the invasive ctenophore *Mnemiopsis leidyi* to establish in a shallow cove (Kertinge Nor, Denmark)[J]. Aquatic Invasions, 2010, 5(4): 347-356.

[85] Robinson K L, Graham W M. Long-term change in the abundances of northern Gulf of Mexico scyphomedusae Chrysaora sp. and Aurelia spp. with links to climate variability[J]. Limnology and Oceanography, 2013, 58(1): 235-253.

[86] Robison B H, Reisenbichler K R, Sherlock R E, et al. Seasonal abundance of the siphonophore, Nanomia bijuga, in Monterey Bay[J]. Deep Sea Research Part II: Topical Studies in Oceanography, 1998, 45(8/9): 1741-1751.

[87] Schiariti A, Morandini A C, Jarms G, et al. Asexual reproduction strategies and blooming potential in Scyphozoa[J]. Marine Ecology Progress, 2014, 510: 241-253.

[88] Schneider G, Behrends G. Population dynamics and the trophic role of Aurelia aurita medusae in the Kiel Bight and western Baltic[J]. ICES Journal of Marine Science, 1994, 51: 359-367.

[89] Seymour J E, O'Hara E P. Pupillary response to light in three species of Cubozoa (box jellyfish)[J]. Plankton and Benthos Research, 2020, 15(2): 73-77.

[90] Shchepetkin A F, Mcwilliams J C. A method for computing horizontal pressure-gradient force in an oceanic model with a nonaligned vertical coordinate[J]. Journal of Geophysical Research Atmospheres, 2003, 108(C3, 35):

1-34.
[91] Shchepetkin A F, Mcwilliams J C. The regional oceanic modeling system (ROMS): a split-explicit, free-surface, topography-following-coordinate oceanic model[J]. Ocean modelling, 2005, 9(4): 347-404.
[92] Sinigaglia C, Busengdal H, Lerner A, et al. Molecular characterization of the apical organ of the anthozoan Nematostella vectensis[J]. Developmental Biology, 2015, 398(1): 120-133.
[93] Slater W L, Pierson J J, Decker M B, et al. Fewer Copepods, fewer anchovies, and more jellyfish: how does hypoxia impact the chesapeake bay zooplankton community?[J]. Diversity, 2020, 12(1): 35.
[94] Spangenberg D B. Iodine induction of metamorphosis in Aurelia[J]. Journal of Experimental Zoology, 1967, 165: 441-449.
[95] Sparks C, Buecher E, Brierley A S, et al. Observations on the distribution and relative abundance of the scyphomedusan Chrysaora hysoscella and the hydrozoan Aequorea aequorea in the northern Benguela ecosystem[J]. Hydrobiologia, 2001, 451(1/2/3): 275-286.
[96] Sun S, Sun X X, Jenkinson I R. Preface: giant jellyfish blooms in Chinese waters[J]. Hydrobiologia, 2015b, 754: 1-11.
[97] Sun S, Zhang F, Li C L, et al. Breeding places, population dynamics, and distribution of the giant jellyfish Nemopilema nomurai (Scyphozoa: Rhizostomeae) in the Yellow Sea and the East China Sea[J]. Hydrobiologia, 2015, 754: 59-74.
[98] Svane I, Dolmer P. Perception of light at settlement: a comparative study of two invertebrate larvae, a scyphozoan planula and a simple ascidian tadpole[J]. Journal of Experimental Marine Biology & Ecology, 1995, 187(1): 51-61.
[99] Tills O, Sun X, Rundle S D, et al. Reduced pH affects pulsing behaviour and body size in ephyrae of the moon jellyfish, Aurelia aurita[J]. Journal of Experimental Marine Biology and Ecology, 2016, 480: 54-61.
[100] Tilves U, Sabatés A, Blázquez M, et al. Associations between fish and jellyfish in the NW Mediterranean[J]. Marine Biology, 2018, 165(8): 2-14.

[101] Treible L M, Condon R H. Temperature-driven asexual reproduction and strobilation in three scyphozoan jellyfish polyps[J]. Journal of Experimental Marine Biology and Ecology, 2019, 520(Nov.): 151204.1-151204.8.

[102] Tsikhon Lukanina E A, Reznichenko O G, Lukasheva T A. Food consumption by scyphistomae of the jellyfish Aurelia aurita in the Black sea[J]. Oceanology, 1996, 35(6): 815-818.

[103] Van Walraven L, Driessen F, Van Bleijseijk J. Where are the polyps? Molecular identification, distribution and population differentiation of Aurelia aurita jellyfish polyps in the southern North Sea area[J]. Marine Biology, 2016, 163(8): 1-13.

[104] Vermeij M J A, Fogarty N D, Miller M W. Pelagic conditions affect larval behavior, survival, and settlement patterns in the Caribbean coral Montastraea faveolata[J]. Marine Ecology-Progress Series, 2006, 310: 119-128.

[105] Wang Z, Tang Y, Fu Y Y, et al. Monitoring of biomass at cooling water system of Hongyanhe nuclear power plant by using acoustic methods[C]. Proceeding of ICAEER conference, 2020, Shanghai.

[106] Watanabe T, Ishii H. In situ estimation of ephyrae liberated from polyps of Aurelia aurita using settling plates in Tokyo Bay, Japan[J]. Hydrobiologia, 2001, 451(1): 247-258.

[107] Webster C N, Lucas C H. The effects of food and temperature on settlement of Aurelia aurita planula larvae and subsequent somatic growth[J]. Journal of Experimental Marine Biology and Ecology, 2012, 436: 50-55.

[108] Wei H, Deng L J, Wang Y H, et al. Giant jellyfish Nemopilema nomurai gathering in the Yellow Sea: a numerical study[J]. Journal of Marine Systems, 2015, 144: 107-116.

[109] West E J, Pitt K A, Welsh D T, et al. Top-down and bottom-up influences of jellyfish on primary productivity and planktonic assemblages[J]. Limnology & Oceanography, 2009, 54(6): 2058-2071.

[110] Widmer C L. Effects of temperature on growth of northeast Pacific moon jellyfish ephyrae, Aurelia labiate (Cnidaria: Scyphozoa)[J]. Journal of the Marine Biological

Association of the United Kingdom, 2005, 85: 569-573.

[111] Wiebe P H, Benfield M C. From the Hensen net toward four-dimensional biological oceanography[J]. Progress in Oceanography, 2003, 56(1): 7-136.

[112] Willcox S, Moltschaniwskyj N A, Crawford C M. Population dynamics of natural colonies of *Aurelia* sp. scyphistomae in Tasmania [J]. Marine Biology, 2008, 154: 661-670.

[113] Willcox S, Moltscjaniwskyj N, Crawford C. Asexual reproduction in scyphistomae of *Aurelia* sp.: effects of temperature and salinity in an experimental study[J]. Journal of Experimental Marine Biology and Ecology, 2007, 353(1): 107-114.

[114] Winans A K, Purcell J E. Effects of pH on asexual reproduction and statolith formation of the scyphozoan, Aurelia labiata[J]. Hydrobiologia. 2010, 64(1): 39-52.

[115] Wu L J, Wang J, Gao S, et al. An analysis of dynamical factors influencing 2013 giant jellyfish bloom near Qinhuangdao in the Bohai Sea, China[J]. Estuarine, Coastal and Shelf Science, 2016, 185: 141-151.

[116] Wu L J, Wu X F, Bai T. Comprehensive analysis of the origin of giant jellyfish near Qinhuangdao in summer[J]. Chinese Journal of Oceanology and Limnology, 2017, 35(5): 1061-1069.

[117] Xu Y J, Ishizaka J J, Yamaguchi H, et al. Relationships of interannual variability in SST and phytoplankton blooms with giantjellyfish (Nemopilema nomurai) outbreaks in the Yellow Sea and East China Sea[J]. Journal of Oceanography, 2013, 69(5): 511-526.

[118] Yoon E A, Lee K, Chae J, et al. Density Estimates of Moon Jellyfish (Aurelia coerulea) in the Yeongsan Estuary using Nets and Hydroacoustics[J]. Ocean Science Journal, 2019, 54: 457-465.

[119] Zhang W, Zhang S, Wang J, et al. Microplastic pollution in the surface waters of the Bohai Sea, China[J]. Environmental Pollution, 2017 (231): 541- 548.

[120] Ziegler L, Gibbons M. Environmental responses of jellyfish polyps as drivers of medusa populations off the coast of Namibia[J]. African Journal of Marine Science,

2018, 40(3):323-329.
[121] 毕聪聪. 渤海环流季节变化及机制分析研究[D]. 青岛：中国海洋大学，2013.
[122] 边昌伟. 中国近岸泥沙在渤海、黄海和东海的输运[D]. 青岛：中国海洋大学，2012.
[123] 柴永强，邵峰晶，孙仁诚，等. 基于决策树的 MODIS 影像赤潮智能检测技术[J]. 青岛大学学报（自然科学版），2012，25（2）：47-52.
[124] 陈峰，李楠，方舟，等. 浙江北部沿岸春夏季长蛸时空分布及其与海洋环境的关系[J]. 上海海洋大学学报，2019，28（3）：438-447.
[125] 陈聚法，赵俊，过锋，等. 近年渤海中部海域活性磷酸盐的时空变化特征[J]. 渔业科学进展，2016，37（4）：28-35.
[126] 陈晓，刘志亮，王旭，等. 秦皇岛海域海月水母碟状体分布与环境因子关系的多粒度分析[J]. 海洋通报，2021，40（6）：694-708.
[127] 陈玥. 秦皇岛海域海流的时空特征及影响因素[D]. 上海：上海海洋大学，2019.
[128] 崔可夫. 基于 ROMS 的渤海湾水动力学模型及其应用[D]. 天津：天津大学，2014.
[129] 崔雪森，伍玉梅，张晶，等. 基于分类回归树算法的东南太平洋智利竹筴鱼渔场预报[J]. 中国海洋大学学报，2012，42（7/8）：53-59.
[130] 段亚飞，韩瑞，刘昭伟，等. 近岸水母聚集的水动力机制最新研究进展[J]. 给水排水，2020，56（S1）：161-167.
[131] 段妍，孙明，董婧，等. 温度对海月水母螅状体生长及繁殖的影响[J]. 生态学报，2020，40（13）：4404-4412.
[132] 段妍，孙明，董婧，等. 环境因子对海月水母生活史关键阶段的影响[J]. 水产科学，2021，40（1）：133-140.
[133] 付志璐，董婧，孙明，等. 温度、盐度对黄海北部海月水母碟状幼体生长的影响[J]. 水产科学，2011，30（4）：221-224.
[134] 高峰，陈新军，官文江，等. 基于提升回归树的东、黄海鲐鱼渔场预报[J]. 海洋学报，2015，37（10）：39- 48.
[135] 高荣珍，李欣，任兆鹏，等. 青岛沿海海雾决策树预报模型研究[J]. 海洋预

报，2016，33（4）：80-87.

[136] 郭树波. 基于 ROMS 的海洋流场与温度场的数值模拟仿真研究[D]. 沈阳：东北大学，2017.

[137] 郭晓瑞. 海洋近岸水母暴发的原因和影响[J]. 现代农村科技，2017（3）：91-92.

[138] 和振武. 秦皇岛和秦皇岛的水母类[J]. 河南师范大学学报，1985（4）：69-74.

[139] 黄健，黄辉军，黄敏辉，等. 广东沿岸海雾决策树预报模型[J]. 应用气象学报，2011（1）：107-114.

[140] 霍书花，田英平，张玉坤，等. 秦皇岛市 2577 例蜇伤流行病学分析[J]. 河北医科大学学报，2017，38（10）：1141-1143，1157.

[141] 季轩梁，刘桂梅，高姗. 水母暴发因素及模型研究的现状和展望[J]. 海洋预报，2013，30（5）：84-91.

[142] 匡翠萍，胡成飞，冒小丹，等. 秦皇岛海域洪季水动力及污染物扩散数值模拟[J]. 同济大学学报（自然科学版），2015，43（9）：1355-1360，1366.

[143] 李海涛，刘泰麟，邵泽东，等. 基于决策树与二分分割算法的 BP 神经网络在赤潮等级预测中的应用研究[J]. 海洋科学，2019，43（9）：34-40.

[144] 李惠玉，凌建忠，李建生. 大型水母幼体生长的影响因子研究进展[J]. 生态学报，2010（2）：429-438.

[145] 李建生，凌建忠，程家骅. 中国海域两种大型食用水母利用状况分析及沙海蜇资源量评估[J]. 海洋渔业，2014，36（3）：202-207.

[146] 李雪冬. 关于建设秦皇岛海域海洋牧场的建议[J]. 河北渔业，2018（6）：58-60.

[147] 李永祺，唐学玺. 中国海洋生态学的发展和展望[J]. 中国海洋大学学报（自然科学版），2020，50（9）：1-9.

[148] 李宗质. 海蜇蜇伤致死一例[J]. 中华内科杂志，1988，27（7）：439.

[149] 林作梁，朱学明，鲍献文，等. 基于 FVCOM 的泉州湾海域三维潮汐与潮流数值模拟[J]. 海洋学报（中文版），2013，35（1）：15-24.

[150] 刘汉霖. 红沿河核电站附近海域水母灾害的短期预警研究[D]. 天津：天津大学，2018.

[151] 刘恒魁. 秦皇岛至团山角近岸海区水文基本特征[J]. 海洋通报，1994，13（1）：89-93.

[152] 刘婧美，齐学军，刘春洋，等. 秦皇岛近海水母种类及利用价值分析[J]. 河北渔业，2015，263（11）：50-52.
[153] 刘婧美，饶庆贺. 秦皇岛近岸海域水母暴发原因分析及防治对策研究[J]. 河北渔业，2016，（1）：55-57.
[154] 刘西汉，田海兰，程林，等. 河北省海岸带主要生态环境问题和对策建议[J]. 海洋开发与管理，2019，36（2）：54-59.
[155] 刘晓辉. 地转调整与台湾东北黑潮入侵陆架的研究[D]. 杭州：浙江大学，2016.
[156] 刘旋，李德刚. 当海蜇群汹涌袭来[J]. 华北电业，2008（4）：66-69.
[157] 刘伊格. 渤海和黄海海表温度变化及成因分析[D]. 南京：南京大学，2019.
[158] 刘志亮，齐衍萍，袁晓博，等. 秦皇岛海域水母灾害发生规律及监测预警技术 2020 年科技报告[R]. 2020.12.
[159] 卢振彬，戴泉水，颜尤明. 福建东山岛海域霞水母的渔业生物学研究[J]. 应用生态学报，2003，14（6）：973-976.
[160] 罗晓凡，魏皓，王玉衡. 黄、东海水母质点追踪影响因素分析[J]. 海洋与湖沼，2012，43（3）：635-642.
[161] 罗招莲. 秦皇岛海域潮汐潮流数值模拟研究[D]. 秦皇岛：河北科技师范学院，2021.
[162] 齐庆华，蔡榕硕，颜秀花. 气候变化与我国海洋灾害风险治理探讨[J]. 海洋通报，2019，38（4）：361-367.
[163] 曲长凤，宋金明，李宁. 水母旺发的诱因及对海洋环境的影响[J]. 应用生态学报，2014，25（12）：3701-3712.
[164] 沈菲，王洪礼，冯剑丰，等. 知识发现在赤潮预测预警系统研究中的应用[J]. 海洋技术，2003，22（2）：19-22.
[165] 侍茂崇，李培良. 海洋调查方法[M]. 北京：海洋出版社，2018.
[166] 宋伦，宋广军，姜冰. 辽宁近岸海域生物灾害及分布现状[J]. 水产科学，2017，36（1）：118-124.
[167] 孙松. 对黄、东海水母暴发机理的新认知[J]. 海洋与湖沼，2012，43（3）：406-410.

[168] 孙松. 水母暴发研究所面临的挑战[J]. 地球科学进展，2012，27（3）：257-261.

[169] 孙婷婷，董志军，梁丽琨. 盐度对海月水母幼体行为、附着和无性生殖的影响[J]. 应用海洋学学报，2018，37（1）：53-59.

[170] 孙湘平. 中国近海区域海洋[M]. 北京：海洋出版社，2006.

[171] 唐学玺，王斌，高翔. 海洋生态灾害学[M]. 北京：海洋出版社，2019.

[172] 万艾勇，张光涛. 胶州湾海月水母（*Aurelia* sp.1）丰度周年变化及对浮游动物群落的影响[J]. 海洋与湖沼，2012，43（3）：494-501.

[173] 王彬，李玉龙，沈鸿，等. 2005—2013 年辽东湾北部近海白色霞水母的数量分布[J]. 海洋渔业，2014，36（2）：146-154.

[174] 王雷，彭赛君，董志军. 海洋酸化和铜离子胁迫对海月水母碟状幼体的影响[J]. 生态学报，2021，41（4）：1634-1644.

[175] 王雷，彭赛君，王富浩，等. 水母暴发对海洋水产养殖业的影响研究进展[J]. 海洋科学，2019，6（1）：1-8.

[176] 王磊，刘雨，刘志中，等. 基于属性离散和特征度量的决策树构建算法[J]. 河南理工大学学报（自然科学版），2021，40（3）：127-133.

[177] 王梦佳. 夏末秋初秦皇岛海域水动力特征及对风的响应研究[D]. 上海：上海海洋大学，2016.

[178] 王姝力，王志勇，王磊. 基于 Landsat-8 和 Sentinel 1 A 辽东湾海冰分类研究[J]. 北京测绘，2019，33（12）：66-72.

[179] 王彦涛，孙松，李超伦，等. 温度、投饵频次对海月水母（Aurelia sp.1）水螅体生长和繁殖的影响[J]. 海洋与湖沼，2012，43（5）：900-904.

[180] 王玉衡，赵亮，沈家葳. 黑潮营养盐输入对东海陆架浮游生态系统影响的模型研究[J]. 海洋与湖沼，2017，48（6）：1346-1354.

[181] 王悦. 东中国海物理环境长期变化的数值模拟研究[D]. 青岛：中国海洋大学，2009.

[182] 王中起，韩志远，严冰. 秦皇岛海域水文泥沙特征分析[J]. 水道港口，2010，31（4）：247-252.

[183] 吴玲娟，高松，白涛. 大型水母迁移规律和灾害监测预警技术研究进展[J]. 生态学报，2016，36（10）：3103-3107.

[184] 吴玲娟，高松，徐江玲. 黄渤海近岸精细化三维温盐流业务化数值预报系统研发[J]. 防灾科技学院学报，2015，17（4）：83-91.

[185] 吴彤. 基于 MODIS 影像的秦皇岛近岸海域营养盐浓度反演研究[D]. 大连：辽宁师范大学，2015.

[186] 向先全，王海波，路文海，等. 基于数据挖掘的渤海湾水生态环境特性研究[J]. 海洋通报，2013，32（1）：72-77.

[187] 薛力园，刘志亮，宋伟，等. 秦皇岛海域春季海月水母碟状幼体空间分布及其与海洋环境因子的关系[J]. 生态环境学报，2021，30（6）：1240-1248.

[188] 杨德周. 东海陆架黑潮入侵及生态响应数值模拟研究[D]. 青岛：中国科学院研究生院（海洋研究所），2011.

[189] 杨森，刘宪斌，邓元告，等 河北昌黎近岸海域浮游动物群落结构及其与环境因子的关系[J]. 水生态学杂志，2020，41（1）：37-45.

[190] 游奎，迟旭朋，马彩华，等. 一种专门针对水母类胶体状水生生物的高效自动化吸捕装置：201310192373.9[P]. 2013-05-14.

[191] 袁晓博，刘志亮，薛力园，等. 秦皇岛海域水母灾害发生规律及研究进展[J]. 河北渔业，2021（6）：12-17.

[192] 张芳，李超伦，孙松，等. 水母灾害的形成机理、监测预测及防控技术研究进展[J]. 海洋与湖沼，2017，48（6）：1187-1195.

[193] 张海松. 秦皇岛海域水母发生现状及防治对策[J]. 河北渔业，2015（1）：17-18，33.

[194] 张海彦，赵亮，魏皓. 青岛外海夏季水母路径溯源研究[J]. 海洋与湖沼，2012，43（3）：662-668.

[195] 张江泉，郑崇伟，李荣川，等. 黄渤海风、浪、流等海洋水文要素特征分析[J]. 科技资讯，2013（31）：112-115.

[196] 张明良，秦士德，李明，等. 中国北方海刺胞动物蜇伤人群的调查[J]. 青岛医学院学报，1993，29（4）：265-268.

[197] 张娜，张庆河. 基于 CART 决策树方法的 MODIS 数据海冰反演[J]. 海洋通报，2014，33（3）：321-327.

[198] 张万磊，李莉，张建乐. 秦皇岛海域水母类特征分析[J]. 河北渔业，2015（2）：

16-18.

[199] 张万磊，马新，张永丰，等. 2000 年～2016 年秦皇岛海域赤潮特征分析[J]. 海洋湖沼通报，2020（5）：48-55.

[200] 张彦龙. 秦皇岛港附近海域潮汐、波浪和海流特征[J]. 海洋通报，1997（3）：21-27.

[201] 张莹，谢仕义，邓伟彬，等. 基于机器学习理论的海洋水质评价模型[J]. 物探化探计算技术 2019，41（6）：819-825.

[202] 赵骞，陈玥，陈元，等. 秦皇岛海域海流特征及规模化养殖对其影响的观测研究[J]. 海洋学报，2019，41（6）：23-36.

[203] 赵亮，李夏，张芳. 黄海水温与沙海蜇生物量年际变化的相关分析[J]. 海洋与湖沼，2016，47（3）：1-8.

[204] 赵志红，韩志杰，常欣悦，等. 昌黎生态监控区夏季浮游动物多样性研究[J]. 海洋湖沼通报，2018，164（5）：82-92.

[205] 郑凤英，陈四清，倪佳. 海月水母的生物学特征及其爆发[J]. 海洋科学进展，2010，28（1）：126-132.

[206] 郑向荣，李燕，饶庆贺，等. 秦皇岛近海大型水母暴发性增长原因探析[J]. 河北渔业，2014（2）：16-20.

[207] 郑向荣，李燕，张海鹏，等. 河北沿海大型水母生物量调查[J]. 河北渔业，2014（1）：15-18.

[208] 仲霞铭，汤建华，刘培廷. 霞水母（Cyanea nozakii Kisninouye）暴发与海洋生态之关联性探讨[J]. 现代渔业信息，2004，19（3）：15-17.

[209] 周永东，刘子藩，薄治礼，等. 东、黄海大型水母及其调查监测[J]. 水产科技情报，2004，31（5）：224-227.

[210] 朱学明，鲍献文，黄必桂，等. 西北太平洋的一种潮汐数值同化模型[J]. 海洋学报（中文版），2012，34（2）：1-12.

[211] 左涛，王俊，吴强，等. 2015 年 5 月黄海及东海北部大型水母分布及生物量估算[J]. 海洋与湖沼，2016，47（1）：195-204.